ring innovators Csv

...ws new treatment: lii

...ugs and copolas of chr

...th saw :

① Perspectiv

② Anatom

③ Classic

...catinue now at

建 筑 学 术 文 库

现代思想中的建筑

李士桥 著

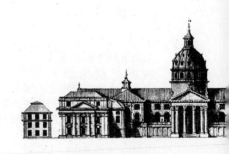

中国水利水电出版社

知识产权出版社

内容提要

建筑既是思想的产物，也是创造思想的手段。本文集以"现代思想中的建筑"为焦点，从多文化、多空间的角度来讨论这个中心论题，关注现代化的多个领域在建筑中的体现。本书共分为三部分，包括了论述英国建筑与早期现代思想的关系，中国建筑与中国20世纪初的现代化的牵连，以及建筑评论；涉及的思想领域主要集中在科学理性与建筑，民族国家与历史，品位与美感，以及理解培养"制作技艺"的重要性。

本文集适用于从事建筑理论研究的专业人员，对建筑学专业的师生及相关从业人员也颇具参考价值。

选题策划：阳　淼　张宝林 E-mail：yangsanshui@vip.sina.com；z_baolin@263.net
责任编辑：阳　淼　张宝林

图书在版编目（CIP）数据

现代思想中的建筑/李士桥著.—北京：中国水利水电
出版社：知识产权出版社，2009
（建筑学术文库）
ISBN 978-7-5084-5740-6

Ⅰ.现…　Ⅱ.李…　Ⅲ.建筑史：思想史—研究—中国—
现代 Ⅳ.TU-092.7

中国版本图书馆CIP数据核字（2008）第100411号

建筑学术文库

现代思想中的建筑
李士桥 著

中国水利水电出版社　出版发行（北京市西城区三里河路6号；电话：010-68367658
知 识 产 权 出 版 社　　　　北京市海淀区马甸南村1号；电话：010-82005070）
北京科水图书销售中心零售　（电话：010-88383994、63202643）
全国各地新华书店和相关出版物销售网点经售
北京城市节奏科技发展有限公司排版
北京市兴怀印刷厂印刷
175mm×260mm　16开本　15印张　346千字
2009年1月第1版　2009年1月第1次印刷
印数：0001—4000册
定价：**36.00**元

前言

　　我的视野也许来自一个建筑实践者。建筑实践是建设城市环境的基础，为特定的生活方式提供了具体、持续和日常的表达；在这个具有长远和深刻影响的工作中，建筑实践者应作出自觉的选择，而非不自觉的建造。这本文集希望以"现代思想中的建筑"为焦点，从多文化、多空间的角度来讨论一个中心论题。现代思想不是自然现象，也不只是与传统的单纯对立，而是人为的对特定生活的理想构思和行动指南；这样，我们可以说现代性是现代思想的抽象特征，现代化是在这些思想作用下的社会变化过程，而现代主义是在这个过程中对有意或无意结果在文学、艺术和空间中的自觉创造。同时，从 20 世纪以来，现代性经常被理解为一种身体的经历（不同于哲学系统、发展过程、艺术创造），一些对于现时的飘浮、时间空间的断裂、传统的破碎等生活特征的感受（所谓漫游者"无家可归"的经历）；这些正面或负面的感受来源于现代系统、科技及消费文化对个人经历的影响，这在查尔斯·波德莱尔（Charles Baudelaire）的诗歌和沃尔特·本雅明（Walter Benjamin）的著作中有充分的表达。[1] 值得强调的是，这些现代思想的各个层面并没有固定的因果关系。从一般原则上来说，现代思想培育了平等、自主和多元的空间；不难相信，封闭和控制是人类群体的自然倾向，而平等、自主和多元空间则是需要艰辛的培育和坚定的维护。现代思想是对生活方式的自觉追求，但这些基本概念的具体表现却十分复杂。一方

III

1 Marshall Berman, *All That is Solid Melts Into Air, The Experience of Modernity* (New York: Simon and Schuster, 1982); David Frisby, *Fragments of Modernity* (Oxford: Polity, 1985)。在欧洲 20 世纪早期建筑中的体现，参见 Hilde Heynen, *Architecture and Modernity, A Critique* (Cambridge MA: The MIT Press, 1999)。

2 Scott Lash, *Another Modernity, A Different Rationality* (Oxford: Blackwell, 1999)。

3 20 世纪现代建筑的经典史学家，如西格弗里德·吉提翁（Sigfried Giedion），尼古拉斯·佩夫斯纳（Nikolaus Pevsner），亨利 - 鲁塞尔·希区柯克（Henry-Russell Hitchcock）等都把 20 世纪现代建筑与巴黎美术学院的关系理解为绝对断裂。这在很大程度上反映了在 19、20 世纪马克思、Émile Durkheim 和 Max Weber 为代表的社会学之中"社会变化规律"观点。Berman 在他关于现代文学的著作 *All That is Solid Melts Into Air, The Experience of Modernity* 中仍然把现代化分成整齐的三个时期：16~18 世纪、法国革命及 20 世纪，第 16~17 页。今天许多关于建筑现代性的论著仍然以 20 世纪建筑为中心。

4 Jean-François Lyotard, *The Postmodern Condition* (Manchester : Manchester University Press, 1984); *Fredric Jameson, Postmodernism or, The Cultural Logic of Late Capitalism* (Durham: Duke University Press, 1991)。

5 关于现代与后现代的一些定义和分析，参见 Mike Featherstone, "In Pursuit of the Postmodern", *Theory Culture & Society* 5 (1988); Bryan Turner, ed., *Theories of Modernity and Postmodernity* (London: Sage Publisc-ations, 1990)。

6 Jürgen Habermas, *The Theory of Communicative Action I: Reason and the Rationalization of Society*, tr. Thomas McCarthy (London: Heinemann, 1981)。

面，虽然现代性在某个地域和时期（如欧洲启蒙运动）可以被认为是科学理性，但在具体运用中却存在源于不同地理、文化、时代及个人中的共识和非共识部分，这个情形经常会出现在同一作品或个人中；另一方面，从今天全球的角度来看，现代性似乎又可以被认为是多重的；也许我们肤浅的科学知识和笨拙的技巧限制了我们的视野，阻止了我们认识现代思想另类的可能性。[2]

现代思想在字面上和内容上存在着一个很容易造成误解的差异。现代性不是时间上的概念。当 17 世纪科学家在弗朗西斯·培根（Francis Bacon）和勒内·笛卡儿（René Descartes）等哲学家的影响下挑战古典传统时，他们曾将自己称为"现代人"（The Moderns）；从这个视点来看，现代人已有几百年的历史。但在 20 世纪，出现在艺术和建筑中的现代主义则十分重视其"划时代"的意义，这明显受到以 G. W. F. 黑格尔（G. W. F. Hegel）的历史学为代表的有关时间的"断裂"性发展模式的影响；这里，现代性被理解为一个时代的结束和另一个时代的开端。[3] 纵观各个历史时期，这种断裂情节似乎仅仅是表面的现象；"旧"的传统总是以不同的表象在"新"的社会结构和文化词汇中重新出现，包括无意识的重现和有意识的重构。划时代的模式在后现代的概念中也同样受到质疑。让 - 弗朗索瓦·利奥塔（Jean-François Lyotard）和弗雷德里克·詹姆逊（Fredric Jameson）这两位对后现代一词的传播起了最大作用的学者，都认为后现代并不是划时代的概念。[4] 后现代主义与巴洛克文化的联盟就体现了后现代性的"跨时代"特征。从现代思想发展的角度来看，后现代思潮的出现给现代思想带来了重组的机会；[5] 虽然后现代思潮有其为难的处境 [它所指出的"将来"却是一个不可命名的"之后"；它所强调的"现时"（presentism）又孕育了肤浅和激进]，但它的出现深刻地冲击了现代思想的根基，打开了思维空间。一方面，现代哲学家于尔根·哈贝马斯（Jürgen Habermas）认为欧洲启蒙运动是一个"未完成的事业"，并提议我们仍然可以从过分拘谨的各种"系统"（system）中重新维护和夺回个体和群体空间（lifeworld）。[6] 另外一方面，一些学者认为哈贝马斯仍然在传统启蒙运动的现代思想的框架里思考。他们指出，传统的现代思想是"反思性现代化"

（reflective modernization），而今天的现代思想应该是“自反性现代化”（reflexive modernization），是一个与“风险”不可分离的现代化。[7]前者的思维逻辑是以固定的框架为基础来扩展内容，而后者则在接受变化和差异的现实的基础上，用动态的框架来指导行动。这个结论并不是偶然的。一方面，它基于对过去现代化的一些负面后果的批评，如过分依赖理性系统而没有反映出世界的复杂性，以及过分索取自然资源而导致生态的灾难；另一方面，这个结论也建立在很多学者最近所描述和分析的社会、经济、城市、艺术的实际或想象的变化，如由固定结构转向“流动空间”和相应的时间观念的变化（Manuel Castells）、民族经济和文化向全球化经济和全球文化的转变（Saskia Sassen），对人类生活“空间性”的认识（Henri Lefebvre）丰富了“历史性”和“社会性”的思想框架，引发了对具有复杂性和混合性的“第三类空间”的关注（Edward Soja）和对空间的“公平”概念的理解（David Harvey），等等。

　　基于上述的描述，现代化应该理解为互相关联的、不断变化的以及可以重新构成的“领域”。这也许是现代化很难用单一模式来理解的原因之一。每个领域都有其中心内容，也有其独特发展的过程，可以出现在不同的历史时期和地理位置。[8]例如，同样是现代化的主体内容，对个人和群体的独立决策权的维护（个人自主和民主政治），其发展持续了2500年，从希罗多德（Herodotus）对古希腊抵抗波斯帝国侵略的描述，到约翰·洛克（John Locke）对不同政治力量均衡的信念，再到今天亚洲各国对民主政治的追求；这个现代化的内容一直占据着人类生活的中心地位。而在另一个例子里，女权运动从萌芽到现在则只有一个多世纪。同样，在20世纪非现代的集权政治和不同种族之间的摧残通过工业化引发的残酷升级，充分说明了现代化似乎是一项无止境的事业。从这个意义上来说，现代化是不断在组成的“过程”和不同程度上现代性的实施，而不只是既成不变的事实。

　　本文集所关注的是现代化的几个领域在建筑中的体现。建筑既是思想的产物，也是创造思想的手段；以语言为根基的思想是抽象的构造，而以物体和空间为中心的建筑可

7 Ulrich Beck, Anthony Giddens, and Scott Lash, *Reflexive Modernization: Politics, Tradition and Aesthetics in the Modern Social Order* (Cambridge: Polity, 1994)。

8 例如，社会学家 Lash 运用领域的概念，认为现代化在文艺复兴时期表现在绘画与宗教，17 世纪表现在哲学，18 世纪和 19 世纪表现在小说，而 20 世纪表现在建筑，*Another Modernity, A Different Rationality*，第 19 页。Bruno Latour 给现代化的讨论增加了更多的复杂性；他认为现代化只是理想，而现实中从来就没有发生过，“Is Re-modernization Occurring - And If So, How to Prove It?: A Commentary on Ulrich Beck”, *Theory, Culture & Society* 20 (2003)，第 35~48 页。

以看作是基于实体的叙述。可以说，在以上所述的现代性的各个抽象构造中，建筑都在材料、技术、功能和形体等各方面有所回应。建筑物的实体性和空间性可以认为是思想形成的关键部分，这在米歇尔·福柯（Michel Foucault）和亨利·列斐伏尔（Henri Lefebvre）等精辟的空间分析中可以看到。在 17 世纪，法国科学家 / 建筑师克劳德·佩罗（Claude Perrault）对维特鲁威《建筑十书》的修订、考古学家安托万·德斯格特（Antoine Desgodets）对古迹的忠实测绘、英国科学家 / 建筑师克里斯托夫·雷恩（Christopher Wren）和罗伯特·虎克（Robert Hooke）将建筑置于实验知识（experimental knowledge）的框架中，都是科学思想对建筑陈规的挑战。他们的理论与实践为 19、20 世纪建筑的现代化开拓了途径。今天城市的飞速扩张、科技的日益更新、市场的全球化、建筑的标准化和思想的贫穷（例如对机器和生物比喻的依赖）既产生了危机，又孕育了机会。为了探讨建筑在现代思想中的复杂发展过程和具体内容，本文集对建筑与现代化之间的关系提供了一些实事描述，希望能在一定的历史场景中，通过实例表现出现代思想中的建筑。这本文集分为三个部分，分别论述了英国建筑与早期现代思想的关系，中国建筑与中国 20 世纪初的现代化的牵连，以及建筑评论选。在这些论文和评论中，建筑所涉及的现代思想领域主要包括了以下几个方面：科学理性与建筑，民族国家与历史，品位与美感，以及理解培养"制作技艺"的重要性。

科学理性与建筑

科学理性的出现是现代思想中最早、最核心的内容。从 17 世纪欧洲开始，科学理性向以托马斯·阿奎那斯（Thomas Aquinas）为代表的中世纪教条化的亚里士多德理论提出了挑战。这其中的革新包括了两个部分，即知识的内容和知识的结构。当时影响甚大的哲学家培根和笛卡儿分析了中世纪教条知识的症结，提出了新知识的理论基础和实践计划，这在欧洲科学和文化的发展中起了重大作用。培根以"实用"为前提，以"感官"为手段，为科学知识制定了新的框架；而笛卡儿则在理论上定义了人与物体之间的主客关系，以及普遍的时间与空间概念。

本文集的第一部分涉及英国建筑与英国 17 世纪科学革命思想成就的关系。当时，英国虽然处于欧洲文艺复兴人文主义文化的边缘，但同时又处于一个新现代思想的开端。与包括中国在内的世界各种文化相比，17 世纪欧洲的知识成就在表面上并没有显得很突出。但在两百年之后，以英国为首的欧洲很快发展成为世界贸易和科技的领导者，其文化成就对世界产生了很大的影响。现代思想在英国的发展，其表现之一在于对权利、威力、实用性的理解和追求，这与培根的英国经验主义思想有着根本的联系。培根与他的追随者们坚信感官对知识形成的重要性，坚持知识必须与用途结合，并认为只有这样的知识才会带来真正的力量而不是虚无的争论。在这个学术十分活跃的时期，托马斯·霍布斯（Thomas Hobbes）、洛克和其他学者从不同角度对权力和威力作出了分析定义，写出了影响至今的著作。《克里斯托夫·雷恩与培根思想》一文将建筑师及科学家雷恩和虎克置入英国经验主义思想之中，试图分析他们所创造的英国建筑在功能、形象和内涵方面如何继承和突破欧洲巴洛克风格。他们在建筑设计上选择了 17 世纪早期的现代思想，把建筑和科学进步置于同一个思想框架里，为建筑发展做出了突出的贡献。

欧洲 17 世纪科学理性的出现为 18 世纪的启蒙运动提供了重要的思想因素，即科学与进步的观念。从伊曼纽尔·康德（Immanuel Kant）到卡尔·波普尔（Karl Popper），启蒙运动将科学与进步的理想运用于知识和生活的所有方面，坚信这样就会达到理想社会的永久和平和幸福。但在达到这个理想的过程中却导致了帝国的剥削、全球经济的不平衡及对自然环境的摧毁。即使是这样，当 19 世纪欧洲帝国主义霸权扩展市场时，启蒙运动的科学与进步的观念还是迅速传播到包括中国在内的世界各个地区。

在中国学术传统对现代思想的回应中，梁启超提倡对中国传统知识在内容和结构上予以更新。梁启超将培根视为"近世文明初祖二大家"之一，从某种程度上衔接了英国 17 世纪的思想发展和 20 世纪中国现代化的过程。梁启超在谈到"论学术之势力左右世界"时，总结了现代思想的重要性："近世史与上世中世特异者不一端，而学术之革

9 梁启超，《梁启超全集》（北京：北京出版社，1999年），第二卷《近世文明初祖二大家之学说》，第 1030~1035 页；另参见《论学术之势力左右世界》，第 557~560 页。

10 按照 Elie Kedourie 的经典定义，民族国家是 19 世纪初在欧洲发明的理论，其宗旨是人类自然的群集是以民族国家为基础，而民族国家的唯一合法制度是自主，*Nationalism*, 4th edition (Oxford: Blackwell, 1994)。

11 Benedict Anderson 认为，所有不是面对面交流的集体观念都是想象的观念，而区别想象集体的标准不是真假，而是想象的方式，*Imagined Communities* (London: Verso, 1991)。

12 Jürgen Habermas, "Citizenship and National Identity: Some Reflections on the Future of Europe", *Praxis International* 12:1 (1992), 第 1~18 页。

新，其最著也。有新学术，然后有新道德，新政治，新技术，新器物。有是数者，然后有新国，新世界"。[9] 19 世纪末，中国统治阶层提出的"自强"改革计划，以及朱启钤、梁思成、林徽因和刘敦桢对《营造法式》的修订，从不同的角度反映了中国文化和建筑知识的更新过程。《重构中国营造传统：20 世纪初期的〈营造法式〉》一文从某些方面叙述了这个知识更新过程中的一些细节。这里，朱启钤 1925 年修订的《营造法式》担负了一个双重角色：一方面，它既是考证传统中凝固在时间里的永恒典籍，又是更新中国建筑传统的关键步骤；另一方面，欧洲启蒙运动的时间和空间观念则为梁思成、林徽因和刘敦桢研究《营造法式》提供了与传统有根本区别的历史框架，将中国文化语境与现代思想的科学进步联系在一起。

民族国家与历史

民族国家是现代化自 19 世纪以来的重要领域，[10] 是社会群体（如家、家族、国家）和信念群体（如教会、教区、国教）进一步发展的结果。作为"想象中的集体"，[11] 民族国家具有非常复杂的内容，不同文化背景、不同意识形态的权力中心都可以用民族主义来维护其权力的合法性。早期的民族国家大多建立在共同种族、文化、语言之上，而近期的民族国家则可以建立在市民参政以维护市民权利的基础上；在某些地区，国家可以说已从无意"继承"的政体转变为有意"建立"的政体。[12] 虽然早期的现代思想通常具有"全人类"平等的理想，但是在这个口号下的现实政治却往往导致帝国主义的出现；而在帝国最终无法维持时（如 20 世纪的英国、德国、日本），民族国家则成为现代化最有效的单元。与帝国的性质不同，民族国家是自发的现代化，而每一个单体的出现，都包含了原创性的可能。19 世纪以来的民族国家并不是自发现代化的第一次表现；文艺复兴在欧洲各国的迅速扩展是民族国家发展的前奏，也是具有原创性的现代文化发展的早期。虽然民族国家在政治上的表现不可预料，但它在思想上的表现却在一定时期内十分一致：民族国家现代化的最核心的思想支柱是民族历史，以及与其相应的世界历史。

民族历史和世界历史是黑格尔对现代学术最突出的贡献之一。民族历史不但给民族国家提供了存在的基础（民族文化的来源，民族英雄的奋斗），而且将民族国家置于世界时空之中。黑格尔把历史看作是"世界精神"认识、发展、完善自身的过程，而历史在各个民族中的发展是世界精神在"民族精神"中的不同表现。19 世纪末，在欧洲各民族国家形成的过程中，对历史的运用或误用也许是其中心论题；[13] 但在中国，正如梁启超所意识到的，最关键的问题是如何正确理解和建立历史。1902 年梁启超流亡日本时在《新民丛报》发表了《新史学》一文，提出"史学者，学问之最博大而最切要者也。国民之明镜也，爱国心之源泉也。"[14] 梁启超特别重视西方史学在其文明中的作用；1922 年，他在一篇颇具影响的《中国历史研究法》中陈述道，新史学的最终目的是将中国民族置于国家的标准之下，去看待它的过去、它的特征以及它在全人类中的位置。[15] "是故新史之作，可谓我学界今日最迫切之要求也已"。[16] 梁启超的新史学反映了 20 世纪初中国现代思想发展的中心命题，对中国现代历史的发展，以及现代史在建立中华民族国家和中国现代化的叙述中起了关键的作用。

20 世纪初中华民族国家的出现、史学的变革以及中国传统的更新与运用，对中国建筑产生了巨大的影响。如果说民族意识的根基在于日常的重复，那么建筑的物体性则是民族意识有效的表达途径。从朱启钤、陶湘到荷西、墨菲、吕彦直和杨廷宝，20 世纪初的知识分子和建筑师在建筑实践中探索了"中国建筑"的具体内容。在编写中国建筑史这一工作中，梁思成、林徽因和刘敦桢等为中国现代建筑以及中华民族国家的建立奠定了基础，这在《梁思成与梁启超：编写现代中国建筑史》一文中有所论述。在梁启超提出的史学框架中，梁思成、林徽因和刘敦桢运用了现代史学对历史事实的认识，突出了实地考察和测绘在叙述历史中的重要性。他们的成就为 20 世纪中国建筑思想和实践提供了关键的参照点。从民国时期的"中国固有形式"到 20 世纪中后期的"民族形式"，民族文化特征在建筑中的表现对不同政治目标都显得十分具有吸引力，而今天在"地域主义"的推动下这仍然是中国建筑的中心论题之一。

13 这里特别值得一提的是 19 世纪法国学者 Ernest Renan 对"误用"历史是民族国家的共同特征一说，"What is a Nation?"，in Homi Bhabha ed., *Nation and Narration* (London and New York: Routledge, 1990)。

14 梁启超，《梁启超全集》第二卷，《新史学》，第 736 页。

15 梁启超，《梁启超全集》第七卷，《中国历史研究法》，第 4091 页。

16 梁启超，《梁启超全集》第七卷，《中国历史研究法》，第 4087 页。

认识民族主义的各种表现（种族、政权、文化）是理解民族国家的有效途径，也是把握中国建筑在新民族主义中发展的重要手段。民族主义不但是"两面神"（同时面向过去和将来），而且有双重性格（同时容纳邪恶和自强）；民族主义中的民族历史和建筑在19、20世纪的中国建筑中有充分的表现。

品位与美感

现代主义文化中的一个重点是对"美感"（aesthetic experience）的认识，因为自18世纪以来美学（对美感的分析理解）与传统美（建立在重复与礼仪上的美）已经有了概念上的区别；几乎每个主要的哲学理论都有其相应的美学理论。现代主义美学可以看作是现代化的外在表现，以及"现代人"的形象塑造。现代文化中品位标准可以追溯到意大利的文艺复兴时期。在15世纪文艺复兴早期，这种文化修养的影响是极大的。在佛罗伦萨梅第奇家族（The Medici）所建立的圈子里，古希腊文化和柏拉图的知识，以及这些思想在绘画和雕塑中的物化，成为最流行和最受尊重的文化特征。这个时期的成就对欧洲艺术起了奠基性的作用。其中，费奇诺（Marsilio Ficino）与米兰多拉（Pico della Mirandola）对柏拉图思想的继承和将其与基督教的结合，以及波利齐亚诺（Angelo Poliziano）对古希腊罗马神话的研究，为欧洲官廷文化奠定了坚实的基础。这些艺术成就成为划分高尚与庸俗、现代与传统的标准。绘画、雕塑、音乐，以及在某种程度上的建筑，在文艺复兴的意大利成为现代化的第一个领域。在这里，基督教的线性时间概念、教会无边界的空间观念、古希腊的民主自由、制作技艺（techne）、积极生命（vita activa）和思维生命（vita contemplativa）的结合形成了极具创造力的混合；这是一种与基督教精神文化很不同的"物质文化"。这种物质文化在17、18世纪欧洲演变为官廷礼仪的基础。巴尔达萨雷·卡斯底格朗（Baldassare Castiglione）的《官廷人物》（Il libro del Cortegiano），将文艺复兴的新型"现代人"描述的非常透彻；新型官廷人物充分具备了对哲学的精通、对艺术的鉴赏能力、对公共政治事务的处理技巧和在战场上的英勇。该书很快就被译成欧洲各国语言，影响极大。

在这个背景下，各种艺术发展迅速，并产生了通俗易懂的规则，如绘画的五个部分、建筑例书、柱式图样，等等。

美学理论的重大发展之一出现在 17 世纪末、18 世纪初的英国。英国宫廷在 17 世纪中叶虽然在极力模仿意大利和法国的新文化，但是它还处于文艺复兴的边缘，其文化发展远远不如法国；但 18 世纪初，英国的经济发展导致了宫廷之外的"富有阶层"的出现，在根本上改变了社会的结构，向现代资本主义社会迈进了一步。在这个时期，英国文化发展的中心是"高尚品位"的普及，并将品位看作是"社会道德"的外在特征。在积累财富的同时，富有阶层更关心他们在文化中的定位，从而关注以意大利文艺复兴的著作和作品为中心的希腊罗马文化的复兴。《道德感与设计》一文指出，英国贵族成员沙夫茨伯利伯爵三世（The Third Earl of Shaftesbury，1671—1713 年）的著作反映了英国贵族和富有阶层对古典文明和建筑的向往，在英国和欧洲产生了很大的影响，为启蒙运动奠定了部分基础。在建筑中，安德烈亚·帕拉第奥（Andrea Palladio）的建筑在英国特别受到关注，逐渐成为消费文化中的社会情操和审美观的象征。

18 世纪中期，亚历山大·戈特利布·鲍姆嘉通（Alexander Gottlieb Baumgarten）将对品位的研究称为"美学"（aesthetics）；但也许康德的美学理论是最有影响力的。康德在完成他对"纯理性"和"实用理性"的论述之后，提出了"品位的判断"这一基本概念。[17] 值得一提的是，沙夫茨伯利在这里对康德的思想有深刻的影响。对康德来说，理性的判断与品位的判断产生于两个不同的层次，基于两种不同的认识力量：理性依赖的是认识性和概念性（semiotic）的运作，而品位则利用直观的和模仿型（mimetic）的想象，两者都是指示真理的手段。理性判断以抽象的数学逻辑（事实、系统、分析、推论）来建造现实，而品位判断则以实体的"间接现实"（风格、音响、情节）来示意真理。运用这个观点，我们也许可以说勒·柯布西耶（Le Corbusier）的建筑是概念性设计（重视抽象形式、无质感材料），而密斯·凡德罗（Mies van der Rohe）的建筑则是模仿性设计（重视建造系统、材料特征）。[18] 康德开拓性的著作仍然是今天美学理论和现代思想的重要启发点和入手点。一方面，美感可以看作是来源于现实的一

17 Immanuel Kant, *Critique of Judgment*, trans. Werner S. Pluhar (Indianapolis: Hackett Publishing, 1987)。

18 Lash, "Reflexivity and its Doubles: Structure, Aesthetics, Community", in Beck, Giddens, Lash, *Reflexive Modernization*，第 137~138 页。

种固定表现，一种基于黑格尔式的代表时代精神的美学思想（如斯大林的社会主义现实主义）。而另一方面，当对于系统压制的概念批判（如哈贝马斯的批评）遇到困境时，美感可以成为切入系统概念之中的尖锐手段；在这种认识的基础上，弗里德里希·尼采（Friedrich Nietzsche）、特奥多尔·W.阿多诺（Theodor W. Adorno）和詹姆逊等认为美感比概念思维更能有效地达到真理、抵制文化工业、形成自主的空间。

重视"制作技艺"

制作技艺（techne）也许在其他学术范围内不是现代思想的中心领域，但它在中国建筑现代化过程中却是最中心，又是最常被忽略的部分；而忽视的原因之一也许是中国传统文化对"技艺"的理解和实践。制作技艺在欧洲许多文化中有很深的基础，在建筑理论和实践中，制作技艺也许在"建构"（tectonics）这一概念中有一定的表达，但建构不能充分体现制作技艺的深刻思想内容。不能否认，建构是制作技艺的一部分，这一点能从两个词共同的拉丁词根中看出。但制作技艺不同于建构，对制作技艺的理解最有效的方法是回到古希腊知识传统中"技能／艺术／知识"（希腊人称为 techne，罗马人称为 ars）的概念；"制作技艺"在中文里不固定的翻译（技术、艺术、技艺）表现了这个概念在中国建筑文化中的生疏。

简单来说，中国传统中的"技艺"的高度发达，是建立在以自身为参照点的技艺之上。以建筑为例，中国传统建筑是建立在单层"柱与屋顶"的结构模式之上，而在级别、功能、思想意义方面的区别则由装饰的"程度"来表达，如数量、大小、颜色、材料和画饰等。建筑的营造模式并没有改变。这样的建筑系统形成了一种与功能相对隔离的，以自身为参照的结构系统，成为内涵的"象征"；在学术上，这种将内涵与制作相隔离的实践传统可以用本末、体用、道器等观念来表达。这个制作传统在文化上的影响是巨大的；它不但导致了知识传统对内涵的重视和对外表技艺的轻视（雕虫小技），而且突出了"标志性特征"（颜色的鲜艳与材料的珍贵），而忽视了"制作性特征"（结构和材料的合适运用）。中国传统知识分子也更加重视思维而轻视制作。古希腊的制作技艺与中国对技艺的理解有很大的区别。如果希腊哲学表达了人类生存的抽象理想，制作技艺则是他们认识世界、生存于世界的具体表现，两者的重要性是一样的。从这个意义上来说，古希腊的圆形剧场在声学、功能和建筑上的成就可以说是其基于民主政治生活方式的制作；圆形剧场这一"制作技艺"在一定程度上"确定"了民主政治理想的一个层面（市民的公开辩论和决定）。

与许多现代思想的内容一样，古希腊的成就只是一个雏形。对制作技艺的重视在欧洲中世纪得到了巩固，这在刘易斯·芒福德（Lewis Mumford）所提的中世纪修道院中修道士"克服对劳动的耻辱感"这一发展中表现出来。[19] 在这里，深信基督教的修道士将体力劳动转变为"祈祷"的一种方式（ora et labora），将手的果实放到精神成就的地位之上。这个发展在早期文艺复兴中起到了重大的作用；希腊传统和中世纪发展促进了文艺复兴积极生命与思维生命的结合。列奥纳多·达芬奇（Leonardo da Vinci）、菲利普·布鲁乃列斯基（Filippo Brunelleschi）等文艺复兴的大师都曾在铁匠作坊里实习，在体力与脑力结合的劳动中培养出他们的机械、解剖、建筑和材料知识，以及灵活运用这些知识的制作技艺。从这个角度来看，20世纪学者汉娜·阿伦特（Hannah Arendt）在《人的境况》（The Human Condition）中对"制作"（work）与"劳动"（labour）的区别是对制作技艺的重新重视，虽然她所用的词汇有所不同。[20] 她认为，"制作"和"劳动"是截然不同的活动：劳动者（animal laborans）用身体的艰辛劳动维持生命，以"与自然保持同步的新陈代谢"；而制作者（homo faber）则是在创造生命需求之上的成果。阿伦特对制作的理解重新回顾了古希腊对制作技艺的重视，并对现代"劳动社会"和"消费社会"作出了批评。在今天，阿伦特的思想也可以被视为对文化工业的批评。

《重构中国营造传统：20世纪初期的〈营造法式〉》、《20世纪初期的〈营造法式〉：国家、劳动和考据》、《劳动，制作与高密度居住》和《儒家传统和中国建造技艺》等几篇论文和评论，讨论了中国知识分子对中国技艺传统和制作技艺的思考。19世纪末，中国文化传统受到制作技艺已高度发展的西方各国的冲击，使中国知识分子开始认识到制

19 Lewis Mumford, *The City in History: Its Origins, Its Transformations, and Its Prospects* (New York and London: Harcourt Inc., 1989).

20 Hannah Arendt, *The Human Condition* (Chicago and London: The University of Chicago Press, 1958 and 1998).

作与威力之间的关系。晚清政府官员致力重构中国的科技传统，提出"自强"的口号，推进了工业、军备、造船和铁路等各项建设，希望通过振兴制作来振兴国家。在朱启钤对传统中国"道器分涂"的批评中，以及对《营造法式》的重新修订中，我们可以看到一种对制作技艺更加自觉的重视。他赋予了重新认识制作技艺知识更新的意义。尽管有中国第一代推行现代化的知识分子的努力，制作技艺在中国文化语境中的建立仍然十分艰难，特别在今天中国建筑工业空前繁荣的环境中，对制作技艺的重视，学会用双手的制作来思考，是中国建筑理论与实践中最大的挑战之一。中国建筑师需要致力于培养对营造的重视，对制作技艺的独创和完美的自豪感，对制作技艺在思考中的中心地位的理解，以及对将头脑带到手中的必要性的领悟。

本文集的动机是建筑实践，是希望把思想与设计的结合转变成自觉的行为，而不只是被动的跟随。这个自觉行为是一种明确的选择，是建立在知识和思想基础上的实践。现代思想在中国的发展是间断的和零碎的，而在这种环境中的中国建筑呈现出思想内容的单一，实践中缺乏原创性。对现代思想的理解和认识是克服中国建筑理论贫困的途径之一，如果哈贝马斯认为欧洲启蒙运动的现代化是未完成的事业，那么在中国它则是刚刚开始。现代化的各种方面，包括可以控制的（如建立科学框架、市场机制）和不可控制的（如科技的逻辑结果、市场的全球扩张、信息科技对人性的挑战）方面在中国都有充分的表现，造成了系统与个体、理性与文化以及机器与人性的多方面冲突；我们如何选择建筑，如何更新和创造设计观念和手法，是中国现代建筑从"地域建筑"蝉变为"世界建筑"的重要组成部分。

李士桥

2007 年 12 月

致谢

　　这里收集的每一篇文章都记录了在过去多年我所从周围的导师、同学、同事和家庭中所吸取的灵感和智慧。虽然这里所罗列的名字远远不能包括所有的人，但表达对他们的谢意是一个特殊的时刻；他们的付出超越了回报，跨出了文化、语言、空间的界限。

　　我要感谢 Roy Landau 给我带来的一系列令人难忘的接触建筑思想的机会，AA 建筑学院是一个令人兴奋，同时也充满了张力的地方。在 20 世纪 80 年代末期建筑师对批判理论和文化研究十分入迷时，Roy 以研究生课程的形式，把建筑传统研究和现代思想同等看待，远远超出了建筑师断章取义的典型运作。在这期间，我遇到了许多建筑师与对建筑感兴趣的学者和同学，如 Micha Bandini、Charles Jencks、Maggie Keswick、Cedric Price、David Dunster、Anthony Grayling、Mark Cousins、David Schmitt、Valerie McLauchlan、Duncan McCorquodale、Gordana Korolija、Isaac Lerner、Faranak Soheil、Mark Dorrian，他们各自不同的观点和建筑实践给我带来了许多发展的空间。同时，研究英国建筑学术传统是一个印象深刻的学习经历，这个传统在很多学者的个人和著作中体现出来，其中包括 Peter Draper、Margaret Richardson、Eileen Harris、Michael Hunter、Giles Worsley、John Newman、Edward McParland、Cinzia Sicca，他们在很多方面指导了我的研究，提供了宝贵的经验。在关心中国建筑与现代化过程这一问题中，我很荣幸有以下朋友和同事与我一起分享研究的成果，他们是：冯仕达、朱剑飞、赖德霖、何培斌、李一康、廖维武、李晓东、王章大、许亦农、伍江、阮欣、Jeffrey Cody、赵辰，他们形成了一个分散在世界各地的研究中国建筑的团体，每一次会面都充满了独特的喜悦。过去多年与林少伟、Leon van Schaik、蔡明发等关于现代理论、建筑设计及研究的探讨在很大程度上影响了我的写作。非常值得珍惜的是与 Ryan Bishop 和 John Phillips 之间的学术交流和家庭友谊，这里，文化与知识界限的消失成为思想发展的动力。在多年的交流和合作中，Mike Featherstone 和 Scott Lash 等学者的视野和文化批评理论对我来说即是书本知识又是日常行动。

这本文集的出版同时也是中国政府教育部的奖学金以及 AA 建筑学院的多方面资助的结果。清华大学建筑系提供了我第一次学习建筑的环境，曾经指导过我的陈志华、吴良镛、汪坦、吴焕加、李道增、关肇邺、田学哲、胡绍学、彭培根、单德启、羊镕等多位老师至今仍是我从事职业中的榜样。沙夫茨伯利伯爵十世在各方面给了我很大的帮助，包括在 Dorset 的家族庄园的热情招待，以及允许我在这里使用沙夫茨伯利伯爵三世的肖像。Kerry Downes 及牛津 All Souls 学院（The Warden and Fellows）允许我使用雷恩建筑和草图照片，在这表示感谢。在清华大学建筑学院资料室，林洙女士的鼓励、支持和帮助不但给了我动力，更重要的是给了我为今天而理解过去的视野。大英图书馆、英国档案局、英国建筑图书馆、伦敦 Soane 博物馆、AA 图书馆、牛津基督学院、牛津 Bodleian 图书馆、伦敦国家肖像图书馆、宾西法尼亚大学建筑档案馆（特别是 William Whitaker）、宾夕法尼亚大学 Van Pelt 图书馆史料部、南京中国国家第二档案馆、新加坡国立大学图书馆和中文图书馆、香港中文大学建筑图书馆，都在各方面无私、准确和快速地提供了珍贵的史料和服务，为现代开放的学术精神提供了具体的内容。《重构中国营造传统：20 世纪初期的〈营造法式〉》与《梁思成与梁启超：编写现代中国建筑史》两篇论文是新加坡国立大学研究经费所支持的研究成果。

在翻译和编辑过程中，我非常感谢多位研究生的努力，他们为搜索全国各地的图书馆、档案馆，并为跨越不同语言的迷阵付出了极大的艰辛。文集初稿的翻译者分别是：

顾恺：《克里斯托夫·雷恩与培根思想》（原文：Li Shiqiao, "Christopher Wren as a Baconian", *The Journal of Architecture* 5 (2000), pp.235-66.）

虞刚：《道德感与设计》（原文："Designing with Moral Sense"）

张天洁：《重构中国营造传统：20 世纪初期的〈营造法式〉》（原文：Li Shiqiao, "Reconstituting Chinese Building Tradition: the *Yingzao fashi* in the Early Twentieth Century", *Journal of Society of Architectural Historians* 62:4 (2003), pp.470-89.）

《20 世纪初期的〈营造法式〉：国家、劳动和考据》（原文：Li Shiqiao, "The *Yingzao fashi* in the Early Twentieth Century: Nation, Labor and Philology", invited paper for The Beaux-Arts, Paul Philippe Cret, and Twentieth Century Architecture in China, University of Pennsylvania, October 2003.）

《劳动，制作与高密度居住》（原文：Li Shiqiao, "Labour, Work and High Density Living", *Singapore Architect* 220 (2003), pp.62-63.）

田阳、李鳌：《梁思成与梁启超：编写现代中国建筑史》（原文：Li Shiqiao, "Writing a Modern Chinese Architectural History: Liang Sicheng and Liang Qichao", *Journal of Architectural Education* 56 (2002), pp.35-45.）

田阳：《建筑学与理论》（原文：Li Shiqiao, "Architecture and Theory", *Singapore Architect* 223 (2004), pp.45-47.）

《身体的重构与中国的现代化》（原文：Li Shiqiao, "The Body and Modernity in China", *Theory, Culture and Society*, special issue on the theme of "Problematizing Global Knowledge – The New Encyclopaedia", 2005.）

《与坂茂交谈》（原文：Li Shiqiao, "In Conversation with Shigeru Ban", *Design and Architecture* 3 (2001), pp.24-31.）

《产品目录时代的建筑设计》（原文：Li Shiqiao, "Architectural Design in the Age of Catalogues", *Singapore Architect* 215 (2002), pp.126-29.）

《儒家传统和中国建造技艺》（原文：Li Shiqiao, "Confucian Tradition and the Art of Building in China", *Singapore Architect* 218 (2003), pp.58-59.）

蔡佳俊：《净化城市》（原文：Li Shiqiao, "The Cathartic City", *Stadt Bauwelt* 175 (Berlin, 2007), pp.16-25; *Bauwelt China* (Beijing, 2007), pp.10-23.）

特别需要感谢的是田阳在修改初稿的工作中编写了参考书目，认真对照原文修改译文，为文集避免了不少错误和模糊之处。这里也感谢朱崇科和蔡佳俊的修改。这个翻译过程再次提醒我们，语言即是理解的途径，又是形成障碍和误解的机会，这在我们生活中是不可避免的现实。来自家庭的理解和支持通常是朴素的和无条件的，这也许是它珍贵的原因。父亲对学术的喜爱从小对我有深刻的触动，我希望能在知识发展职业化的现实中保持人与知识之间的简单关系。李博雅新奇的眼光是无穷的灵感源泉，而何凯儿在建筑设计、项目管理、营造过程等方面提供了理论与实践的桥梁。

目录

一、早期现代思想与建筑

1

克里斯托夫·雷恩与培根思想

摘要

    本文将弗朗西斯·培根的知识理论视为克里斯托夫·雷恩建筑创作的不可分割的一部分，并通过选择性的实例试图解释如何可以更深刻地理解雷恩的建筑。培根的知识理论在其历史脉络中是对 17 世纪英国已有的传统知识的有力回应，也是本文的重点。本文特别关注培根对实用的认识，并将实用作为寻求威力的可靠知识的检验标准。他的思想在 17 世纪英国的科学发展中起到了巨大的推动作用，对约翰·威尔金斯（John Wilkins）和雷恩的父亲（同名克里斯托夫·雷恩）都产生了深刻的影响。此二人对雷恩的抚养以及对他的才智的形成都起到了重要作用。本文将雷恩及其亲密合作伙伴罗伯特·虎克（Robert Hooke）的建筑作品与著作置入此框架中，并以建筑为重点来探讨。这样，我们的观点可以超越形式分析，并对雷恩的著作与建筑作出新的解读。在这个前提下，雷恩的作品有两个突出的主题：首先是前所未有的建筑实用主义，而这正是培根思想的基础；其次是建筑中深刻的形式自由感，这似乎源自经验主义对美的概念的不信任。这一探讨尽管范围有限，但希望能在理解雷恩的建筑实践时突出对其思想关注的重要性。从这一角度来看，雷恩对建筑所作的贡献不止于形式与风格，而且也包括了思想上的突破；17 世纪末，雷恩在新的建筑创作中的信心正是建立在强有力的培根经验主义哲学的基础之上。

原文发表于英国《建筑期刊》2000 年第 5 期 [Li Shiqiao, "Christopher Wren as a Baconian", *The Journal of Architecture* 5 (London: RIBA, 2000), pp.235-66.]

3

1

克里斯托夫•雷恩的建筑，如同他对早期科学的贡献一样，是英国在 17 世纪后期所经历的特殊变化与进步时期的产物。这一知识环境影响了雷恩的科学研究及建筑设计，并赋予它们独特的性格。以此为大前提，本文试图描述 17 世纪早期弗朗西斯•培根所提出的思想可以被看作是奠定了雷恩建筑设计方法的基础。对雷恩的一些重要作品和著作的讨论，将会展示出雷恩的建筑与培根的知识理论之间的联系。

建筑由于昂贵、耗时、长远而又必不可少，一直是有着高度目的性的人类创造。可以说，无论是雷恩时代还是现在，许多建筑都凝聚着对才智、财富和权力的认识。当我们对雷恩在各种知识领域中的才智表示惊叹时，我们也必须看到，他的才智在寻求根本问题的答案时也起到了决定性的作用；他的头脑不但充满好奇而且尊重事实，这影响了他对什么是好建筑及如何建造好建筑的认识。以此为理解框架，我们可以更好地把握雷恩作品中被形式风格分析所忽视的某些方面。我们会看到，雷恩建筑概念的前提，与他当时的建筑传统有根本的差别。雷恩强调了实用性与经济性，以及建筑形式的适应性，这在很多方面不但解释了他在建筑中的创意，也表达了他对当时设计潮流偏离建筑知识本质的批评。雷恩的建筑设计方法似乎源于对建筑首要原则的重新思考，在这一点上，他与许多在建筑史上有创意和影响的人物有共同点。

2

理解雷恩建筑思想的首要原则的关键，是英国思想史上最有影响力的人物之一弗朗西斯•培根的知识理论。培根的著作阐述并巩固了英国经验主义传统，并为 17 世纪英国思想发展指出了独特的方向。培根的影响是广泛的。[1] 在 17 世纪初培根开始出版他的哲学著作时，英国知识界还在中世纪学术传统的支配之中。到了下半叶，用来形容培根思想的"实验哲学"已经众所周知；虽然它受到少部分人的批评，但大部分人将它作为未来研究的指导理论。

培根著作中与建筑最相关，而且最具影响力的论点之一是：知识可信性与其用途的紧密结合。培根坚信知识的目的是"增加能力"，而知识的实用性是实现这个

4

1 培根在 17 世纪的影响，已成为科学史学界中备受争议的论题。例如，Margery Purver 在 *The Royal Society: concept and creation* (London: Routledge, 1967) 一书中强调培根对 17 世纪科学起了根本作用。而 Michael Hunter 在 Science and Society in Restoration England (Cambridge: Cambridge University Press, 1981) 一书中则对培根影响力的评价比较谨慎，尽管与 Alexandre Koyre 在 Galileo Studies (Hassocks: Harvester, 1978) 第 1 页对培根影响的否认（培根对 17 世纪科学发展的影响是"完全可以忽略"的）不同，但 Hunter 主张，最多"培根只是系统地陈述了一种已有的方法"（第 15 页）。培根对 17 世纪科学兴起的影响必须从思想上，而不能仅仅从实践上来看待。本文侧重于培根对雷恩建筑的影响；培根把实用作为可信知识基础的见解，在 17 世纪的英国引发了对来自意大利和法国的建筑理论的重新评价，进而成为变革的主要动力。

目的的关键。通过知识，人类获得干预和控制自然进程，并"强迫"自然服从人类的能力；培根进而声称，通过这一能力，我们一方面达到真理，另一方面获得权力。这是培根所有思想的根本基础，也是他批评过去和指导未来的基础。

培根对当时的知识状态深为不满。在《学问之增进》（The Advancement of Learning）一书中，他将传统知识归纳为三种类型：幻想型、争辩型和精美型，这是由三种"心灵的虚荣"所导致的：虚荣的想象、虚荣的争论和虚荣的情感。幻想型知识包括故事及想象的"艺术"，例如占星术、自然魔法、炼金术以及偶像崇拜，这些都缺乏经验基础。争辩型知识是指所谓"繁琐学者"（schoolmen）的知识，它是以托马斯·阿奎那斯为主要权威的正统亚里士多德经院哲学（Aristotelian Scholasticism）的复兴。繁琐学者们将自己局限在狭窄的阅读范围内，沉湎于编织"学问的蜘蛛网"；虽然这就其自身而言值得钦佩，但它却没能牵连物质现实。精美型知识与人文主义传统相关，是三种类型中问题最轻的，因为它仅仅是对言辞的过度爱好，而不像经院哲学那样热衷于"空虚的事物"。培根也承认，言辞的优美在一些"文明场合"如会议、商讨、游说和演讲时还是会有用处的。

因此，培根认为这三种学问类型都不是通向真理与权力的途径。首先，它们误解了知识的目的。因为认识意味着认识物质现实，而不是形而上学的理念，更不是像言辞那样是为了让我们去认识而创造出来的"工具"。其次，它们误解了知识的本性。当知识专注于物质现实时，它具有进步的能力，因此，知识是不断积累和不断进步的，而不是永恒不变的："基于自然之物会生长和增加；而基于观念之物只会变化而不会增长"。[2] 第三，是方法论上的错误，即未能用观察和记录的方法来获得知识。我们不但要依赖我们的感官去观察记录，还必须创造工具来克服我们感官上的弱点；这是一个基于"实验"方法的重要科学概念。由实验所积累的完整信息必须在不同"表格"中根据事实的出现（presence）、未出现（absence）以及程度（degree）来排列，并在此基础上运用"排除性归纳"（eliminative induction）来获得更为普遍的知识。培根强调，这一方法正是他的知识观与柏拉图知识观之间的区别，后者从初始的观察跳到形而

2 "Novum Organum", *The Philosophical Works of Francis Bacon*, reprinted from the texts and translations, with the notes and prefaces, of Ellis and Spedding, edited with an introduction by John M. Robertson (London: George Routledge and Sons ltd., 1905), book 1, Aphorism 74, 第 277 页。

3 当培根谈及迷信时说，"在希腊人中，我们的一个显著的例子是 Pythagoras，虽然他的思想与低级的迷信有关；另一个是柏拉图及其学派，这里更为危险和微妙。它支配着其他哲学中的一些部分，引入抽象形式、最终原因和最初原因，而在大多情况中省略了中间原因，等等。在这一点上要极为谨慎。因为没有什么比这个错误更严重；如果虚荣成为尊崇的对象，那就是理解的一场瘟疫"。同上，Aphorism 65, 第 272 页。

4 同上，Aphorism 73, 第 276 页。

5 同上。

6 同上，"Preface" to "The Great Instauration"，第 243 页。

7 同上，Aphorism 73, 第 277 页。

8 同上，"The Advancement of Learning"，Book 1, 第 60 页。

9 或称 Instauration Magna，包含六个部分。第一部分是对科学划分的方案，这在他 1605 年出版的第二部著作《论学术的进展》中曾展开论述，并在 1623 年出版的 De Degnitate et Augmentis Scientiarum 一书中作了扩充。第二部分出版于 1620 年，关注的是科学调查的方法，名为 Novum Organum。培根将第三部分构想为自然世界数据的完整集合，或 "Phaenomena Universi"，根据他的分类方法来组织，以从中根据他在 Novum Organum 中阐释的归纳方法得出普遍规律。培根所计划的第四和第五部分分别是 "Scala Intellectus，或智力之阶梯" 及 "Prodromi，或新哲学的先驱或展望"，但它们均未成书。第六部分，"新哲学，或积极的科学"，被构想为是后人沿着他的方向继续完成的工作，这具体表现在他的 New Atlantis 中 Salomon's House 的乌托邦景象之中。

10 John Durie, Motion Tending to the Publick Good of This Age, and of Posteritie (1642); A Seasonable Discourse by Mr. John Dury (1649); 和 The Reformed School (1650). 关于更详细的清教徒教育改革文献，参见 Charles Webster, The Great Instauration, Science, Medicine and Reform, 1626–1660 (London: Duckworth, 1975); Richard Foster Jones, Ancients and Moderns, a Study of the Rise of the Scientific Movement in Seventeenth-Century England, (St Louis: Washington University Press, 1961), part 2, "The Puritan Era".

上学的"最终原因"，而忽略了重要的"中间原因"。[3] 第四，这些传统方法未能意识到，获得知识的成功来自于集体努力，其间工作者们从事观察、记录及理论化（排除性归纳）的各项专门工作。培根在他的《新亚特兰蒂斯》（New Atlantis）中构想了这种团体，而 1662 年建立的皇家学会（Royal Society）可以认为是其某种程度上的实现。

最重要的是，传统的知识方法未能将知识的最终目标归结于实用。培根认为，学问的"最终目的"既不在于好奇心的满足或心灵的愉悦，也不在于荣耀和名声的追求，而是在于它所能带来的益处和用处。培根强调，"知识的成果和作品，就是确保哲学真理的因素"。[4] 当谈到希腊罗马哲学传统时，培根声称，"在这么多年之后，没有一个缓和痛苦与造福人类的成就可以真正认为是来源于（希腊）哲学与理论"。[5] 在培根看来，这样的哲学传统"就像知识的童年，有着儿童的特性：它能说话，却不能生产；因为它充满着争议，却没有任何成果"。[6] 培根进一步强调，"就像宗教警告我们要以成就来表明我们的信仰，在哲学中也是一样，每一个系统要以其成果作为评判基础，如果它毫无成果，而且在本该出产葡萄和橄榄的地方，出产若是争议和辩驳的荆棘，就要被宣布为轻浮无聊"。[7]

另一方面，培根所强调的知识的实用并不是不惜代价地牟取利润。培根提醒道，"当我谈到用途和行动时，我的目的不只是将知识用到利润与实业之中：因为我并非无视这样会阻碍和打断对知识的追求和进步；就像扔到亚特兰大（Atlanta）跟前的金球，当她跑到一边停下来捡它时，比赛就受到了阻碍"。[8]

培根将他的哲学行动计划称为"伟大的更新"，[9] 其广泛影响似乎超越了清教徒（Puritans）和英国圣公会教徒（Anglicans）之间的神学差异；二者都接受了培根的思想。清教徒从培根思想中找到了他们在宗教中强调的实用哲学的基础。他们尤其欢迎培根对传统学问"无用"的深刻批评，并挥舞着被夸张的培根实用主义的旗帜，推进宗教和教育改革。于是，热心的清教徒改革者如约翰·杜利（John Durie）和萨缪尔·哈特里博（Samuel Hartlib）非常强调人体和物质的舒适，以及达到此目的的行动计划。[10] 杜利和哈特里博思考的是改革的一般原则，而约翰·韦伯斯特（John Webster）在 1654 年的《学院的分析》（Academiarum Examen）一书中提出了详细方案，要在大学中废除亚里士多德哲学、托勒密天文学和伽林医学，并引入在实验室里进行的职业训练计划。就在王政复位（1660 年查理二世）及皇家学会成立之前，哈特里博通过出版书籍来促进"实验哲学"和教育改革，并通过收集特别是有关农业的实用发明和发现，将培根实用主义推升至新的高度。他试图成立一个"公共事务交流办公室"，作为培根在《新亚特兰蒂斯》一书中提出的"所罗门住宅"的清教徒式的翻版，以协调并传播这些有用的发明和发现。

对于这种实用主义热情，即便是像约翰·威尔金斯和塞思·沃德（Seth Ward）这样温和的清教徒似乎也有所反感。培根对他们的影响也许更接近其宗旨，即在探究自然与从中获益二者间达到微妙的平衡。威尔金斯和沃德在牛津大学任教时，面对实用主义清教徒的攻击，不得不承担为大学辩护的责任。在回应约翰·韦伯斯特的批评时，威尔金斯和沃德一方面谴责他的实用主义热情，另一方面又推崇被威尔金斯称为"英国亚里士多德"的培根的哲学思想。韦伯斯特声称，大学一直在教"毫无用处"的东西，而像"数学艺术"（实用发明）这样的主题"彻底被忽视，从来不去研究"；然而"每一种（数学艺术）会带来多少优秀、美妙而有益的实验成果？真是数不胜数，即便其中最不重要的也比大学里自以为是又引以为荣的学问更有用、更有助于生活和有益于人类"。[11] 在回应中，威尔金斯和沃德嘲弄了韦伯斯特对培根实用主义的过度狂热，声称韦伯斯特的批评是基于对他们在瓦德姆学院（Wadham College）所进行的工作的无知；威尔金斯在1648 年被任命为该学院院长。威尔金斯和沃德写道，"这种写小册子的家伙坚持一件事：因为是我们尊敬的威如蓝领主（培根的贵族称号）所追求的理想，以为这样就有了权威的分量；但他们（将培根的概念）运用得很不恰当，无论是作为特例来反对我们，还是作为普遍原则强加在我们学院机构中。那就是，我们应该开展实验和公共讲座，并致力于农业、机械、化学等领域，而不光是言辞训练"。"不可否认，这是通向完美的自然哲学和医学的方法，而且是唯一的方法：所以任何从事自然哲学或医学的人，都要经过那个过程；而我也从来没有忘记告诉全世界：我们正在实施这一方法"。[12]

值得注意的是，没有宗教色彩的培根哲学还受到了许多保皇党人和圣公会教徒的拥护，因为当在英国内战

11 John Webster, *Academiarum Examen, or the Examination of Academies*, (London, 1654), 第 52 页。

12 Seth Ward and John Wilkins, *Vindiciae Academiarum Containing, Some Briefe Animadversions upon Mr. Websters Book, Stiled The Examination of Academies* (Oxford, 1654), 第 49 页。

中受到清教徒极端分子的严酷迫害时，他们在培根主义思想中找到了避难所。雷恩的父亲是一位坚定的圣公会教徒和保皇党人，也是温莎圣乔治教堂的主持牧师。当他和他的女婿威廉·霍尔德（William Holder）因清教徒的迫害一起流亡时，对培根思想产生了浓厚的兴趣。雷恩牧师在培根 1631 年版的《千年自然科学史》（Sylva Sylvarum）一书上所作的旁注中显示了他在动物学、光学、声学和音乐等领域的知识，以及对世界通用语言的研究。[13] 雷恩牧师对世界通用语言的兴趣反映了当时科学界中的一个共同关注点，即要发展出一种通用的交流工具，并通过重新命名来对自然进行更理性的重组；这似乎反映了培根对现存语言扭曲现实的关注，这一点也可从他刻意培养简单而精确的文风中看出。该计划在威尔金斯 1668 年出版的《关于正式符号和哲学语言的论文》（Essay towards a Real Character, and a Philosophical Language）一书中得到了最系统的阐述。雷恩牧师在培根的书上所作的旁注中，表明了他对培根某些重要思想的赞同，例如强调感性知识作为可信知识的基础，强调要研究物质现实而不是言辞，[14] 以及强调归纳的方法等。他认为，这样的知识应该高于"教父"的权威，这个原则应该是"一种黄金原则，值得刻在大理石和金子上"。[15] 雷恩牧师将培根称为"高贵的领主"和一位伟大的"自然高等法庭中的秘书"；在另外一些地方，他却对培根没有针对知识的缺陷提出更多的建议表示遗憾，并试图以培根式方法将它们提出来。[16]

雷恩牧师和清教徒约翰·威尔金斯的共同学术兴趣可以由以下的事实得到证实：威尔金斯成为瓦德姆学院院长 1 年之后的 1649 年，雷恩牧师决定将他 17 岁的儿子，后来成为建筑师的克里斯多夫·雷恩送到该学院就读。当时，威尔金斯已经将一批杰出的科学家吸引到牛津大学，例如塞思·沃德、约翰·沃利斯（John Wallis）、拉尔夫·巴瑟斯特（Ralph Bathurst）、托马斯·威利斯（Thomas Willis）和劳伦斯·鲁克（Lawrence Rooke），其中拉尔夫·巴瑟斯特成为圣三一学院（Trinity College）的院长。罗伯特·波义耳（Robert Boyle）和托马斯·斯帕拉特（Thomas Sprat）很快也在 17 世纪 50 年代加入了他们。他们按照培根"实验哲学"的新知识结构，成立了一个"哲学学会"。在瓦德姆学院开展的工作中完全没有受到宗教派别的约束；尽管作为清教徒的威尔金斯不能在王政复

13 有关雷恩对 Sylva Sylvarum 所做的旁注以及对 Thomas Browne 的 Pseudodoxia Epidemica, 1646 的更为批评性的注解，参见 Rosalie L. Colie, "Dean Wren's Marginalia and Early Science at Oxford", The Bodleian Library Record 6: 4 (April 1960)，第 541~551 页。

14 在"至读者"一文的旁注中，雷恩牧师以培根精神质疑了 Browne 用 "desire" 和 "desirate" 意指相同意义的必要性，见 Browne, Pseudodoxia Epidemica. 同上，第 547 页。

15 对 Browne 的 Pseudodoxia Epidemica 的第 26 页作的笔记。同上，第 548 页。

16 "这位尊敬的领主，也是我们西方的自然法庭的最优秀的审判官之一，他告知我们，我们连萤火虫如何运作都没有很好的观察。他说的没错，但他却应该提出更有效的研究方法。"雷恩牧师又说道，他自己也已试图"探索这个不可否认的光源的发光原因，以及很多别的论题，以认识自然现象的不同规律和构成"，引用同上，第 544 页。

位后继续领导哲学学会，但在他领导下建立的科学计划
在复位时期却完好无损地幸存下来。不仅如此，哲学学
会还在 1662 年得到了皇家的支持而得以新生，并且也
接收了一些科学外行但有政治影响力的业余成员。皇家
学会制定了学会章程，建立了研究领域委员会，成为一
个通过发明、实验、观察和记录来推进培根新知识的中
心。它致力于"细察自然整体，以观察和实验来研究其
活动和动力，并最后推敲出一种更为牢靠的哲学和更加
丰富的文明设施的发明"；[17] 它倡导通过"眼与手的结合"
来做到这一点。[18] 皇家学会成员的庞大计划的重点是实
用主义而不是抽象科学理论；这一认识一直是学会的主
导，直到 17 世纪末牛顿结合了笛卡儿的理性主义，甚
至亨利•摩尔（Henry Moore）的柏拉图主义，而使皇家
学会进入了一个"抽象科学"的阶段。培根的画像甚至
出现在托马斯•斯帕拉特《皇家学会史》（History of the
Royal Society）的卷首插图中，培根的脚下写有拉丁文
"更新途径"（Artivm Instavrator）；他的手指示意性地
指向皇家学会成员们的实验器具（图 1）。[19] 培根的著
作也画在背景中的一个书架上。在他身后，具有双翼的
名誉之神手持喇叭，正为查理二世的胸像戴上桂冠；这
被看作是对培根自封为实验与实用知识"号手"角色的
清晰写照。这张插图充分说明，尽管培根没有认识到数
学的重要性和威廉•哈维（William Harvey）与威廉•吉尔
伯特（William Gilbert）的成就，[20] 皇家学会成员们还是
将自己当成是响应培根号召的"斗士"。培根在塑造皇
家学会的重要性在于其哲学框架和从中发展出的具体研
究计划。斯帕拉特 1667 年的《皇家学会史》和约瑟夫•
格兰维尔（Joseph Glanvill）1668 年的《更遥远》（Plus
Ultra）是两本为皇家学会辩护的重要著作，其中培根的
观察与记录方法都被视为可信知识的试金石；二者都对
以笛卡儿著作为代表的理论猜想表示了强烈的怀疑。

　　我们可以从克里斯多夫•雷恩和他的合作伙伴罗伯
特•虎克的著作和作品中看到培根的影响。[21] 虎克强调了
经验证据的重要性，他对知识可信性的认识反映了培根
的哲学。他非常反对当时许多无法证实的概念，例如"四
种'亚里士多德元素'、或'四种化学原理'，或三种'笛
卡儿物质'，或笛卡儿的'世俗的漩涡'，这些很可能就
像凯米拉女怪（Chimera）一样，在这个世界的多个时
期迅速地发展，并深入到人们的头脑中"。[22] 虎克声称，

17 Henry Oldenburg, *The Correspondence of Henry Oldenburg*, edited by A. R. Hall and M. B. Hall, in 11 volumes (Madison and London: University of Wisconsin Press, 1965–1977), vol.2, 第 13~14 页。

18 Thomas Sprat, *The History of the Royal Society of London, for the Improving of Natural Knowledge*, (London, 1667), 第 84~85 页。

19 这幅卷首插图在此文中得到了详细讨论: *Hunter, Science and Society in Restoration England*, Appendix, 第 194~197 页。

20 培根对其时代的科学成就被公认为缺乏判断力。他似乎并没有认识到 Harvey 发现血液循环的意义，而且对 Gilbert 的磁学发现也不以为然，称之为"用一块磁石而造出的哲学", Bacon, *The Philosophical Works*, 第 59 页。Ward 在一封 1654 年给 Wilkins 的信中写道，"我们的领主培根对数学并不在行，这使他对数学在自然研究中的作用产生了质疑，这是世界的不幸", Ward and Wilkins, Vindiciae Academiarum, 第 110 页。和培根不同，雷恩在成为格雷西姆学院天文学教授的就职演说中高度赞扬 Gilbert 的发现，认为"我崇敬这个人，他不仅是磁学的创始人，而且是新哲学之父；笛卡儿的哲学正是建立在他的实验基础之上", Christopher Wren III, *Parentalia* (London, 1750), 第 204 页。

21 他们的科学成就在这些文章中得到了讨论: J. A. Bennett, "Christopher Wren, the Natural Causes of Beauty", *Architectural History* 15 (1972), 第 5~22 页, "Christopher Wren: Astronomy, Architecture, and the Mathematical Sciences", *Journal for the History of Astronomy* 6 (1975), 第 149~184 页, "Robert Hooke as Mechanic and Natural Philosopher", *Notes and Records of the Royal Society of London* 35 (1980), 第 33~48 页, 和 *The Mathematical Science of Christopher Wren* (Cambridge: Cambridge University Press, 1982). Also see Lydia M. Soo in *Reconstructing Antiquity: Wren and His Circle and the Study of Natural History, Antiquarianism, and Architecture at the Royal Society*, PhD dissertation, Princeton University, 1989。

22 "Dr. Hook's Discourse Concerning Telescopes and Microscopes; with a Short Account of Their Inventors, Read in February 1661/2", collected in William Derham, *Philosophical Experiments and Observations of the Late Eminent Dr. Robert Hooke* (London, 1726), 第 264~265 页。

图 1 约翰·伊夫林为托马斯·
斯帕拉特的《皇家学会史》(1667 年)
所作的卷首插图

正是持这种教条思想的人迫害了伽利略、哥白尼、罗杰·培根（Roger Bacon，虎克认为他是发明望远镜的先驱者），和"更伟大的财政大臣（培根生前任职）培根"。[23]

虎克 1665 年出版的《显微术》（Micrographia）一书，收集了他对显微镜下的微小物体、植物和昆虫的观察、绘画和解释，展示了他对培根知识理论的依赖。和培根一样，虎克强调感官在获得知识中的重要性，它们的缺陷，以及用工具辅助感官的必要性。[24] 其实这本书的目的就是为了展现显微镜的发明极大地提高了肉眼的精确观察能力；因此，虎克声称，"正如镜片研磨者为我服务那样，我可以为今天的伟大哲学家服务；我也许能为他们提供一些资料，以协助他们以更高的技巧利用在更伟大的事业之中。"[25] 除了显微镜之外，虎克还发明和设计了大量的工具，其目的在于放大自然的运作机制，提高感知的精确度。[26] 对于记忆的辅助，虎克的思想毫无疑问再次体现了培根的影响。他试图"提出关于编纂自然与人为的博物描述方法的设想，并将其细节排列和记入哲学表格，从中得出公理与理论"。[27] 这显然是对培根的"完整精确的自然和实验的博物描述"观点的继承，是从前面提及的出现、未出现以及程度的表格中产生出的。通过这种方法，虎克认为，"言谈和争论会很快转变成行动；空闲和灵活的头脑所想象的一切观念美梦以及'普遍形而上学的本质'都会很快消失，并让位于扎实的博物描述、实验和具体成果"。[28]

克里斯多夫·雷恩对显微镜做过一些开创性工作，虎克衷心表达了雷恩对这本书的贡献；不难发现两人的研究目的是一致的。[29] 雷恩的两位最重要的思想导师，他的父亲和约翰·威尔金斯，都深受培根的影响。1657年，即虎克出版《显微术》一书的 8 年前，雷恩在接任伦敦格勒沙姆（Gresham）学院天文学教授的就职演说中，就已经强调望远镜和显微镜的发明对于辅助感官的重要性，并带有明显的培根式思维。"望远镜和显微镜的完善巨大地促进了人类的感官，这似乎是洞察最隐秘的自然，及最大限度利用上帝创造的世界的唯一途径"。[30] 在一份未署日期写给皇家学会主席似乎是新年提案的文件中，雷恩进一步详述了皇家学会的三个目标：推进知识、增进利益和改善健康。第一项工作将会"在我们不断地努力推行实验工作之下，不知不觉地成为我们生活的一部分；否则，每个人会更倾向于用幻觉来建立纸上的理

23 同上。也许胡克在暗示，当培根以受贿罪名被贵族议会审判的根本原因，是他遭到那些反对他哲学的人的迫害。

24 例如，关于感官，培根评论道："尽管感官常常欺骗我们或让我们失败，但它在勤奋的帮助下可以作为知识的基础"，Bacon, The Philosophical Works, "De Augmentis Scientiarum", Book 5, 第 504 页。虎克响应了培根的言论，认为"矫正"感官的一种方法，就是"对它们的缺点提供工具来弥补，换言之，给自然器官添加人工器官"，"Preface", Robert Hooke, Micrographia: or some physiological descriptions of minute bodies made by magnifying glasses (London, 1665)。

25 "Preface", Hooke, Micrographia。

26 例如，"号角状助听器"对听力所起的作用与显微镜对视力所起的作用是同样的，参见 Bennett, "Robert Hooke as Mechanic and Natural Philosopher"。

27 Hooke, Micrographia。

28 同上。

11

29 虎克承认，雷恩"是第一个对此特性进行尝试的人"，并且他的"独创性的草图已成为'国王密室'中珍品收藏之一"。虎克从而在雷恩的图中看到了"机械之手"与"哲学之智"的完美结合。同上。

30 Parentalia, 第 204~205 页。

论，而不是耐心地打好基础，并从自然博物知识中开采出坚实的材料"。[31] 其余两个目标都和知识的实用有关，这里雷恩特别强调了第三个目标的重要性，即最为实际的人体研究。为达到这些目标，雷恩建议要大量解剖动物，以揭开生命与健康的秘密。随后雷恩建议了一项更为雄心勃勃的实用研究：制作一年气象活动的全部纪录，主要目的之一是能认识天气与人类赖以生存的植物之间的关系。雷恩继续写道，"因此我将不必为这种设计的用处多费口舌，因为我深信，人们会领悟到这是多么出色的构想，它将产生如此众多的绝妙结果，进而有助于利益、健康、便利、愉悦和生命的延长。我也深信，在整个哲学范围中没有任何一部分能给予我们更加愉快或更为有用的思索，或能使我们的后代对我们更为尊敬"。[32]

在这些和其他的科学作品和著作中，雷恩和虎克都清楚地表明了他们对于培根知识理论的坚定信念：他们致力于对"人生利益和用途"和"人类状况的抚慰"的追求；这是培根知识理论的最终目标。这一总体思想框架已经深刻地主导了雷恩解决建筑问题的方式。

3

培根的知识理论在建筑学中的体现，也许可以在培根本人的《论营造》（Of Building）一文中找到迹象。在此文中，培根建议房屋的选址必须基于气候宜人、土地平坦、距离水源和主要市场不应太远也不应太近等条件。培根以他的典型写作手法，用了一个"贵族宫殿"的设想来说明他的营造原则，重点在于它的使用。培根声称，他的设想要优越于梵蒂冈和马德里附近的埃斯库列尔宫（Escurial）的设计；后者由菲利普二世于 1563 年始建，那里"几乎没有一个实用的房间"。[33] 在他的设想中，培根认为贵族宫殿的主要部分应是一个规则的长方形，在入口正面的中央要有一个两层塔楼，比其他部分要高出36ft。正面的主楼要划分成两部分：一个是公共部分，包括一个宴会厅和一些辅助用房；另一个是住宅部分，包括大厅、小礼拜堂、夏季用房和冬季用房。长方形的其他三边比主楼要矮，在内院的四角要有楼梯塔，向院内凸出并加高形成角楼；这是伊丽莎白式宫殿的典型特征，其中一个例子是由托马斯·塞西尔（Thomas Cecil）于 1588 年始建的温布尔登住宅（图 2）。在较矮的三边建筑中，公共一侧用作画廊，而住宅一侧则作为不同的

31 同上，第 221 页。

32 同上，第 223 页。

33 "因此我们将描述一个高贵的宫殿，为它做一个简洁的模型。因为现在在欧洲可以奇怪地看到梵蒂冈、埃斯库里阿尔宫以及其他一些巨大的建筑，但它们里面几乎没有一个实用的房间"，Bacon, *The Philosophical Works*, "Of Building", 第 789 页。

生活空间。中央庭院将沿着建筑铺地，中间种植定期修剪的草坪，并用两条铺地垂直穿过。在主要长方形庭院之后还有第二个长方形庭院，内部设连续的面向庭院的连续回廊，而外部则以花园围绕。第二个长方形庭院内的各房间的门窗均向着花园打开，设计成"洞室，或乘凉、消夏的场所"，用作"私密房屋"，包括一个病房及"私人画廊"。这个庭院的铺地与主庭院相同，但在中央要竖立一个喷泉和几个雕像。在这座宫殿前面，要有三个入口庭院：一个简单的绿色庭院、一个更具装饰的绿色庭院以及一个入口广场。

尽管培根对这座贵族宫殿的描述显得粗略而平淡，但它却很好地证实了本文的第一句话，"建造房屋是用来居住的，而不是用来观看的；因此要让实用先于外观，除非两者可兼得"；就像培根在关于各种散文的第一句话一样，这个开头抓住了他的要点。培根谈论这座贵族宫殿时，关心的几乎都是宫殿的功能而不是它的形式：公共部分与住宅部分的分隔，大厅、画廊和房间的安排。风格不在培根考虑的问题之列。他并没有讨论建筑形式、部分与整体的比例，以及它们可能含有的意义，但这些题目自维特鲁威以来已成了建筑论文的规范。我们也许可以提出，培根可能将建筑形式之美看作是类似于言辞之美。对培根来说，对言辞之美的过度爱好反映了人文主义或"精美型知识"的特征，这是头脑中"虚荣情感"所导致的结果；它会诱使人偏离揭示自然运行真理的任

图2 温布尔登住宅，始建于
1588 年，H. Winstanley 刻版

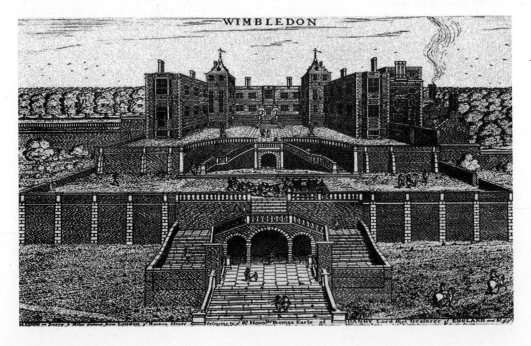

务。从这个角度来看，建筑形式之美有可能会使人们偏离建筑的实用和对建筑使用者生活的改善之目的。因此，正如人们是在实物中，而不在其形象（言辞）中发现真正知识一样，真正的建筑知识应该是在实用中，而不是在形式中找到。这样，可以认为培根的"伟大更新"包含了"建筑知识更新"的观念；其雏型在这篇格言散文中已表现出来，并被培根视为"促使人们进一步研究"的开端。[34]

我们在粗略的细节中，仍可发现皇家学会已经对建筑知识作出了进一步研究。皇家学会已将营造的许多方面，诸如有效和坚固的建筑结构及建筑材料知识，看作是他们实验和讨论的一部分。[35] 威尔金斯将建筑学视为"机械艺术"的"理性"部分，他认为建筑"完全可被看作为人文学术的组成部分，值得有聪明才智的学者去探索"。[36] 按威尔金斯的说法，机械艺术建立于数学（包括"纯粹"和"混合"数学）的基础之上，或者说是数学的一个"分类"。[37] 数学又成为对所有自然和人工知识研究的基础。因此，作为一种有实际用途的机械艺术，建筑学可以被视为有着"正统的来源，一方面产生于几何学，另一方面产生于自然哲学"。建筑的中心议题是"重量和力"，就像"天文学是研究有关天体运动的定量、音乐是处理有关声音的定量一样"。[38] 1654 年沃德在回答一位大学的批评家时说到，静力学和建筑学"都从这里（瓦德姆学院）得到了进步"，并且他随时都可以向参观者介绍。[39] 由雷恩于 17 世纪 50 年代后期在瓦德姆学院展出的实验和发明清单揭示了这个团体对实用建筑结构的关注；雷恩家书《祖灵记》（Parentalia）中记载了这个发明清单。这些发明包括"舒适、坚固和轻巧"的四轮马车、防御工事、"布景图工具"和测量用的"透视箱"，以及一些"注重建筑中的坚固、便利和美观的新设计"。[40] 托马斯·斯帕拉特声称，皇家学会的成员们"已研究了我们岛对建筑学的推广"。[41] 其他后来加入学会的成员，例如约翰·伊夫林（John Evelyn）和罗伯特·虎克，也对建筑学有着强烈的兴趣。在这种氛围中，雷恩在皇家学会的一次会议上展示了他最早的建筑设计之一，牛津大学谢尔登剧场（Sheldonian Theatre）的屋顶结构模型，也就不足为奇了；他们很有可能讨论了屋顶结构的设计问题。[42]

如果这些"建造技术"的发明和实验能被认为是探

34 对培根来说，格言可以被看作是"科学的心脏"，因为它没有受到解说的论述、例子的罗列、连接的话语以及实践的描述等干扰。格言与"方法"不同，它代表了一种更为纯粹的知识。"格言代表着一种破碎的知识，促使人们进一步研究；而方法则带有整体的假象，使人们错误地觉得到达了事物的尽头。"同上，"The Advancement of Learning", book 2, 第 125 页。

35 有关皇家学会关于建筑的材料和建造的会议记录的讨论，参见：Soo, *Reconstructing Antiquity*, 第 50~73 页。

36 John Wilkins, *Mathematical Magick: or the Wonder that may be Perform'd by Mechanical Geometry*, in 2 books, London, first published in 1648, 第 5 页, collected in *The Mathematical and Philosophical Works of the Right Reverend John Wilkins, late Lord Bishop of Chester* (London, 1708)。

37 纯粹数学和混合数学之间的区分似乎可以追溯到 16 世纪，例如：Robert Recorde's *The Grounde of Arts* (1542). Bennett, *The Mathematical Science of Christopher Wren* (1982), Chapter 2. John Dee 在对 *Euclid's Elements of Geometrie*, translated by H. Billingsley (London, 1570) 一书的英译本初版的介绍中，将建筑视为一种"数学艺术"。类似的观点参见：Bacon, *The Philosophical Works*, 第 97~98 页。这种对数学的理解，在雷恩成为格雷西姆学院天文学教授的就职演说中也有体现，参见：*Parentalia*, 第 200~206 页。

38 Wilkins, *The Mathematical and Philosophical Works*, 第 7 页。

39 Ward and Wilkins, *Vindiciae Academiarum*, 第 32 页。

40 这一清单为"一份新理论、发明、实验和机械改进的目录，由雷恩先生在牛津大学瓦德姆学院为自然与实验知识的进步首批展出，称之为新哲学"。*Parentalia*, 第 198 页。

41 Sprat, *The History of the Royal Society*, 第 149 页。

42 该会议于 1663 年 4 月 29 日召开；T. Birch, *History of the Royal Society* (1756), vol.1, 第 230 页。

求建筑知识的迹象，那么在雷恩的建筑和著作中，我们可以发现进一步的证据。雷恩最早的建筑活动之一是从 1666 年开始的一系列有关旧圣保罗教堂的状况及维修建议报告。在王政复位后，教堂维修是马修·雷恩（Matthew Wren）和吉尔伯特·谢尔登（Gilbert Sheldon）等高教会派圣公会教徒（High Church Anglicans）的重要日程之一；此后，1663 年谢尔登被任命为坎特伯雷大主教，不久他就做了一个重要的决定，要建立在内战和王权中断时期被洗劫的旧圣保罗教堂的维修委员会。雷恩被邀成为该工程的建筑师之一；在此之前，谢尔登已经邀请他设计牛津大学谢尔登剧场。虽然此时雷恩已经设计了剑桥大学彭布罗克（Pembroke）学院小礼拜堂和牛津谢尔登剧场，但是他的建筑经验还是有限的。雷恩的第一份报告在 1666 年完成，这离 1663 年 4 月圣保罗教堂维修委员会的成立已有 3 年了。在此期间，经验丰富的建筑师约翰·韦伯（John Webb）和罗杰·普拉特（Roger Pratt）已经提出维修建议报告；然而，与韦伯和普拉特报告相比，雷恩的报告却明显表明他对建筑本质的理解更具有深度。

韦伯和普拉特的报告关注于毁坏的部分并提出零碎的修补，几乎未考虑到整体结构，而雷恩则提出了旧结构中的结构性缺陷。[43] 对雷恩来说，旧圣保罗教堂似乎是一个"病态"的"躯体"。它的病状包括缺乏适当的支撑，使用小石块，并且墙里填的是"小废石和容易压碎的灰泥，它们经受不了重压"；这些因素共同导致了柱子的变形和沉陷，以及尖塔的倾斜。雷恩在他 1666 年 5 月的报告中形容这是"不治之症"，而小修小补只能暂时缓解表面，真正的问题并未得到解决。[44] 在 1666 年 9 月伦敦大火之后，雷恩的第二份关于圣保罗教堂的报告中又使用了"病态建筑"的比喻。"看到我们的病人的悲惨状况，我们必须考虑如何用所有可能的医术去治疗，因而我们必须像外科医生那样，当他发现自然结构的完全腐朽时，会尽力减轻病人的痛苦，为病人的身躯寻找其他的缓解痛苦的办法。现在的问题是如何开始做这件事，如何在废墟中建立一个可供现在使用的礼拜处"。[45] 这里值得强调的是，雷恩使用的生物比喻与他同时对健康和病态身体特性的研究，以及为了揭开生命秘密的大量动物解剖是分不开的。[46] 也许对雷恩来说，有机体的结构和功能是建筑物必须效仿的一种自然合理状态。

43 Pratt 后来承认他没能看到雷恩在第二份报告中发现的旧圣保罗教堂的一些缺陷，*The Wren Society*, in 20 volumes, (Oxford: Oxford University Press, 1924–1943) vol.13, 1936, 第 18 页。

44 同上，第 16 页。

45 同上，第 21 页。

46 *Parentalia* 用一节篇幅说明雷恩的解剖工作。例如，书中提到雷恩协助 Thomas Willis 完成《大脑解剖》的论文，并且这点也得到 Willis 本人的承认，*Parentalia*, 第 227 页。

如果有机体的形式来自于健康的功能和力量，那么根据培根《论营造》一文，建筑的健康似乎就包含在其用途之中。对建筑用途的关注不应仅仅限于建筑的"功能性"，而且要同时考虑功能、坚固以及造价，尽管雷恩的主要注意力是放在结构问题上。雷恩在提出旧圣保罗教堂修改意见时说得很清楚："我不会建议任何仅仅增加美观的东西，而只是修建有必要重新修建之处；要不然设计的好坏很难有区别"。[47] 雷恩用了"几何学家"一词来形容照顾"建筑病人"的"建筑外科医生"。这样，他对旧圣保罗教堂的疾病作出了十分自信的"诊断"，"可以肯定地说，这一结论不仅是由借鉴了古人训诫和示范的建筑师，而且是由几何学家做出的（这里可以证明该屋顶过去和现在对于其墩座来说都太重了）"。[48] 雷恩正是这样用了"几何学家"的知识对旧圣保罗教堂的"治疗"提出了建议。

雷恩建议拆除尖塔，并新建一个"宽敞的穹顶"，相关的花费跟修补结构的花费一样多，但和尖塔相比新穹顶更具有"无与伦比的优美"。这个穹顶和伊尼戈·琼斯（Inigo Jones）设计的西立面将会使这座主教堂"成为陛下对英国教会和这个伟大城市最为出色统治的象征；这样，我们在邻邦的眼光中不会还是没有一个与这个大城市相衬的伟大修筑"。[49] 1666 年 8 月，雷恩已完成了新的中央穹顶的设计，也许其结构是受到由他叔叔马修任主教的伊利（Ely）大教堂的启发（图 3）。[50] 普拉特本能地反对雷恩的方案，并坚持在老建筑的基础上解决问题，他很可能对雷恩的新的建筑方法持怀疑态度。[51] 值得一提的是，普拉特声称他不是"一个艺术家"；这个词的含义在 17 世纪后半叶和今天很不一样，普拉特大概是在暗示雷恩自以为是建筑机械艺术的艺术家。皇家学会成员约翰·伊夫林也介入了旧圣保罗教堂的维修，他当然更了解机械艺术是怎么回事；尽管他和普拉特早就熟识，[52] 但他还是站在雷恩一边，尽力说服委员会成员采纳雷恩的建议。但是在他们最后一次现场会议的 1 周之后，伦敦大火开始了，情况只好重新评估。

雷恩对他在建筑上的理解显得很自信，他毫不犹豫地批评伊尼戈·琼斯在旧圣保罗教堂维修中的错误判断，而这可由大火造成的破坏揭示出来。在 1666 年（或 1667 年）2 月前编纂的报告中，雷恩列举了大火造成的对建筑的进一步破坏，这不仅影响了这座旧主教堂已有

47 *Wren Society* 13 (1936)，第 16 页。

48 同上。

49 同上，第 17 页。

50 Kerry Downes, *The Architecture of Wren*, (London: Granada, 1982)，第 47 页。

51 "外部尚未维修的部分可以指导我们如何去完成它；至于内部，现存的隔间，边廊，分隔，拱券的形式和手法，有关整个建筑的横向和纵向都能指示我们应该如何进展"，见于 Pratt 的第二份报告，发表于 *Wren Society* 13 (1936)，第 18 页。

52 Evelyn 和 Pratt 在 1644-1645 年间一起去过罗马。在将近 30 年后的 1696（或 1697）年写给雷恩的信中，Evelyn 就有关火灾之前提议的讨论回忆道："我确信，你不会忘掉我们同那些人的'斗争'，他们赞同修复方案（指望尖塔仍然可以立稳）而不是新建，但总的来说需要更新建"，同上，第 37 页。

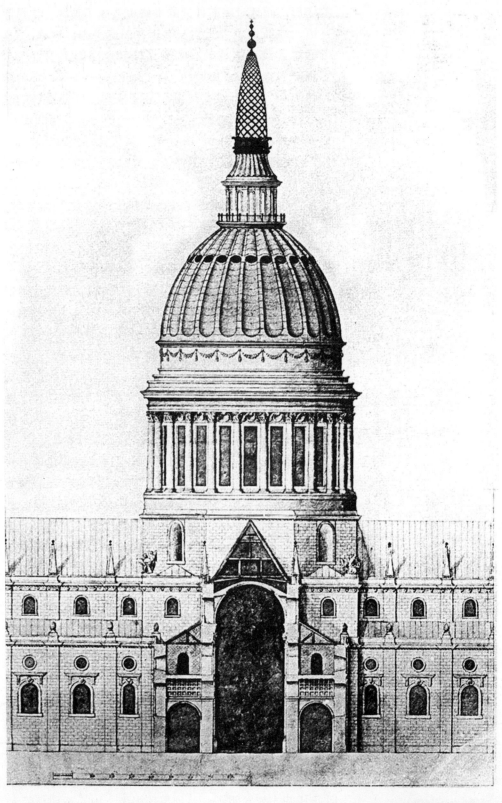

图3　圣保罗大教堂，火灾前
的设计，1666 年

的变形，而且对琼斯最近的维修也造成了破坏。雷恩评述道，琼斯未能将他的新墙建在旧墙之内，这样，"这个新墙因最近这场大火中的屋顶坍塌而偏离垂直"。[53]雷恩曾不情愿地承担设计了一个临时的唱诗区，但其结构在1668年4月建造时倒塌，又暴露出琼斯设计的缺陷。自1664年以来担任圣保罗主教堂主持牧师的威廉•桑科罗夫特（William Sancroft）在写给雷恩的信中说："这次倒塌向所有人表明，伊尼戈•琼斯的设计中有两大缺陷；一是在上部墙体（尽管很厚）的新加的石结构并没有置于柱子正上方，而是在两个拱顶的交界之处；二是根本没有用拱顶石把新旧结构连在一起。除此之外，顶部的沉重的罗马装饰压在这些已经向外偏离的结构之上，这很容易倒塌"。[54]雷恩深感他以前的判断得到了充分证实，在回复桑科罗夫特的信中提道，他以前的建议"就像一位医生对待绝症的理性判断那样，如果医生无法重新恢复病人健康，其原因是病人身体长期受到不明原因的疾病所摧残，并且到解剖时才能真正明白病根，这种情况只有女人才会责备"。"现在，每个普通工人都能知道坍塌是由于新修部分（即琼斯的部分）的重心向外以及旧结构的弯曲造成的；这现在容易察觉，但我以前的怀疑却几乎得不到信任，也没有人提出反面的争议"。[55]

雷恩强调的功能、结构效率和经济在他的建筑中有充分的体现。牛津大学的谢尔登剧场是值得一提的例子（图4）。虽然该剧场大致参照了罗马剧场平面，但雷恩此时的问题是如何建造屋顶，为剧场提供全天候的舒适的室内空间；这需要一个大跨度结构，充足的日光及良好的通风。雷恩在顶层楼座层尽量开大窗户，创造了一个明亮的室内；但这使其立面从古典建筑词汇的角度来看显得奇怪。尽管如此，雷恩知道他的重点在哪里。在谢尔登剧场完工前一年写给塞思•沃德的一份关于索尔兹伯里主教堂结构的报告中，雷恩赞扬了该教堂的建筑没有使用阻挡光线的花饰窗格；雷恩认为花饰窗格是一种"中世纪的病态样式"。雷恩接着写道，"我们的艺术家非常明白，什么也比不上光线之美"。[56]雷恩的设计创新还体现在细节中，比如将粗琢拱券中的圆窗沿着水平方向开启，这样可以同时起到通风和挡雨作用。[57]

当设计建造一个70ft跨度的无柱屋顶结构时，雷恩以非凡的才智发明了一系列屋顶桁架，由一系列小段木材杆件通过一个复杂的梁、檩和支撑构成（图5）。这一

53 同上，第21页。

54 同上，第46页。

55 同上，第47页。

56 "塞勒姆圣玛丽大教堂的状况，由国王陛下的总测绘官、非常聪明可敬的克里斯托夫•雷恩博士于1668年8月31日呈献，并列举出详细缺陷"，*Wren Society* 11 (1934)，第21页。

57 *Parentalia*，第335~338页。

屋顶十分成功；50 年后的 1720 年，当谣言说这一屋顶需要维修时，一个专家组检查了其结构并得出结论：这个屋顶足够坚固，至少还能维持一两百年。[58]

这些桁架由一系列梁、柱、斜撑和椽组成，其中每一部分的受力通常是复杂的；直到 19 世纪结构工程师们才发明了在理论上计算这些受力的方法。在现实情况里，由于木材的变形，精确计算桁架受力或许是不可能的。但尽管有这些理论上的困难，雷恩的创造表明了他对桁架受力的复杂性与模糊性的直觉领悟。雷恩设计的桁架除作为桁架外，还可以同时作为梁和拱来受力。它总共有 5 组桁架；每组有一根较粗的水平梁，由许多小段木材和铁板用螺栓连接合成。从理论上来说，水平梁

58 同上，第 337 页。

图 4　牛津大学的谢尔登剧场东立面

19

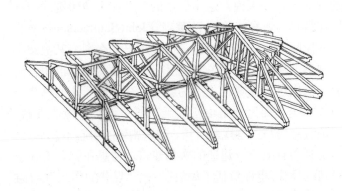

图 5　牛津大学的谢尔登剧场，屋顶结构的东南角方向的三维视图

59 对于结构分析，参见 Rowland Mainstone, in Chapter 9, "Trusses, portal frames, and space frames", *Developments in Structural Form* (London: Allen Lane, 1975)。

60 Plot 博士在他的 *Natural History of Oxfordshire* 一书中注意到桁架起着拱券的作用，引自 *Parentalia*，第 335 页。

61 Rowland Mainstone, *Development in Structural Form*, 第 138~139 页。

62 *Parentalia*，第 337~338 页。Serlio 的平屋顶构造在 Sebastiano Serlio, *The Five Books of Architecture* (London, 1611), 第一册，第一章的 12 张插图中说明。

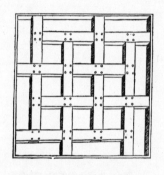

图 6　塞利奥的平屋顶结构

63 Downes, *The Architecture of Wren*, 第 36~37 页。

64 Sir John Summerson, *The Sheldonian in Its Time, an Oration Delivered to Commemorate the Restoration of the Theatre, 16 November, 1963* (Oxford: Clarendon Press, 1964)。Kerry Downes 正确强调了剧场外部形式的功能和结构原因，并指出雷恩可能没有"深切关注"外部形式，至少在这座建筑中是这样：参见 Downes, *The Architecture of Wren*, 第 35~36 页。

65 *Wren Society* 19 (1942), 第 140 页。

不需要这么粗，因为它主要受的是拉力。[59] 因此，这个较粗的水平梁也许是以普通梁的角色给结构提供刚度，这个刚度对顶棚上的壁画来说很有必要。梁中小段木材拼接的方式也体现出雷恩对大梁中剪应力的直观理解。每组桁架的主要椽子大致沿圆周排列，在结构上起着拱的功能，并大大加强了整体结构。[60] 在剧场的北端，8 组小桁架与最末一个主桁架相连，构成一个半多边形。由于在这组最末的桁架上的荷载较大，雷恩用了更大段的木材并增加了 4 根额外的直柱（prick posts）。

维拉德·德·洪耐克特（Villard De Honnecourt）和塞利奥（Serlio）曾试图解决用小段木材建造平屋顶的问题。[61] 牛津瓦德姆学院哲学学会成员，数学家约翰·沃利斯也提出了与塞利奥《建筑五书》中图示相似的方案（图 6）。[62] 雷恩的设计有很大的创新性；总的来说，雷恩的桁架不是为了过分显露其高超技艺；整个结构从外面是完全看不到的。这个屋顶设计是满足剧场功能需要的结果，体现了雷恩的想象力和运用有限资源和财力的能力。

谢尔登剧场的南立面由山花和壁柱构成，另外 3 个立面在水平方向分成了粗琢的下部和由简单的墙和窗组成的上部，这似乎是功能要求的逻辑结果（图 7）。南立面的设计更为精致，下部是科林斯柱式，上部是混合柱式，最上方是断折的山花，这可能是由屋顶桁架的形状发展而来（图 8）。这个细节可能使人联想到安德里亚·帕拉第奥的圣乔治欧教堂（San Giorgio Maggiore），但在证据和逻辑上我们还不能确切断定圣乔治欧教堂对雷恩的影响；[63] 雷恩立面设计形式的来源，可能可以追溯到帕拉第奥复原的古罗马和平神庙（Temple of Peace）的立面。总的来说，这座剧场的形式在古典建筑的传统中显得相当怪异。约翰·萨默森（John Summerson）将北立面比喻为"一个人把裤子拉到下巴那么高、又把帽子压到鼻子那么低"。[64] 在雷恩第一个主要建筑作品中，技术上的出色和古典构成上的尴尬充分体现了他的思想根源。不论立面设计是由于缺乏对既定形式规范的理解，还是有意要与这些规范对抗，这座剧场的中心不是形式，而是利用有限资源建造的实用建筑。雷恩在剧场工程中得到的经验，也许包括了如何在一个"显著的作品"中"融合时代口味"，"以使他的工作免于众多责难"。[65]

牛津大学的谢尔登剧场启发了剑桥大学圣三一学

院图书馆的设想，但在谢尔登剧场完成十多年后，雷恩
避免"众多责难"的设计技巧已经发展得非常成熟。圣
三一学院院长艾萨克·巴罗（Isaac Barrow）在剑桥大学
拒绝了他修建大学议事厅的建议后，决心要建一座图书
馆。图书馆的设计从 1676 年开始，到 1684 年建成。

　　建成的图书馆是一个简单的长方形建筑，主要图书
馆空间位于一个柱廊之上；在形式上，它类似于桑索维
诺（Sansovino）设计的威尼斯圣马可图书馆和罗马玛切
勒斯（Marcellus）剧场。阅读空间由 12ft 高的连续的书
架排列而成；书架上方有大窗户，因而室内光线明亮。
设计简洁，图书馆的要求得到了很好满足。就像雷恩的
许多建筑一样，对功能的考虑比较仔细，例如走道和阅

图 7　牛津大学的谢尔登剧场
南立面

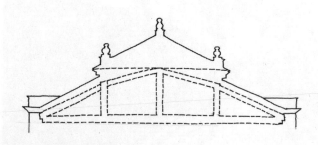

图 8　牛津大学的谢尔登剧场，
置于南立面上的屋顶桁架

读区域分别用大理石和木材铺地，这样既降低了噪声又减少了灰尘（图9）。

不过，图书馆外观设计的简洁掩盖了雷恩对建筑结构问题的精心思考，这里，主要的结构问题是由于场地的淤泥土壤状况所致。为了防止建筑的过度沉降，雷恩设计了一个轻巧的建筑，并以颠倒的砖石拱券作为基础来分散荷载。屋顶桁架形式简单，因而只给建筑加上了最轻的重量。雷恩尤其自豪地告诉巴罗，建筑薄墙的优点只有在同其他建筑相比时才会显现出来。而且，雷恩设计的木楼板结构使整个建筑更为轻巧。[66] 楼板由两堵外墙和中间一排柱子支撑，这在底层形成了双柱廊。跨过这3排结构支撑的木梁是梁与斜撑相结合的设计。另外，雷恩还在书架内部增加了铁吊杆以支撑书架的重量（图10）。

这座图书馆造价低廉，这是雷恩和巴罗的首要目标之一。在底层用一排而不是两排柱子、在内维尔（Nevile）庭院的立面上用一种双重柱式而不是巨型柱式，立面中央用四个雕像而不是一个山门等决定，这些都是基于经济的考虑。雷恩还建议巴罗在图书馆室内使用便宜的石

66 参见 Henry M. Fletcher, "Sir Christopher Wren's Carpentry", *Journal of the Royal Institute of British Architects* 30 (3rd series, 1923), 第 388~391 页，以及 Mainstone, *Development in Structural Form*, 第 138~139 页。

图9　剑桥大学圣三一学院图书馆，从南端所看到的室内

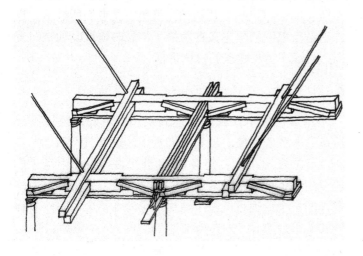

图10　剑桥大学圣三一学院图
书馆，楼板结构的三维视图

膏雕像。西北立面和内维尔庭院立面之间装修的差别，
可能也是出于经济的考虑，这和谢尔登剧场的设计方针
是一致的。雷恩在给巴罗的一封信中强调了他的能力：
"我做了一个粗略的估计，并没有超过预定造价，这一
点你不会有什么抱怨的"。[67]

67 一封有关圣三一学院图书馆设计
的信，*Wren Society* 5 (1928)，第 34 页。

　　与谢尔登剧场相比，内维尔庭院立面体现出雷恩对
古典建筑形式设计越来越有把握（图11）。这一立面的
设计下层是多立克柱廊，上层是爱奥尼柱式及券窗。其
比例和匀称使它成为雷恩最出色的古典建筑设计之一；
为了取得这个效果，也为了使二层楼面与现存建筑楼面
有相同的高度，雷恩不得不在下层多立克柱廊使用实心
雕刻的半圆窗。另一方面，西北立面没有用任何柱式，
只在底层设计了3个多立克门廊及简单的凹窗（图12）。
这两个立面的对比，就像谢尔登剧场的南北两立面间的
对比一样，增强了建筑内核及其外表"面具"的分别。
从这个角度看，我们也许可以延伸雷恩使用的建筑的生
物学比喻：图书馆建筑主体与其立面处理之间的关系，
就像人体与服饰之间的关系一样；前者有其形式的内在
理由，后者则是对时尚的反应。

　　在某种程度上说，这两个建筑典型体现了雷恩建筑
设计的方法：这似乎是一个双重过程，以建筑的实用性
为雷恩关注的中心。这标志着雷恩的作品与古典和巴洛
克作品之间的微妙而深刻的差别；对后者来说，"整个
建筑"在比例和组织上的整体性是构成原则的基础。在
这一方面，雷恩建筑的独特性格并没有被他有才华的学
生尼古拉斯•霍克斯莫尔（Nicholas Hawksmoor）或下一

23

代的建筑师如约翰·范布勒（John Vanbrugh）、詹姆斯·吉布斯（James Gibbs）及新帕拉第奥主义者们所继承。也许正是培根的经验主义推理给了雷恩的建筑以独特的方向，构成了雷恩建筑的特殊贡献。

4

建筑当然不仅仅是要达到实用的目的；建筑不可避免的永久实体使它成为我们对于建筑"美"的思考中心。美的观念在文艺复兴和 18 世纪古典主义中起了重要作用，但在培根的著作中，这是个被忽视的概念。被忽视的一个原因可能在于这样一个基本信念，即一个物体的美不是它的"内在特征"，与它的大小、重量、形状、结构及材料大不相同。从这个意义上说，美是心灵想象的创造。对培根而言，美来源于对现实的再造，它是对现实的"模仿"，是一种显然逊色于"文献记录"的知识形式。这里也许展现了培根思想中的最大弱点：它未能将人类思维理解为一种有原创力，而不只是有模仿力的能力。

当他在《论学术的进展》一书中简要地提到"诗歌"的主题时，培根把它评价为"极其松懈"，并会"任意地将自然所分开的东西接合起来，而把自然所结合的东西分开"。[68] 培根认为，"诗歌"也许有指导心灵达到"事物本性"的某种力量，这在"没有其他知识形式的野蛮年代和不文明的地方"体现得更加明显；这种情况的出现需要暂时收回理性，并尽情满足心灵的非理性需求。尽管如此，"诗歌"仍然"非法地结合与分离事物"，

68 Bacon, *The Philosophical Works*, "The Advancement of Learning", Book 2, 第 88 页。

图 11　剑桥大学圣三一学院图书馆内维尔庭院正面

这影响了它的可信性。在《论美》（Of Beauty）一文中，培根尽管谈到德和美之间的关系，但还是反映出他缺乏对美这一概念的理论关注。这里，培根认为绝对的美是不可能的；相反，按他的话说，"最出色的美无不在比例上有点奇怪"。[69] 前面提到，他的《论营造》一文中也没有包含对建筑美的思考。

培根的思想中缺乏内在和整体的美学理论的必然结果，使美的概念往往成为一种次要的和相对的思想；这也许是为什么解释雷恩的"美的理论"是一件很难的事情。[70] 雷恩在《建筑论文》（Tracts on Architecture）中声称，我们感知建筑之美，一方面是组成整体稳定的要素，如垂直、水平和平衡的斜线；另一方面是来自"熟悉的"东西。这就是他著名的建筑的"自然之美"和"习惯之美"的差别。建筑美可以通过"物体的和谐"来达到，这来自对均衡比例、整体性和多样性的良好判断。

雷恩认为许多建筑论述中的设计规则相当任意，不应视为道德性的原则。"现在的设计师们对待建筑，似乎普遍没有别的考虑，只是关心确定柱式中的柱、额枋和檐口的比例，并按照多立克、爱奥尼、科林斯和混合柱式等的既定格式；包括在古代希腊罗马的构造中找到一些比例（虽然古人在运用比例时比他们想象的更为武断），把它们简化为过分严格和呆板的规则，这样他们就不会越轨，不会被视为犯下野蛮之罪；但这些规则本身只不过是当时设计的潮流和时尚罢了"。[71]

"现在的设计师"之呆板规则与奇特建筑形式一样，都是建筑师需要避免的形式潮流。"建筑师应当警惕新

69 同上，"Essays"，第 788 页。

70 在 Lydia M. Soo 的 Wren's "Tracts" on Architecture and Other Writings (Cambridge: Cambridge University Press, 1998) 中，作者既未揭示雷恩的设计规则，也未发现他参照先例的规则。

71 Wren Society 19 (1942), 第 128 页。

图 12　剑桥大学圣三一学院图书馆沿河立面

奇的东西，以免让幻想蒙蔽了判断力；他们需要认识到他们的批评家不但生活在今天，而且也生活在 5 个世纪之后。现在新奇的东西，在后代多次模仿并已无法得知其原作时，就不会被认为是新的发明；但建筑的自身美则是永恒的"。[72]

雷恩的评论体现了他对建筑美的见解：除了某些构图的普遍规则，在建筑形式方面几乎没有什么永恒不变的正确特性。用雷恩自己的话来说，形式风格的不同是"塑造"而成的。前面已经提到，雷恩在谈到他不用"纯粹美观"的东西覆盖旧圣保罗教堂的结构缺陷时，强调在美这方面"设计的好坏很难有区别"。

雷恩深刻地认识到建筑的公共特性，他是彻底的实用主义者，在谈到建筑的形式特征时他强调了通融精神。"无论一个人成熟思考的结果如何，为了使重要作品避免众多责难，他必须融合时代口味，尽管这样做不是最理性的。但我发现，很多在别的方面才智出众的人，却很难相信建筑可以比别人所推荐的，或自己所看到的更好"。[73]

在实践中，雷恩塑造建筑形式的方式是比较直觉的，也符合"融合时代口味"的意图。在雷恩的建筑中，我们可以找到大致符合不同使用者的几个风格模式。雷恩的皇家宫殿设计的形式几乎都来源于法国，这比较迎

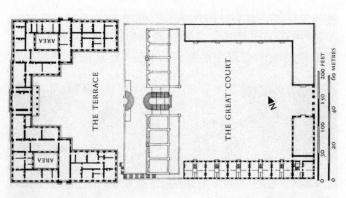

图 13 温彻斯特宫初步设计的平面，1683 年

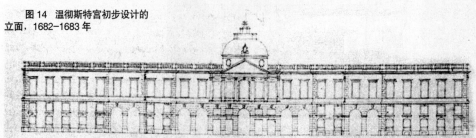

图 14 温彻斯特宫初步设计的立面，1682-1683 年

合英国查理二世宫廷的口味,这位国王在很多方面都力图效仿他的法国表亲路易十四世。这里如法国一样,皇家宫殿的建筑在建立宫廷礼仪方面起了重要作用。1683年雷恩设计了温彻斯特宫(Winchester Palace),但这座建筑由于查理二世1685年的去世而未能完成。它的平面和立面设计都明显地展现了雷恩受其1665年所看到的勒·沃(Le Vau)对凡尔赛宫改造设计的影响(图13、图14)。他为詹姆士二世的怀特霍尔宫(Whitehall Palace)做的扩建设计也体现了法国的影响,而为"女王新公寓"作的立面设计也再次模仿了勒·沃的罗浮宫设计。[74] 1689年为威廉和玛丽设计的汉普顿宫(Hampton Court),其风格可以认为是来源于几个设计:中央门廊和壁画镶板可能来自勒·沃的罗浮宫设计和勒·罗伊(Le Roy)的凡尔赛宫设计(图15)。雷恩在汉普顿宫最终方案的设计手法上借鉴了阿·哈多恩·孟莎(Jules Hardouin Mansart)设计的新凡尔赛宫的立面(图16)。雷恩1695年设计的格林尼治(Greenwich)医院的设计形式也可以说是来源于勒·沃的巴黎四国学院(Collège des Quatre Nations)(图17)。在这些为皇家标志和国家庄严效力的设计中,雷恩优先考虑的自然是雄伟和奢华的感觉。

在艾萨克·巴罗所委托的剑桥大学圣三一学院图书馆的几个设计中,雷恩则着重参照了罗马古迹 [尽管他参

74 John Summerson, *Architecture in Britain, 1530–1830*, The Pelican History of Art (London: Penguin Books, 1970), 第242~243 页。有关雷恩以"皇家作品"的形式表现出对法国来源的依赖在第15章中有更为详细的分析。

图15 汉普顿宫初步设计的立面,1689年

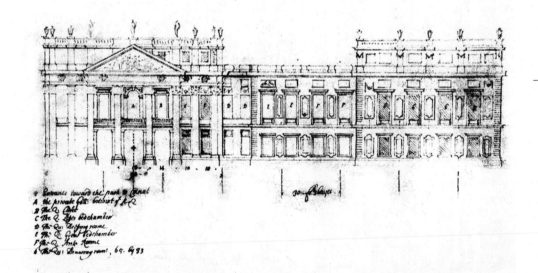

图 16　汉普顿宫的公园一侧立
面，1689 年

照的是由塞利奥、巴巴罗（Barbaro）和帕拉第奥所重构的罗马建筑]，
这些设计与雷恩的其他作品有所不同。雷恩曾在大学议
事厅的设计中，使用了巴西利卡形式和外部细节，其形
式被认为是从帕拉第奥和塞利奥那里获得的（图18）。[75]
大学议事厅转变为图书馆之后，雷恩做的第一个设计是
基于方形平面和中央穹顶的形式，入口立面用了六柱爱
奥尼门廊，这些特征似乎都来自帕拉第奥的圆厅别墅
（Villa Rotonda）（图19）。[76]正像我们在图书馆实施方案
中看到的，内维尔庭院立面的风格来源是桑索维诺的威
尼斯圣马可图书馆和罗马玛切勒斯剧场。

　　当有文脉和环境需求时，例如在牛津大学基督学院
（Christ Church）的汤姆塔（Tom Tower）的设计中，雷
恩则选择了哥特式，尽管这是稍微古典化的哥特风格（图
20）。在另一方面，他在1675年设计的格林尼治天文台中，
采用了詹姆士一世时期的塔楼和卷涡形饰物，这也许是
因为天文台使用了旧砖石，而詹姆士一世时期的风格更

75 Margaret Whinney, *Wren* (London: Thames and Hudson, 1971)，第133页。Summerson, *Architecture in Britain*，第252页，该书提到，就雷恩模仿由Barbaro重建的维特鲁威的罗马住宅而言，他是"忠诚的维特鲁威派"。

　　76 Whinney暗示了与帕拉第奥的圆厅别墅的关联，参见Whinney, *Wren*，第134~135页。

图17　格林尼治医院设计，1695年

图18　剑桥大学议厅立面，1971年

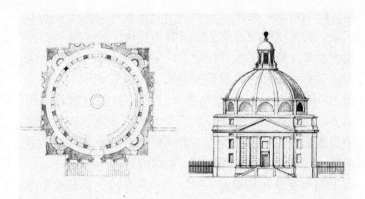

图 19　剑桥大学圣三一学院图
书馆第一方案的平面与立面

图 20　牛津大学基督学院汤姆
塔楼

适合于旧材料的使用。天文台在当时是没有先例的新的建筑类型；因此，对雷恩来说，伊丽莎白一世和詹姆士一世时期的建筑（即被雷恩及其同仁认为是培根时代的建筑，而培根又是包括天文学在内的现代科学的奠基者）也许更能反映现代天文学的起源（图21）。

雷恩重新设计的伦敦教区教堂的建筑类型很有独创性，结合古典和巴洛克建筑语汇，形成了一批被萨默森形容为"英荷结合"（Anglo-Dutch）风格的独特教堂建筑。福斯特巷的圣维达斯特教堂（St Vedast）的尖塔（在1709–1710年间完成）[77]以及圣保罗教堂的西塔，都表明雷恩也曾受到贝尼尼（Bernini）和波洛米尼（Borromini）的影响（图22、图23）。雷恩在重要建筑中对各种不同的，并且经常互相矛盾的要求的调和，无论规模还是类型都集中体现在圣保罗教堂的设计中。这座主教堂可说是融合了不同类型的建筑思想：结构和平面显然是哥特式，穹顶是古典式，立面和西塔则无疑是巴洛克风格。

对雷恩来说，建筑的外观是重要的，但它们的设计应符合文脉、建筑特性、资源以及业主的品味。这与建筑古典传统的观念大不相同：古典传统认为，建筑形式包含着道德内涵，它同建筑师和业主的道德状态有着不

77 Paul Jeffery 以风格为原因，认为这一设计是 Hawksmoor 的，参见 *The Church of St. Vedast-Alias-Foster, City of London* (London: The Ecclesiological Society, 1989)。

图21 格林尼治皇家天文台

FACIES SPECULÆ SEPTEN.

31

78 Nikolaus Pevsner, *An Outline of European Architecture*[London: Allen Lane, 1973 (first published in 1943)], 第 326 页。

79 John Summerson, "The Mind of Wren", in *Heavenly Mansions and Other Essays on Architecture* (New York and London: W. W. Norton & Company, 1963), 第 85 页。

可分割的关系。尼古拉斯·佩夫斯纳（Nikolaus Pevsner）将雷恩的建筑自相矛盾地称为"古典主义的巴洛克版本"。[78] 而萨默森则指出雷恩未能理解古典主义和巴洛克的形式逻辑，徘徊在"文艺复兴高峰的静态整体性与巴洛克动态的、情绪化的整体性之间"。[79] 而在建筑思想上来看，佩夫斯纳和萨默森对雷恩作品是古典还是巴洛克风格的分析似乎没有涉及重点，因为雷恩建筑的宗旨早已超越了形式。

雷恩的长寿和勤奋，给我们留下了大批建筑作品和著作，对它们的全面分析是本文力不能及的。但是，通过理解雷恩建筑思想的来源，我们能够看到雷恩的建筑不是徘徊于不同传统的建筑形式之间。他的思想自始至

图 22 伦敦圣维达斯特教堂的尖塔

图 23（右页图） 伦敦圣保罗大教堂西立面

终都扎根在培根的知识理论之中。由此而产生的建筑和著作可看作是17世纪英国建筑中早于20世纪的"功能主义"。也许我们不应对这样一个结论感到过于惊讶，因为20世纪建筑的功能主义是在某些文化领域内"现代"合理化的必然结果，而培根和雷恩是17世纪对现代知识最热心的倡导者。理解雷恩建筑中的现代主义思想很重要，但我们不能忽略在17世纪后叶建筑发展中的其他因素：诸如关于古代人和现代人的争论，以及恢复君主政体与高教会派政策的政治与文化因素。以经验主义传统来理解雷恩的思想，能使我们在更准确和深刻的框架中理解雷恩的建筑成就。

2

道德感与设计

18 世纪早期可以看作是英国建筑的转折点。世纪之交，英国建筑几乎完全处于克里斯托夫·雷恩、尼古拉斯·霍克斯莫尔（Nicholas Hawksmoor）和约翰·范布勒（John Vanbrugh）的影响之下。他们一方面继承了伊尼格·琼斯和约翰·韦伯的古典传统，而另一方面在培根的经验主义哲学影响下，推动英国建筑发展出一套独特的非古典的基本特征。然而，在 18 世纪的前 20 年，英国建筑完全改变了方向，以正确和高尚的鉴赏力为基础，其判断标准完全建立在帕拉蒂奥和伊尼格·琼斯的作品模式的有限范围内。建筑文献在数量和质量上的发展进一步加强了这一改变，而兴建土木的圈子也从原来的几乎由皇家所独有扩展到包括大批的贵族和地主。这段时期建立的基本规则对英国建筑产生的影响几乎长达一个多世纪，并通过英国帝国主义和殖民地的扩张影响了世界上其他地方的建筑。

本文将上述变化看作是当时英国思想发展的结果，这段时期的英国思想非常重要而且影响深远，可看作是弗朗西斯·培根之后最重要的思想发展阶段。[1] 此时期重塑了建筑的概念，将建筑看作是追求正确和权威风格的具体表现，并改变了根据营造技术和建构水平来评判建筑的标准；这也就是说，英国建筑在此时脱离了雷恩和霍克斯莫尔作品中的那些明显特征。尽管这个思想发展通过文艺复兴人文主义在英国传播已久，但是，认识这个思想的最有效途径也许是通过沙夫茨伯利伯爵三世所提出的设计"道德感"这一

1 Ernst Cassirer, *The Platonic Renaissance in England*, translated by James P. Pettegrove (London: Nelson, 1953).

2 Christopher Hussey 在 他 为 Margaret Jourdain, *The Works of William Kent, Artist, Painter, Designer, and Landscape Gardener* (London: Country Life, 1948) 所写的序言中首先提到了沙夫茨伯利对英国建筑的影响。Rudolf Wittkower 在 "English Neo-Palladianism, the Landscape Garden, China and the Enlightenment" 和 "Classical Theory and Eighteenth Century Sensibility", *Palladio and English Palladianism* (London: Thames and Hudson, 1974) 中进一步发展了这种思想。要进一步了解沙夫茨伯利在建筑发展中的作用，可参看 John Summerson, *Architecture in Britain, 1530-1830* (London: Penguin, 1970); R. L. Brett, *The Third Earl of Shaftesbury, a Study in Eighteenth-Century Literary Theory* (London: Hutchinson's University Library, 1951); Kerry Downes, *Sir John Vanbrugh, a Biography* (London: Sidgwick & Jackson, 1987); John Harries, *The Palladian Revival, Lord Burlington, His Villa and Garden at Chiswick* (New Haven and London: Yale University Press, 1995).

3 特别是 Eileen Harris 沿着 Rudolf Wittkower 的开拓性方向开展的对英国建筑出版的研究，详见 Eileen Harris, *British Architectural Books and Writers, 1556-1785* (Cambridge: Cambridge University Press, 1990).

4 柏拉图思想通过意大利文艺复兴时期，特别是在佛罗伦萨学院所发动的柏拉图复兴运动进入英国，这出现在 15 世纪晚期以来 Erasmus 和 John Colet 在牛津大学的教学，以及 Thomas More 的著作中。之后，柏拉图思想逐渐在英国普及，并在斯宾塞和莎士比亚的文学著作，以及 Inigo Jones 的建筑中得到最精美的表达。17 世纪目睹了柏拉图思想在以实用为主的经验主义的强大影响下的逐渐衰退。为了抗衡强大的经验主义思想，英国柏拉图主义者们以诸如剑桥的几个学院为阵地坚守自己的学术思想，而其中的主要人物，比如 Benjamin Whichcote (1609-1683 年)，Henry More (1614-1687 年)，Ralph Cudworth (1617-1688 年) 和 John Smith (1616-1652 年)，都将自己置于更广阔的思想环境之外。参看 John Tulloch, *Rational Theology and Christian Philosophy in England in the Seventeenth Century* (Edinburgh and London: William Blackwood and Sons, 1874), in two volumes; Frederick J. Powicke, *The Cambridge Platonists, a Study* (London and Toronto: J. M. Dent and Sons ltd., 1926).

概念。在这一点上，克里斯托夫·哈西（Christopher Hussey）和鲁道夫·维特科夫（Rudolf Wittkower）对沙夫茨伯利在英国建筑的影响做出了开拓性研究，也逐渐为大家所熟知。[2] 不过，这两位学者把沙夫茨伯利的影响与辉格党（Whig Party）的自由理论联系在一起，而不是与道德感的思想理论相联系；这种做法没有触及沙夫茨伯利的思想核心。我们下面将会提到，虽然约翰·洛克（John Locke）是辉格党自由理论的最重要的倡导者之一，他的道德思想却与沙夫茨伯利的哲学思想形成了鲜明的对比。在最近对英国帕拉第奥主义研究的基础上，[3] 我们逐渐可以看到沙夫茨伯利的著作对 17 世纪早期英国建筑的重大影响，具体表现为两点：其一是柏拉图思想中天赋观念（innate ideas）的复苏（因而产生了艺术和建筑中的道德感和高尚品味），及其对经验主义造成严重的挑战；其二是在 18 世纪早期的英国建筑开始建立正确设计标准和高尚品味时，沙夫茨伯利的跟随者和朋友所作出的具体贡献。

先于其他感官的感官

在 17 世纪早期的英国，设计产物是心灵状态的反映这一想法，虽然是新概念但似乎又不陌生。说它不陌生在某种意义上是因为，这种思想是柏拉图思想传统中的基本概念，尽管这是剑桥柏拉图学派（Cambridge Platonists）所捍卫的基督教版本的柏拉图传统。[4] 说它全新是因为，沙夫茨伯利利用了这个思想对以洛克为代表的经验主义传统作出了明确而尖锐的批判。沙夫茨伯利将剑桥柏拉图学派著作中对宗教和政治的重点强调，转换到艺术和建筑的创作策略上；这个新的关注点，在 18 世纪中叶被鲍姆嘉通（Baumgarten）称为"美学"，促进了艺术和建筑发展到新古典主义的新阶段。康德的"先验感性和纯理性知识"（a priori and synthetic knowledge）概念影响深远，而他的思想则部分受到了沙夫茨伯利思想的启发，这证实了后者思维逻辑的潜力。

沙夫茨伯利的大部分著作都收入在 1711 年出版的《论人、风度、观点及时代特征》(Characteristicks of Men, Manners, Opinions, Times，以下简称《特征》）一套三册书中。它包括沙夫茨伯利以前曾单独发表过的五

篇文章和一篇名为《杂思》的评论文章。[5] 沙夫茨伯利
还想出版一本论视觉艺术的著作《第二特征，或者形式
语言》（Second Characters, or the Language of Forms），但
一直没有写完。[6]《特征》这套书非常流行的原因之一
在于书的内容比较容易读懂，这一点与剑桥柏拉图学派
的文风比较起来更加明显。尽管剑桥柏拉图学派对沙夫
茨伯利的影响很大，但他能够领悟到"现代散文"的重
要性，即一种可以迅速推进观点而不用过多考虑提供所
有论据的文体格式。相比之下，剑桥柏拉图学派则热衷
于全面完整，反映了亚里士多德的经院哲学（Aristotelian
scholasticism）文风的影响，导致他们的文章非常晦涩，
影响面比较窄。沙夫茨伯利还继承了古希腊和古罗马写
作中朴素、清晰的特点，例如柏拉图、西塞罗（Cicero）
和贺拉斯（Horace）的文风。另外一方面，经验主义著
作通常以词汇的概念定义网络作为开始，他对这种分析
的写作方法表示高度怀疑，并轻蔑地称之为"系统方法"。
沙夫茨伯利声称，这些哲学体系以及经院哲学都是"通
向愚蠢的聪明办法"。[7] 相比之下，沙夫茨伯利 "家常哲
学" 的目的在于 "把道德放在与风度相同的地位上，在
所谓适宜和文雅的基础上推动哲学这个似乎十分生硬的
论题"。[8] 沙夫茨伯利追求一种"写作的潜在结构"，同时，
他认为那些批评他写作中缺乏方法和秩序的说法是毫无
根据的。[9]

　　沙夫茨伯利追求通俗易懂，避免结构化的定义，这
使他可以多种方式表达道德感概念，并没有拘泥于我们
今天熟悉的学科界限。从一般意义上来说，道德感是建
立在柏拉图思想的基本概念之上，其中包含两个层次：
身体感官所认识的低级领域和超出感觉体验的高级领
域。这些概念立刻将沙夫茨伯利的思想与经验主义思想
置于两个对抗的阵营中。柏拉图的"理想"世界就是建
立在这个感官之外的抽象和永恒的理想主义世界。这个
基本概念形成了"层级"构造的基础，而我们可以通过"存
在形式之链"这样一个比喻，来理解从超人的完美到没
有知觉的物体之间的"层级"构造。高级存在形式体现
在其塑造的低级存在形式的力量之中；在这个意义上来
说，人类心灵和意念是一个更高级更完美的力量所"形
成"。这是一种与经验主义思想完全相反的心灵和物质
的关系。在柏拉图传统的思想中，心灵不是一张可以被
感知印象随意涂写的"白纸"，而是被一种精神存在（即

5 最近出版的现代英语版是 Lawrence
E. Klein, ed., Anthony Ashley Cooper, third
Earl of Shaftesbury, *Characteristics of Men,
Manners, Opinions, Times* (Cambridge:
Cambridge University Press, 1999)，本文
引用这个版本。

6 参见后来由 Benjamin Rand 编辑出
版的 *Second Characters, or the Language of
Forms* (Cambridge: Cambridge University
Press, 1914)。

7 Shaftesbury, "Soliloquy, or Advice
to an Author", *Characteristics*, 第 130 页。

8 同上，"Miscellany III", 第 408 页。
Lawrence E. Klein 曾详细讨论过有关 "风
度" 和 "礼貌" 概念在 18 世纪早期的
英国的重要性，参见 Lawrence E. Klein,
*Shaftesbury and the Culture of Politeness,
Moral Discourse and Cultural Politics in Early
Eighteenth-century England* (Cambridge:
Cambridge University Press, 1994)。

9 应特别指出的是，沙夫茨伯利提及
过一篇 1709 年 3 月 25 日刊登在 *Journal
des Sçavans* 上的文章，它批评沙夫茨伯
利的 *A Letter Concerning Enthusiasm* 书缺
乏秩序和方法，Shaftesbury, "Miscellany
I", *Characteristics*, 第 346 页。沙夫茨伯
利对自己文学风格的捍卫也可看成是对
18 世纪晚期批评他的评论家的回应，
比如 Hugh Blair 指责沙夫茨伯利是 "无
休止的做作"，George Campbell 非难沙
夫茨伯利的文风 "过于激进"，而且 "极
端的无意义"。见第 211 页，William E.
Alderman, "The Style of Shaftesbury",
Modern Language Notes 38 (1923)，第
209~215 页。

灵魂）赋予了生命力，赋予了可以理解物质现实的能力。因此，感官印象的存在从逻辑上来说需要依靠一种"推动感官的智慧"；这种智慧具有原动力，而不只是被动反应。

在这个概念的基础上，沙夫茨伯利提出了以下观念，即人类的思想和行为尽管变化万千（例如以风度、政治上的决定、道德上的判断和在艺术和建筑中的品味等形式出现），但它们都是同一高级力量和秩序的不同表现。在沙夫茨伯利 1689 年所著的核心哲学文献《论美德和价值》（An Inquiry Concerning Virtue or Merit）中，这种秩序一方面被描述为自然界中的"万物经济秩序"，另一方面被描述为人类的"情感"系统。这个秩序的最终原则是至善（the ultimate good）。沙夫茨伯利认为，人类情感系统高于"万物经济秩序"（例如自然界中不同物种之间的相互依赖性），同时也是通向善（或恶）行为的自发动力。这样，人类的美德即是"自由无私的人类意志"对最终的至善之实现；这种人类情感和行为同时体现了神灵的存在和美的外表。

在沙夫茨伯利的思想中，道德感是可以感觉到这个"自由和无私意志"，并帮助我们达到至善的重要感官，就像心灵的"眼"与"耳"。"心灵是倾听或观看其他心灵的听众或观众，它不能没有眼睛和耳朵，否则将无法认识比例、辨别声音和觉察所面对的情绪或思想。心灵将不会让任何事物逃脱它的判断。它感受到人类情感中的温情和苛刻、适宜和不适宜，同时发现不公和公正、和谐与不和谐，这里的感受都是千真万确的，正如对音乐节拍或者事物的外表形式的感知"。[10] 与身体感官相比，道德感在所有事物秩序中占据了更强大、更重要的地位，因为身体感官的缺陷不会影响道德感的完美。[11]

沙夫茨伯利对"什么是美"这个问题日益关注，是他的道德感思想对艺术和建筑产生了影响的原因。沙夫茨伯利对此问题的关注可认为是受到了剑桥柏拉图学派的影响。[12] 他的观点将美这个论题置于哲学高度；这对经验主义产生了挑战，因为经验主义通常认为美学思想缺乏基本科学概念的严格特征。[13] 1709 年出版的《道德家，一篇哲学狂想曲》（The Moralist, a Philosophical Rhapsody）标志着沙夫茨伯利思想的重大转变。沙夫茨伯利的早期著作主要关注喜剧的价值问题，例如《论狂热的一封信》（A Letter Concerning Enthusiasm）和《常

10 Shaftesbury, "An Inquiry Concerning Virtue or Merit", *Characteristics*, 第 172 页。

11 "只要心灵自身不处在荒唐状态，而是适当的、正义的和能接受高尚情操的，任何身体感官的弱点或缺陷都不再是心灵邪恶和错误的原因。如果一个人心灵理性健康，但身体感官有缺陷，他所接受的自然现象好像是通过变形玻璃那样有所畸形，这不能说是他心灵的邪恶或不公正，而是他身体的不适。"同上，第 174 页。

12 剑桥柏拉图学派经常遵循柏拉图和 Plotinus 的思路提出一个想法，即美存在于高级存在的完美之中。因为高级存在的美在开创性和强度上都超越了低级存在的美，所以人们在感知到物体美的时候总会被引向更高级的美，直到最终抵及"原始美"。在这个意义上，Plotinus 对剑桥柏拉图学派的影响是非常明显的。Plotinus 问道，"当一位建筑师发现自己面前的一座房子非常符合自己理想中的房子时，他是根据什么原则来说它是美的呢？难道他面前的房子的石块，不是内心理想所塑造的吗？难道不是不可分割的理想在实物中的多种表现吗？"，Plotinus, "The First Ennead, The Sixth Tractate", *The Enneads*, translated by Stephen MacKenna (London: Penguin Books, 1991), 第 48 页。剑桥柏拉图学派经常用到 Plotinus 的比喻，"如果眼睛不明亮那将看不到太阳，如果灵魂不美那将无法感受到最初的美。"，同上，第 55 页。

13 关于克里斯托夫·雷恩更详细的阐述，参见 Li Shiqiao, "Christopher Wren as a Baconian", *The Journal of Architecture* 5 (Autumn 2000), 第 235~266 页。

38

识，论智慧和幽默的自由》（Sensus Communis, an Essay on the Freedom of Wit and Humour）。相比之下，沙夫茨伯利所写的《道德家》这篇文章则主要论述了善与美的二位一体概念。尽管这并不是什么新观念，但沙夫茨伯利就自然现象和视觉艺术所作的不懈而详尽的解释，为更多的贵族成员理解这一观念提供了新的可能性，使他们的道德责任感在新艺术与新建筑中能找到一个思想上的表达。柯伦·坎贝尔（Colen Campbell）的《大英建筑师》（Vitruvius Britannicus）可以看作是借着以道德感为基础的新文化风气，把权力和富有阶层与新的帕拉第奥风格相结合的"纸上建筑"。

沙夫茨伯利总结道，"自然的美丽或迷人不过是高层次美的微弱阴影"，这与柏拉图的思想传统的基本概念相呼应。[14] 因此，自然形式之美只有在理解到其高层次原初状态时才有真正价值。"谁会崇尚外在美而不管内在美？内在美才是最真实、最根本的，也是最具自然感染力，以及最具有价值和益处的最高愉悦"。[15] 在《道德家》这篇文章中，沙夫茨伯利仿效柏拉图的《会饮篇》（The Symposium），将这个高层次的原初美描述为"形化的形"和"美化的美"。在美的这种秩序中，人的心灵既是宇宙万物心灵的创造，又是一种可创造的"父母心灵"；与自然父母不同，这个心灵"不会耗尽，而能借助创造获得力量和活力"。[16] 在这个基础上，沙夫茨伯利借助《道德家》中菲勒克司（Philocles）这个虚构人物的对话，表明了他后半生的主要研究对象是艺术："从这以后，我将尽我所能去繁殖一批充满魅力的精神子女（艺术），这种创造来源于高尚的愉悦，是公平和完美的统一"。[17]

这里，沙夫茨伯利表白了他写作中最重要的特点之一，即主张"实践"和"参与"；这一点在"高尚品味"重新表达道德感时显得特别明显："如果没有预先确立或假设特定的品味，那么文明世界中任何迷人和可爱的事物，任何被看作愉悦或高兴的事情，都无法加以解释、支持或确立"。[18] 高尚品味被看作是一种正在行动中的道德感，为善和美提供支持与内容，"对美的品味，对得体、正义、温和的爱好会改善绅士和哲学家的性格"。[19] 高尚品味贯穿在生活的各个方面。例如沙夫茨伯利提到，"如果均衡和规则的状态没有在每一个人心中自然而蓬勃的生长，那我们将无法从外表上来提升对称和整齐的

14 Shaftesbury, "The Moralist, a Philosophical Rhapsody", *Characteristics*, 第 318 页。

15 同上, "Miscellany III", 第 416 页。

16 同上, "The Moralist, a Philosophical Rhapsody", 第 324 页。

17 同上, 第 324~325 页。

18 同上, "Miscellany III", 第 408 页。

19 同上, 第 407 页。

20 同上, 第 414 页。

21 同上, 第 409~410 页。

22 同上, 第 405 页。

23 "鉴赏家" 这个词似乎源于拉丁语 "virtus"(优秀)。这个词在英语中的首次应用, 是指艺术品收藏家或鉴赏家。在 The Complete Gentlemen (1634) 中, Henry Peacham 用这个词指那些分辨古董赝品的人。在意大利语中, virtù 这个词早期是指艺术趣味, 这可以在 Castiglione 的 Il Cortegiano (1528) 和 Giovanni Paolo Lomazzo 的 Trattato dell'arte della pittura (1584) 中有所体现。前者的英文翻译是 The Courtier (1561), 后者被 Richard Haydocke 于 1598 年翻译成英语。参见 Walter E. Houghton, "The English Virtuoso in the Seventeenth Century", Journal of the History of Ideas 3 (1942), 第 51~73 页和第 190~219 页, Harold Osborne, The Oxford Companion to Art (Oxford: Oxford University Press, 1970)。

24 在一段看似评论皇家学会的活动和研究的文章中, 沙夫茨伯利提道, "当我们把鉴赏家再推进一步, 并引导绅士们开展所谓更好的研究, 在人类和自然界的考察中, 对自然过分仔细的研究者, 以同样或更高的热情对昆虫生活进行考察, 对贝类的生态和习性进行研究; 当研究者按照自己的心态, 将柜子里装满了与其畸形和空洞思想类似的琐碎玩意时, 那他们就成了作品中的讽刺人物, 和平日对话中的嘲笑对象。" Shaftesbury, "Miscellany III", Characteristics, 第 405 页。例如, John Evelyn 就可以认为是沙夫茨伯利所谓的 "拙劣学者"; 他热衷于发现稀奇古怪的事物, 并从真实与否的角度观看绘画。参见 Houghton, "The English Virtuoso"。

25 Shaftesbury, "Soliloquy, or Advice to an Author", Characteristics, 第 93 页。

26 Rand, ed., Second Characters, 第 177 页。

27 这里可与 Ernest Tuveson 的论述相比较, 详见 "The Importance of Shaftesbury", A Journal of English Literary History 20 (1953), 第 267~299 页, 以及 The Imagination as a Means of Grace, Locke and the Aesthetics of Romanticism (Berkeley and Los Angeles: University of California Press, 1960)。Tuveson 认为沙夫茨伯利的道德感思想发展了洛克的人性思想, 而不是其对立面, 它引起了 "一场认识论革命", 与我们认识宇宙相关的 "牛顿革命" 类似。Tuveson 认为沙夫茨伯利的道德感是对洛克在 An Essay Concerning Human Understanding 中有关心灵理智的发展。这一提法非常值得怀疑。"牛顿革命" 这种说法日益受到质疑, 而 "洛克的思想革命" 的说法将问题过分简单化。我们提到, 洛克与沙夫茨伯利思想之间的差异不是同一哲学的不同表达, 而是

喜好或品味"。[20] 这样, 所谓高尚绅士要利用自己的品味, "一方面懂得如何布置自己的花园, 如何塑造自己的住房, 如何装扮自己的马车, 如何布置自己的餐桌; 另一方面还要理解这些活动在生活中的价值, 理解这些活动对自由、快乐和工作的重要性"。[21]

这样, 提升高尚品味就成为所有事物中最重要的一部分; 沙夫茨伯利将具有高尚品味的人称为 "鉴赏家" (virtuosi)。沙夫茨伯利认为, 鉴赏家是 "时代的优秀才华, 是真正出众的绅士, 以及艺术和才华的热爱者; 他们能放眼世界并让自己熟知好几个欧洲国家的风度和习俗, 研究其古代遗迹和资料, 思考治安、法律和制度, 观察其城市的状况、设防和装饰、主流艺术、学术和娱乐、建筑、雕塑、绘画、音乐, 以及其诗歌、知识、语言和交谈中的品味"。[22] 在 18 世纪, 鉴赏家这个词的含义主要限制在艺术领域; [23] 在这里, 沙夫茨伯利或许希望为这个词注入新的含义, 这也是对皇家学会 (Royal Society) 成员一贯被称为鉴赏家的质疑。沙夫茨伯利认为皇家学会成员的研究方法不正确, 并称他们为 "过分仔细的自然研究者"。[24] 随时行动的鉴赏家可以看作是 "第二创造者", 就像 "天主或宇宙万物心灵一样, 他 (鉴赏家) 构成统一和谐的整体, 其附属成分有其相应的附属地位"。[25] 只有 "哲学家和鉴赏家" 才有能力去 "证明或论证" "白痴或俗人所能感受到的表面现象"。[26]

在运用鉴赏家的道德感这一概念的同时, 沙夫茨伯利一方面极大地推动了剑桥柏拉图学派的核心学说, 另一方面批判了经验主义者强调 "身体感官" 的学术思想。[27] 经验主义者们认为身体感官是知识的基石, 没有它就没有任何哲学概念意义的可能性。相比之下, 沙夫茨伯利却认为人类的心灵无法认识到真理和美所在的无尽之处: "心灵知识的有限使它不可能完整地认识任何东西; 正如对每个细节的认识都与对整体的认识有关, 人类心灵在未充分认识世界时, 就无法认识这个世界中事物之间每个细节的完美或真实"。[28] 沙夫茨伯利认为, "不管物质本身通过千万种变化, 合并与分割直到无穷, 也永远不可能得出任何一丝感觉和知识"。[29]

沙夫茨伯利非常熟悉洛克的思想, 洛克曾是沙夫茨伯利祖父 (一位著名的辉格党政治家) 的政治顾问和医生, 也曾是沙夫茨伯利的老师。在某种程度上, 洛克坚持沙夫茨伯利要精通拉丁文和希腊文, 这为沙夫茨伯利打开

了古典世界之门。[30] 这种密切关系，以及洛克本人著作的极大影响，都促使沙夫茨伯利对洛克思想进行了尖锐的批判。当沙夫茨伯利在牛津指导某位年轻学生时，他说道，"洛克才是摧毁我们基本认识的人：因为托马斯•霍布斯（Thomas Hobbes）的名气及其低级奴性统治思想消除了他哲学中的毒性。洛克则试图打破所有的基本原则，把所有秩序和美德的概念抛出这个世界，使这些想法（其实也就是上帝的思想）变得不自然，也不具有心灵的基础"。[31] 沙夫茨伯利继续说道，"这样一来，按照洛克先生的说法，美德没有别的衡量标准、法规或规则，只是时尚和风俗，也就是说，道德、正义、平等只是一种人的法规和意志：洛克的上帝只是一位完全的自由行动者；也就是说，无论多么邪恶都是可以容忍的：因为洛克的意志想把它变成善事，那就可以是善事；如果他喜欢的话，美德可以是邪恶，邪恶也可以是美德"。[32] 沙夫茨伯利相信嘲讽是对付类似洛克的"哲学虚荣"的最好武器，因此，他嘲讽了皇家学会的各种活动，将它们称为是"假装研究科学和自然的所谓自然哲学"，也嘲讽了洛克的《人类理解论》（An Essay Concerning Human Understanding），称之为"理念的对比和混合"。[33] 此外，沙夫茨伯利认为，无论从美德的哪方面讲，洛克的《人类理解论》对人类理解的论述都"与我无关，与人类无关；除了虚假的知识和建立在所谓知识进步的虚无自信之外，他的理论没有在任何意义上影响人类"。[34] 沙夫茨伯利认为，将人类理念分成种类将无法得出对道德感的深入认识，[35] 只会导致对宗教有害的畏惧感。[36]

这种批判口吻一直延续到沙夫茨伯利后期对艺术的研究中。1712 年在那不勒斯康复哮喘病时，他回忆道，20 年前，洛克非常不合理地论述了"天赋观念"这个词，以至于这个词变得过时而且几乎没人讨论。[37] 在他为《第二特征》编写的草稿中，这种语气显得更为尖锐："霍布斯、洛克，等等，都是一种人，本质上都是一个思路。……美毫无价值。…… 美德毫无价值。…… 因此，透视毫无价值。…… 音乐毫无价值。但是，这些都是最真实的事物，特别是情感之美和情感规则"。沙夫茨伯利继续说，"这些哲学家与假鉴赏家，都可以共同称为野蛮人"。[38] 沙夫茨伯利 1712 年的"论艺术和设计科学的一封信"对克里斯托夫•雷恩和约翰•范布勒建筑

经验主义和理想主义之间的永恒对抗。很明显，沙夫茨伯利关于心灵的概念更类似于 Tuveson 所谓"革命前的"和"心灵旧模式"，而不是由洛克发展而来的"新模式"。

28 Shaftesbury, "The Moralist, a Philosophical Rhapsody", *Characteristics*, 第 275 页。

29 同上，第 278 页。

30 有关洛克和沙夫茨伯利家庭之间关系的详细论述，以及沙夫茨伯利传记，参看 Robert Voitle, *The Third Earl of Shaftesbury, 1671-1713* (Baton Rouge and London: Louisiana State University Press, 1984)。

31 Anthony Ashley Cooper, third Earl of Shaftesbury, *Several Letters Written by a Noble Lord to a Young Man at the University* (London, 1716), 第 39 页。

32 同上，第 40~41 页。

33 同上，第 21~22 页。

34 Shaftesbury, "Soliloquy, or Advice to an Author", *Characteristics*, 第 134 页。

35 "如果我不能发现各种理念的类同和分别，如果我在这里不能确定任何事情，那其他的思想又是什么？我怎样才能有理念，什么是理念的混合，什么是简单理念什么是复杂理念？如果对生活的正确想法是建立在对朋友和国家做出有益的贡献的基础上，至少这个认识可以指导我如何保存这个想法，或者至少如何消除让我误入歧途的念头。教我如何有价值和美德的理念，以及为什么这些理念有时会受到崇敬，有时会受到忽视。同上，第 135 页。

36 沙夫茨伯利批评了洛克关于未来奖惩与道德宗教之间的利害关系，参见 *Inquiry*，第 55 页。沙夫茨伯利还批评 Hobbes 在 *Leviathan* 中将"恐惧"看作是重要情感，参见 Shaftesbury, "The Preface", *Select Sermons of Dr. Whichcot, in Two Parts* (London, 1698)。基于同样的立场，沙夫茨伯利还严厉批评培根在 *De Augmentis Scientiarum* 中发表的类似的见解。见 Shaftesbury, "Miscellany II", *Characteristics*，第 368 页，注释 66。

37 "一位出色作者和著名哲学家（洛克）20 年前曾对本能和天赋思想的滥用作出批评；由于他在其他著作中表现出来的天才和能力，他的论点受到广泛接受和流传，甚至一般人都会觉得本能和天赋这些词过时，而避免在大部分正式场合使用"。Rand, ed., *Second Characters*，第 106 页。沙夫茨伯利这里可能指的是在 1697 年到 1699 年间，洛克和 Thomas Burnet 对前者的 *An Essay Concerning Human Understanding* 中的天赋观念的论战。Burnet 在他的三卷本文集中批判了《人类理智论》，并提出

了自己关于善恶天赋思想的主张。洛克在评论 Burnet 对天赋思想的批评时轻蔑地指出，"如果你能证明人的善恶感是自然产生的，而不是从其他地方学来的，那你才有一定的证据"，见 Ernest Tuveson, "The Origins of the 'Moral Sense'", *The Huntington Library Quarterly 11* (1947-1948), 第 241~259 页。

38 Rand, ed., *Second Characters*, 第 178 页。

39 例如沙夫茨伯利在 "Miscellany III" in Shaftesbury, *Characteristics*, 第 415 页，注释 24 中引用维特鲁威，并推荐阅读费兰德（Philander）的评论。沙夫茨伯利的馆藏目录，"Catalogus Librorum Groecorum, & Latinorum utriusque Bibliothecae" (1709, 伦敦档案馆 Public Record Office, London, PRO 30/24/23/11)，显示沙夫茨伯利曾有 Philander 和 Serlio 1586 年版的维特鲁威的《建筑十书》。

40 沙夫茨伯利 1699 年 11 月继承伯爵头衔时，Voitle 在 *The Third Earl of Shaftesbury* 中估算他的家族地产租金大约有 4500 英镑。沙夫茨伯利购买了位于伦敦 Little Chelsea 的别墅，作为参加国会会议时的休息处，他还在 St Giles's House 向南约 1mile 处兴建了一座小塔楼，作为沉思的场所。维护与沙夫茨伯利社会地位相称的大规模乡村地产是非常昂贵的，此外，沙夫茨伯利还负责资助他的兄弟 Maurice，还要为他的四个姐妹提供嫁妆。尽管沙夫茨伯利试图通过肥沃土地来抬高地租 5%~10%，不过，截至 1703 年，他总共欠 Marlborough 公爵 7000 英镑，还要担负他姐妹 2000 英镑的嫁妆费。因此，他不得不两次在鹿特丹居住以节省开支，一次是 1698 年到 1699 年，另一次是 1703 年到 1704 年，每年的花费仅为 200~300 英镑。为了减少开支，当沙夫茨伯利住在伦敦的 Little Chelsea 时，他还关闭了 St Giles's House 庄园。

的批判，就是来自于这个思想根源。

道德感的示范

沙夫茨伯利认为"生产"是完善鉴赏家的道德感并实现其道德职责的唯一途径；这种思想促使了他与画家约翰·克劳斯特曼（John Closterman, 1660-1711 年）和保罗·德·马提斯（Paolo de Matteis, 1662-1728 年），以及版刻家西蒙·格雷伯林（Simon Gribelin, 1661-1733 年）之间的合作，并沿着文艺复兴盛期的道路进行绘画和刻版创作。沙夫茨伯利思想的独特之处在于他消除了不同艺术形式之间所有的差异。沙夫茨伯利在不少文章中探讨建筑时并没有把它区别于绘画、雕刻和音乐等各种艺术。沙夫茨伯利很明显地将维特鲁威与其他古代名家放在同一个地位上，把他看作是建筑成就中的最高标准。[39] 沙夫茨伯利之所以缺乏实质性的建筑活动，也许是因为他的经济困难；不过，为了提供哲学思考的环境，他还是在距家几英里处建造了一座四方形塔楼（图 1、图 2）。[40] 沙夫茨伯利第一次接触文艺复兴的艺术和建筑是在他 16 岁的欧洲之旅，他遍访了欧洲的主要大城市。沙夫茨伯利站在时间和地理的距离外，认为文艺复兴艺术从哥特文化中发展出来，形成了一个"形式语言"的发展，即一种描述视觉世界之美的第二特征，同时还重新确定了善良和美德的基本原则；这与作为第一特征的语言类似。这个"形式语言"是一种现实主义和理想主义之间的理性平衡，建立在对希腊罗马古典文明、透视和解剖知识的基础上。在"神圣"的拉斐尔（Raphael）的绘画中，

图 1　圣伊莱斯别墅附近的"沉思塔"，约 1700 年

这种"形式语言"达到了最高的表达层次。在他《第二特征》的手稿中,沙夫茨伯利表示,在掌握绘画中最高形式美的方面,拉斐尔超越了他所有同时代的艺术家。沙夫茨伯利高度赞扬那些追随拉斐尔足迹的艺术家,例如朱利奥·罗马诺(Giulio Romano)、安尼贝利·卡拉奇(Annibale Carracci)、瓜多·雷尼(Guido Reni)和多米尼奇罗(Domenichino)。不过,沙夫茨伯利认为,如果拉斐尔之后有人能够与之匹敌,那将不是因为理念的进步,只会是"因为后来在色彩上的某些改进"。[41]

在把拉斐尔推向艺术创造的高峰时,沙夫茨伯利遵循了现有的绘画理论,不过,沙夫茨伯利对这些理论的利用目的在于强调艺术和建筑创作中的道德感,这个重点在他的著作中早已出现。艺术理论作为独立的学术范畴最早出现于 16 世纪后半叶的意大利艺术理论著作中,其中最为著名的是瓦萨里(Vasari)所著的《绘画、雕塑、建筑大师列传》(Lives of the most excellent Painters, Sculptors and Architects)。这一时期的许多著作都试图将文艺复兴盛期的成就规范化,其框架明显受到了柏拉图思想的影响。从某种程度上说,这个理论发展可以看作是对 17 世纪上半叶摆脱古典主义新发展的对抗;新发展主要有两个方向:自然化和感觉化。新趋势中创新者们包括贝尼尼(Bernini)、波洛米尼(Borromini)和柯尔多纳(Cortona),而文艺复兴盛期古典主义的捍卫者们包括安德里亚·萨基(Andrea Sacchi)、阿历桑多·阿尔加迪(Alessandro Algardi)、弗朗西斯科·杜凯斯诺依(Francesco Duquesnoy)。17 世纪 30 年代后期,柯尔多

41 Rand ed., *Second Characters*, 第 125 页。

43

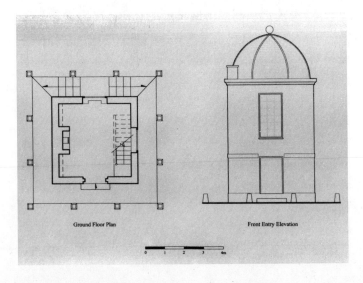

Ground Floor Plan

Front Entry Elevation

0 1 2 3 4m

图 2 平面与立面,圣伊莱斯别墅附近的"沉思塔",测绘图

42 Rudolf Wittkower, Chapter 5, "'High Baroque Classicism': Sacchi, Algardi, and Duquesnoy", *Art and Architecture in Italy, 1600-1750*, revised by Joseph Connors and Jennifer Montagu, vol. 2 (New Haven and London: Yale University Press, 1999), 第 85~98 页。

43 Franciscus Junius 立刻翻译出版了他的著作 *The Painting of the Ancients* (London, 1638)。沙夫茨伯利还参考了和 Giovanni Pietro Bellori 的 *Descrizione delle imagini dipinti da Raffaelle d'Urbino nelle camere del Palazzo Vaticano* (Rome, 1695), 以及 *Romanarum Antiquitatum Sculptura*。

44 Rand ed., *Second Characters*, 第 13 页。

45 沙夫茨伯利在 "Plasticks" 的提纲中写道, "解释米开朗基罗, 以反对法国作者和其他狂妄攻击。Bellori 对 Vasari 的否定, 以及对拉斐尔的公认评价, 特别是 Fréart de Chambray 的著作, 其中关于拉斐尔的 Massacre of the Innocents 一画的评论十分不当, Fréart 假装热爱拉斐尔, 但他对 Judgment of Paris 的论述却完全错误"。Rand ed., *Second Characters*, 第 132 页。很明显, 沙夫茨伯利这里指的是 Fréart 对拉斐尔的 Massacre of the Innocents 的评价, 他提到拉斐尔没有悲剧题材的天才。"我希望拉斐尔在这个题材中有更多成就; 不过, 说实话, 拉斐尔在处理这种强烈的受难题材时几乎没有什么力度。任何人都能轻易得出这种结论, 拉斐尔的天才和他的个性与这种悲剧题材的表现是多么不融洽"。引自 Fréart de Chambray, *An Idea of the Perfection of Painting*, translated by J. E. Esquire (London, 1668), 第 48 页。

46 Rand ed., *Second Characters*, 第 134 页。

纳与萨基曾在罗马圣卢卡学院 (Accademia di San Luca) 的辩论也许是这两派冲突的最明显表现。[42]

古典主义理论在后来几个世纪的艺术中占据了强大的统治地位, 其原因之一是古典主义理论中关于道德正派的主张; 这一点与沙夫茨伯利的思想有不少相似之处。当时最有影响的理论家弗兰西斯科斯·朱尼厄斯 (Franciscus Junius) 和乔瓦尼·彼得罗·贝洛里 (Giovanni Pietro Bellori) 在这个文化环境中继承发扬了古典主义的艺术理论。朱尼厄斯所著的《古代绘画》(The Painting of the Ancients) 是广泛总结了大量古代严格和绝对标准的代表。贝洛里则体现了对文艺复兴盛期几位大师理论的总结与发展。[43] 沙夫茨伯利非常支持贝洛里的看法, 例如对拉斐尔作为文艺复兴最高成就的认可, 以及对自然主义和感觉主义绘画的批判, 并认为这些绘画偏离了完美的理想状态。沙夫茨伯利采纳了朱尼厄斯在《古代绘画》的第三卷中关于绘画五个部分的论述, 以尝试理解 "绘画中无法名状的东西"。[44] 在起草 "造型艺术, 或特定艺术的最初发展和力量" 这篇文章时 (这是《第二特征》书中关于绘画的主要部分), 沙夫茨伯利甚至批判了弗拉特·德·坎布雷 (Fréart de Chambray) 1668 年出版的《完美绘画的设想》(An Idea of the Perfection of Painting), 他认为该书明显贬低了米开朗基罗, 还含蓄地贬低了拉斐尔。[45] 约翰·伊夫林 (John Evelyn) 翻译了弗拉特的这本书, 并撰写了前言。伊夫林在前言中将克里斯托夫·雷恩的才华置于拉斐尔、阿尔伯蒂和普珊 (Poussin) 等古代和现代的艺术大师之上, 这肯定使沙夫茨伯利十分不快。

沙夫茨伯利与克劳斯特曼的合作, 可以看作是鉴赏家的道德感力量在艺术家身上的典型体现。克劳斯特曼早期受到巴洛克倾向与时尚的影响, 其来源包括弗朗西瓦·德·特瓦 (Francois de Troy)、彼得·莱利 (Peter Lely) 爵士、约翰·瑞利 (John Riley) 以及安东尼·凡·戴克 (Anthony Van Dyck) 爵士等画家。克劳斯特曼这种风格受到当时许多雇主的喜爱, 包括马尔伯勒公爵 (Marlborough) 和萨默塞特公爵 (Somerset), 以及一些城市商人和金融家。在《造型艺术》一文中, 沙夫茨伯利谴责凡·戴克和莱利只画脸部, 而 "忽略了解剖学、比例和绘画的五个部分"。[46] 沙夫茨伯利认为凡·戴克是肖像画家而不是 "历史场景画家", 他在 "绘制家庭组像,布置各种人物活动,设置场景,协调并创造某种风格"时,显得"功力不足"。[47] 因此,凡·戴克的绘画是"非常荒谬、愚蠢和滑稽的,同时,在构图和搭配方面也是非常糟糕和虚假的"。由于沙夫茨伯利在 1700−1702 年间是克劳斯特曼的赞助人,所以克劳斯特曼放弃了他在巴洛克色彩和构图方面的探索。克劳斯特曼也许是通过詹姆斯·斯坦霍普(James Stanhope,1673−1721 年)接触到沙夫茨伯利的,因为斯坦霍普是沙夫茨伯利的好友和知己。1689 年,克劳斯特曼曾陪伴斯坦霍普来到马德里,而斯坦霍普的父亲是当时的英国驻马德里大臣。1699 年夏在意大利,克劳斯特曼分别于佛罗伦萨和罗马给沙夫茨伯利写了两封信。在信中,克劳斯特曼提到他受委托创作的名为《谨慎》和《正义》的两座雕像,同时还表达了他对意大利巴洛克风格的批判。[48] 尽管克劳斯特曼批判了巴洛克,但他的言语有时候会前后矛盾,例如他在罗马写的一封信中提到贝尼尼时就运用了"令人钦佩"等字眼。此外,当 1702 年他与沙夫茨伯利的合作关系结束时,他立刻又重新回到了法国巴洛克风格。很明显,克劳斯特曼转向古典主义是因为他与沙夫茨伯利和斯坦霍普之间的接触,而斯坦霍普是沙夫茨伯利思想的热心宣传者(下面我们将会再提到);在从罗马写给沙夫茨伯利的一封信中,克劳斯特曼曾提到他与沙夫茨伯利在圣伊莱斯别墅(St.Giles's House,沙夫茨伯利的家园)中共度时光,以及在乡村交流思想。[49]

1700 年 7 月,克劳斯特曼回到英格兰,根据古典主义原则创作了几幅肖像画,其中的两幅肖像画特别值得注意,即《沙夫茨伯利和他的弟弟莫里斯》(1700−1701 年)与《沙夫茨伯利》(1701−1702 年)。《沙夫茨伯利》是两幅肖像组图中的一幅,展示了思维生命 [《沙夫茨伯利》,图 3] 与行动生命 [《莫里斯》,图 4] 两种状态之一。画中的沙夫茨伯利身着一件长袍便服,站在室内;室内后方有一个通向室外的简单罗马拱门。沙夫茨伯利左手中握着一本书,也许是代表了他自己所著的作品,右手则搭在一个台子上,上面有柏拉图、色诺芬的著作,以及两本佚名书籍,暗示了沙夫茨伯利的思想得益于柏拉图思想传统。半圆罗马拱门以外的背景似乎暗示了外部世界,而画中拿着沙夫茨伯利的礼服,身着日装的仆人,不断地在提醒他关注外部世界。在克劳斯特曼完成这幅肖像画前不久,也就是在 1699 年 11 月,沙夫茨伯利继

47 同上,第 178 页,注释 2。沙夫茨伯利在 "Plasticks" 说,这样的批判也适用于 Samuel Cooper、Peter Oliver 和 Godfrey Kneller 爵士,并且 Kneller 的判断力和技巧都不值得给他爵士头衔。

48 这两封信现存于英国档案局:佛罗伦萨发出的信,日期为 1699 年 8 月 19 日,伦敦档案局,PRO 30/24/45/i/25-26;罗马发出的信,没有标明日期,但明显是 1700 年复活节前写的,伦敦档案局,PRO 30/24/21/230。罗马的这封信已出版在 Edgar Wind, "Shaftesbury as a Patron of Art", *Journal of the Warburg Institute*, vol.2, 1938-1939,第 185-188 页。这两座雕塑可能准备布置在沙夫茨伯利购买的位于伦敦 Little Chelsea 的别墅花园中。遗憾的是,沙夫茨伯利修建的这座别墅和图书馆扩建几乎无资料可寻。Daniel Lysons 在 *The Environs of London* (London, 1792-1796) 第三卷,第 628 页,及 S. C. Hall 在 *Pilgrimages to English Shrines* (London: Arthor Hall, Virtue & Co., 1850),第 194~208 页中,描述了沙夫茨伯利的建筑,但都没有说明建筑的特征。Hall 书中的图片十分简单,而且,在他参观这栋别墅时,别墅已经被用作老人和儿童的慈善收容所,并已部分重建。Little Chelsea 别墅位于 Fulham 街,并邻近泰晤士河岸。这座别墅由 James Smith 爵士 1635 年建造,后来由他遗孀的后代卖给沙夫茨伯利。这座别墅似乎是一座四层楼的狭长长方形建筑,主要部分有坡顶,坡顶的尽端有两座大烟囱。别墅花园与别墅直接相连,四周有高围墙,里面点缀着壁龛。沙夫茨伯利的图书馆加建部分长约 50ft。另外,沙夫茨伯利还亲自布置了花园。

49 伦敦英国档案局,Public Record Office, London, PRO 30/24/21/230。

承了三世伯爵的爵位。在这幅肖像画中，沙夫茨伯利似乎在表达他所继承的是特权也是责任感。

《沙夫茨伯利和他弟弟莫里斯》（图5）这幅双人肖像画，更加完整地说明了绘画与古代艺术之间的密切联系。画中的沙夫茨伯利和他弟弟都身着新希腊风格的束腰外衣和帽子，他们的姿势基本上是古代雕塑《卡斯特和波吕刻斯》（Caster and Pollux）中人物姿势的反转。[50]二人通过轻微的转体姿势（contrapposto）站立在古典风景中，并将目光从观众转向别处。背景的风景中包括一个奥尼克山墙，檐壁上刻有希腊文"献给皮西安之神"，让观众意识到背景是在阿波罗神庙。这里的古典主义手法不仅对克劳斯特曼来说十分突出，而且对整个英国绘画来说都极其例外；画中的爱奥尼克山墙在当时来说是一个非常准确的古典建筑复原。很明显，这里的肖像画不仅是对肖像的记录，而是一整套复杂哲学意义的视觉描绘：通过对古典风景、艺术、建筑和人类的描绘，体现了自然体系和人类情感的完美结合；在道德感影响下的作品，既巩固了道德感，又增益了它的内在美。

1712年，为逃避英国寒冷的冬天，沙夫茨伯利来到那不勒斯，并邀请当时最著名的那不勒斯画家保罗·德·

50 参见 Malcolm Rogers, "John and John Baptist Closterman: a Catalogue of their Works", *Walpole Society* 49 (1983), 第224~279页。

图3（左页图） 约翰·克劳斯特曼，《沙夫茨伯利》，约1701–1702年

图4 约翰·克劳斯特曼，《莫里斯》，约1701–1702年

图5 约翰·克劳斯特曼，《沙夫茨伯利和他的弟弟莫里斯》，约1700–1701年

马提斯，创作了一幅《赫克琉斯的决定》（The Judgment of Hercules， 图6）。沙夫茨伯利的一篇名为《赫克琉斯的决定》的文章即是对马提斯的教诲，这说明沙夫茨伯利对马提斯产生了类似于克劳斯特曼的主导作用。马提斯后来忠实地执行了沙夫茨伯利的教诲，1714年出版的《特征》便收录了这幅画的木刻版。在《赫克琉斯的决定》这幅画中，赫克琉斯身披兽皮，而代表美德之神密涅瓦（Minerva）手握长剑头带铜盔，似乎正在赢得赫克琉斯的支持；赫克琉斯的头部和身体以转体构图面向密涅瓦，她手指向背景山中的小径，暗示着艰难但值得追求的事业；在另一边，与美德之神形成鲜明对比的快乐之神躺在地上，身披宽大的锦衣，点缀着鲜花，为赫克琉斯提供家庭及肉体的快乐；而背景中的帷幔、花瓶、餐具和酒器也暗示了这一切。1713年1月12-17日，也就是在沙夫茨伯利去世前几个星期， 沙夫茨伯利写了3封信给马提斯，让他创作一幅描绘沙夫茨伯利作为一位鉴赏家和"绅士哲学家"临终情景的画。[51] 按照沙夫茨伯利的描述，他在画中希望横卧在面向维苏威火山的书

51. J. E. Sweetman, "Shaftesbury's Last Commission", *Journal of the Warburg and Courtauld Institutes* 19 (1956), 第110~116页。

图6 保罗·德·马提斯，《赫克琉斯的决定》，1712年

房或图书馆内的床上，室内布置了一些半身胸像、古董和画作，这些暗示了他生前研究的主题。此外，室内还要摆置一本名为《赫克琉斯的决定》的书，以及马提斯为此主题第一次绘制的草图。沙夫茨伯利的左臂横放在大腿上，手中轻轻握着一本薄薄的、半打开的书卷，似乎这本书会掉下来；沙夫茨伯利的右手则支着头部，眼睛凝视着观众，好像他的沉思被观看者打断了片刻。在画的右边，一位秘书将专注地看着垂死的沙夫茨伯利，而沙夫茨伯利则在一边思考一边陈述自己的思想。这幅画没有完成，因为沙夫茨伯利在写完信之后不久就去世了。不过，这些信再一次说明了鉴赏家的思想与其作品之间的联系，也说明了道德对艺术的影响。在生命的最后时刻，沙夫茨伯利可以说亲自示范了以镇定和从容来面对自己的死亡。

　　除了绘画，沙夫茨伯利还参加制作了另一种视觉形态，他称之为"象征图"（emblems），主要以格雷伯林为《特征》所绘制的插图为代表。所谓"象征图"介于具象（绘画）和抽象（语言）之间，在保留视觉特征的同时能传达比绘画更复杂的意图。沙夫茨伯利雇用了居住在那不勒斯的爱尔兰艺术家亨利·特伦奇（Henry Trench）进行一些最初的设计，然后，通过沙夫茨伯利的好友托马斯·米克利瑟威特（Thomas Micklethwayte）将这些设计转交给伦敦的格雷伯林制作铜版画。在设计这些版画的过程中，沙夫茨伯利可能受到了普珊绘画中人物形象的影响，使得人物形象都具有夸张的高度和较小的头部，此外，沙夫茨伯利也受到了法国手法主义装饰风格的影响，在画框周围布置类似爬虫的装饰物。[52] 沙夫茨伯利还直接借鉴了各种象征图案学传统，包括西萨·利帕（Cesare Ripa）的《象征图案学》（Iconologia）和皮埃罗·瓦勒里安诺（Piero Valeriano）的《象形文字》（Hieroglyphica）。不过，与上文论述的绘画情况类似，大部分插图实际上还是沙夫茨伯利自己的创作。沙夫茨伯利将这些铜版画看作是他的"高尚的鉴赏家计划"，他创作的目的是试图唤起对"这门备受忽视的艺术和鉴赏家作品的热情；这个艺术在国外似乎已经被忘记，在英国则根本没有出现过"。[53] 《特征》这本书对每篇文章中插图和装帧的意义都做出了文字解释，甚至在图中还提供了文字解释所在的页数。在第二卷内《道德家》一文中，相应的铜版插图表现的是文中想象人物西尔克司和菲勒克司所描述

52 对 Characteristicks 中铜版画的分析，详见 Felix Paknadel, "Shaftesbury's Illustrations of Characteristics", *Journal of the Warburg and Courtauld Institutes* 37 (1974)，第 290~312 页。 In David Leatherbarrow 的 "Plastic Character, or How to Twist Morality with Plastics", Res 21 (1992)，第 124~141 页中，作者把沙夫茨伯利的"造型艺术特征"与 John Wilkins 和 Leibniz 所提出的"普遍特征"联系起来。

53 参见一封 1712 年 2 月 23 日写给 Thomas Micklethwayte 的信，伦敦英国档案局，PRO30/24/23/8/，第 149~150 页。转引自 Voitle, *The Third Earl of Shaftesbury*，第 391~392 页。

的《自由之神的胜利》一画（图 7）；在这幅插图中，自由女神坐在两只狮子拉着的战车中，战胜了她身后的欲望之神、财富之神、谄媚之神和放纵之神。胜利的自由女神还接受了美德之神密涅瓦的皇冠加冕，并受到三位妇女的热烈欢迎：第一位手持圆球象征着完美，另两位分别象征着正义和丰裕。在插图的右边，一个横卧的人物向自由女神献礼。插图上方还绘制了一个蜂窝、一座蚁山、一群鸟、一群鹿和一座城市，所有这些都暗示着《道德家》和《论美德和价值》这两篇文章中的"自然系统"思想，而插图左下方描绘的蜘蛛抓苍蝇和右下方的两只鸟哺育小鸟的情景，则进一步加强了这种思想。插图下方中间的球体被一条链子所环绕，也许暗示了自然中"存在形式之链"。这样，当自由得到了保证，当各种过分的狂热都得到控制（《特征》第一卷的插图，图 8），人类便与自然和谐共存，而艺术和文学也将蓬勃发展；反之则将导致专制、迷信和暴力（《特征》第三卷的插图，图 9）。沙夫茨伯利非常谨慎细致地设计了这些插图，在米克利瑟威特的监督下，这些插图由格雷伯林精心刻画。当时，英国的书籍插图在制作技术上普遍水平不高，所以，相比之下，《特征》中所有插图的品质都显得非常卓越。

推广道德感

沙夫茨伯利的远大抱负之一是他要影响当时英国社会的贵族同胞，特别是那些身居要职或手握财富的贵族。通过"有教养的绅士哲学家"和随时行动的鉴赏家这些概念，沙夫茨伯利不断强调贵族们在道德感影响下的艺术创作中所起的重要作用。沙夫茨伯利一直希望对约翰·萨默斯（John Somers）产生影响；萨默斯多次在沙夫茨伯利著作出版前就已阅读手稿。沙夫茨伯利希望"在时机成熟时帮助这位聪明人，或许能引导他摆脱迷途，并在需要时给他一个安眠的夜晚"。[54] 对于沙夫茨伯利来说，萨默斯显得非常重要，因为他不仅仅是一位颇有影响力的辉格党成员，还是一位对艺术有浓厚兴趣的鉴赏家。萨默斯的个人藏品包括 9000 多册书和手稿，以及 4000 多幅画卷和版画，几乎囊括了所有文艺复兴时期意大利、德国、荷兰和法兰德斯各学派著名大师的作品。[55] 萨默斯还资助了不少文学家，例如约瑟夫·爱狄森（Joseph Addison）和乔纳森·斯威夫特（Jonathan Swift），

54 Benjamin Rand, ed., *The life, Unpublished Letters, and Philosophical Regimen of Anthony, Earl of Shaftesbury* (London and New York: Harvard University Press, 1900), 1705 年 10 月 20 日给 John Somers 的信，第 339 页。

55 William L. Sachse, *Lord Somers, A Political Portrait* (Manchester: Manchester University Press, 1975)。

图7 沙夫茨伯利与西蒙·格雷
伯林,《自由之神的胜利》,《特征》
第二卷插图,1714 年

CHARACTERISTICKS.

VOLUME II.

An Inquiry concerning VIRTUE and MERIT.

The MORALISTS: a Philosophical Rhapsody.

Printed in the Year M.DCC.XIV.

51

图 8　沙夫茨伯利与西蒙·格雷
伯林,《特征》第一卷插图, 1714 年

图9 沙夫茨伯利与西蒙·格雷
伯林,《特征》第三卷插图,1714 年

同时，还大力推广了托马斯·瑞莫（Thomas Rymer）编辑的《英国外交文献全集》（Foedera）。另外，他还要赞助皮埃尔·贝里（Pierre Bayle）撰写《历史和批评辞典》（Dictionnaire historique et critique），不过，由于政治原因而被贝里拒绝。在反对辉格党的政治派别成员中，博林布鲁克（Bolingbroke）受沙夫茨伯利思想的影响最深，[56]不过，由于他是托利党（Tory Party）成员，因此他从不公开承认这种影响的存在。博林布鲁克对他的好朋友亚历山大·蒲伯（Alexander Pope）的资助可以看作是他促进古典主义艺术和文学发展的体现。

沙夫茨伯利的另一位朋友彭布罗克伯爵八世（the eighth Earl of Pembroke，1656–1733 年）是当时的英国皇家海军大臣，也以艺术藏品丰富而著称。彭布罗克伯爵八世是与约翰·萨默斯差不多年代的人物。彭布罗克伯爵八世的私宅威尔顿别墅，其南侧 7 间豪华套间是由伊尼格·琼斯设计；这体现了从彭布罗克伯爵四世开始的赞助艺术创作的家庭传统；彭布罗克伯爵八世购买了著名的阿伦多（Arundel），马扎林（Mazarin）与巨斯提尼尼（Giustiniani）的雕塑收藏，继承了家庭传统。[57]在谈到彭布罗克伯爵八世这位最显赫的邻居时，沙夫茨伯利说他是"伟大而令人崇敬的人，此外，伯爵对我和家人都很友好"。[58]彭布罗克伯爵八世、约翰·萨默斯以及其他政界要人的名字经常出现在沙夫茨伯利举行宴会的客人备忘录上。[59]彭布罗克伯爵九世（1689–1750 年）在政治上未有建树，但对帕拉第奥的建筑却有浓厚的兴趣。他与萨福克伯爵夫人、罗杰·莫里斯（Roger Morris）一起，可能还包括罗伯特·莫里斯（Robert Morris）和科伦·坎贝尔，共同以帕拉第奥建筑为模式，建成大理石山别墅（Marble Hill）和威尔顿的帕拉第奥桥等作品。彭布罗克伯爵九世曾在牛津大学基督学院（Christ Church）师从亨利·奥德里奇（Henry Aldrich）院长；这位院长对帕拉第奥的建筑特别热衷，他在 1707–1713 年间设计的牛津大学派克沃特方庭（Peckwater Quadrangle）就说明了这一点。彭布罗克伯爵九世应该在这里就接触到帕拉第奥建筑；他作为年轻学生曾为方庭的建造捐献了 20 英镑。[60]可以推断，就彭布罗克家族与沙夫茨伯利的关系而言，彭布罗克伯爵九世应该了解鉴赏家这一观念，这种鉴赏家身份也是这位年轻伯爵一生追求的目标。

詹姆斯·斯坦霍普，即后来的斯坦霍普伯爵一世

56 参见 Barry M. Burrows, "Whig versus Tory - a Genuine Difference?", *Political Theory* 4 (1976)，第 455~469 页。

57 James Lees-Milne, *The Earls of Creation* (London: Century Hutchinson, 1962)，第 42 页；Regnald Herbert, *The History and Treasures of Wilton House* (London: Pitkin Pictorials, 1954)，和 James Kennedy, *A Description of the Anti-quities and Curiosities in Wilton House* (Salisbury, 1769)，第 xiii~xviii 页。

58 Voitle, *The Third Earl of Shaftesbury*，第 201 页。

59 同上，第 170 页。

60 Lees-Milne, *The Earls of Creation*，第 45 页，以及 Howard Colvin, *A Biographical Dictionary of British Architects, 1600-1840* (London: John Murray, 1978), Henry Herbert.

（1673—1721 年），也许是当时受到沙夫茨伯利思想影响最深的一位公众人物。斯坦霍普 1673 年出生于巴黎，由于他的父亲曾是英国大使，所以幼时曾长期住在荷兰和西班牙。这些经历使他获得了相当深厚的语言造诣和外交能力。1691 年后，斯坦霍普开始长期的军事生涯。在 1702—1710 年的西班牙继位战争期间，他参加过不少重要的军事战役和外交谈判。1710 年，他被俘虏并关在布里辉加（Brihuega）的监狱中。沙夫茨伯利和斯坦霍普之间的友谊可以追溯到 1698 年，当时，如上文所述，他们都在雇用克劳斯特曼。1708 年，斯坦霍普在圣伊莱斯别墅访问了沙夫茨伯利，在这之后，他们的友谊进一步加深了。斯坦霍普曾将沙夫茨伯利称为"最值得珍惜"，也是"比以往更加不可缺少"的人之一。[61] 同时，沙夫茨伯利在提到斯坦霍普时也称他为"一位最正直的朋友，无论是他诚实的品质，还是他高尚的道德感，使他成为一位我国真正值得尊敬的伟大人物和真正热爱自己国家的人。他克服了所有的冲动和偏见，也摆脱了所有的私心和怨恨。从他身上，你可以得到所有的答案；当你询问他时，他的回答，至少是他的沉默，都会比我竭尽全力在书信中、在远方向你解释更加有效"。[62]

沙夫茨伯利和斯坦霍普经常通过书信交流哲学思想。1709 年，在沙夫茨伯利写给斯坦霍普的信中提到，非常高兴看到"你在这封信中的转变，特别是你把我作为你的哲学知己，并无所禁忌地让我分享你闲暇时的思考，无论是在战舰的远征途中还是在指挥军队之时"。[63] 对沙夫茨伯利来说，斯坦霍普酷似最出色的古代英雄，就像古罗马皇帝兼哲学家马可斯·奥利乌斯（Marcus Aurelius）；他们不仅把哲学著作带到战场，而且把哲学家留在身边。对于斯坦霍普在信中提到的天赋概念，沙夫茨伯利重申了自己的立场：即天赋首先存在于人类社会的激情和情感中。沙夫茨伯利还督促斯坦霍普将他与霍布斯和洛克的立场相比较。沙夫茨伯利不仅向斯坦霍普表达了他对洛克思想的强烈不满，他还说，如洛克是一位鉴赏家的话，他就不会把音乐、雕塑和建筑中的美看作是"个人观点"。[64] 沙夫茨伯利对斯坦霍普说，建筑的美，正如音乐、美德和诚实之美，都是建立在比例和谐的基础上，也是建立在自然基础上。[65] 沙夫茨伯利曾把斯坦霍普称为他的"信徒"，并对斯坦霍普寄予了很高的期望；沙夫茨伯利认为斯坦霍普在国内的用途"比

61 引自 Stanhope 一封未署日期的信，这封信应该写于他 1708 年拜访 St Giles's House 庄园后不久，因为 Stanhope 在一封写给沙夫茨伯利的信中（标明是 1708 年 4 月 18 日，伦敦英国档案局，PRO 30/24/21/154，第 47 页），提到关于"亨廷顿领主的画作"的事情，这件事在那封未署名的信件中也出现过（伦敦英国档案局，PRO 30/24/21/232，第 339 页）。

62 参见 T. Forster, ed, *Original Letters of Locke; Algernon Sidney; and Anthony Lord Shaftesbury, Author of the "Characteristics"*, (London: J. B. Nichols and Son, 1830)，给 Benjamin Furly 的信，1708 年 3 月 26 日，第 234 页。从 Furly 和沙夫茨伯利 1687 年相识开始，他们一直保持非常良好的朋友关系，沙夫茨伯利在鹿特丹隐居和学习期间就住在 Furly 的别墅中。沙夫茨伯利可能还把 Furly 的二儿子 Arent 介绍给 Stanhope，沙夫茨伯利认为 Stanhope 的教导会为 Arent 塑造"一个优秀的性格"。同上，给 Benjamin Furly 的信，1705 年 11 月 5 日，第 219 页。

63 Rand, ed., *The life*，给 Stanhope 的信，1709 年 11 月 7 日，第 413 页。

64 同上，第 416 页。

65 同上。

55

66 同上，给 Arent Furley 的信，1709 年 11 月 7 日，第 418 页。

67 Basil Williams, *Stanhope, a Study in Eighteenth-Century War and Diplomacy* (Oxford: Clarendon Press, 1932)，第 116 页，以及 Aubrey Newman, *The Stanhopes of Chevening, a Family Portrait* (London: Macmillan, 1969)，第 90 页。

68 参见伦敦英国档案局，Public Record Office, London, PRO 30/24/21/197，第 159 页。

69 参见伦敦英国档案局，Public Record Office, London, PRO 30/24/21/204，第 173 页。

70 参见伦敦英国档案局，Public Record Office, London, PRO 30/24/21/205，第 176 页。

71 Rand, ed., *The life*, 1712 年 3 月 1 日，第 475 页。

72 参见 1712 年 8 月 29 日，伦敦英国档案局，Public Record Office, London, PRO 30/24/21/216，第 193~194 页。

他在国外的要高得多；如果西班牙战场的成功使英国付出了他生命的代价，那将是非常昂贵的"。[66]

斯坦霍普似乎成为沙夫茨伯利由于病痛而不能实现的"行动生命"的代表。被关在西班牙监狱期间，斯坦霍普设法获得了新出版的《特征》，[67] 他被这些文章深深震撼，并写了两封信给沙夫茨伯利，表示愿意将这部著作翻译成其他语言。这些信都没有寄达沙夫茨伯利手中，沙夫茨伯利只是从他们共同的好友约翰·克罗普里和米克利瑟威特那里听到了斯坦霍普的赞言。1712 年 2 月，斯坦霍普写信给克罗普里说道，"我无法停止向他（沙夫茨伯利）学习，如果我不欺骗自己的话，通过学习我不仅变得更有学识，更重要的是成为了一个更高尚的人"。[68] 1712 年 4 月，斯坦霍普又一次提道，"我无法停止学习《特征》，我觉得我对其作者的估量和敬佩日益增长。我相信，近年来没有其他的著作能更好地服务人类，提高他们的道德观和认识能力。我至少可以说我自己通过学习这本书，已成为更高尚的人。如果我没大错的话，这套书将会是推进思维和写作的转折点，这样，我们英国人的创作将会更有启发性，更令人欣赏"。[69] "我向你保证"，斯坦霍普继续说，"我经常想在战后和平时期去朝圣他（沙夫茨伯利）"，这将会比"大多数朝圣更具有宗教或虔诚色彩"。在同一天，斯坦霍普还写信给米克利瑟威特说，他可能最终无法翻译沙夫茨伯利的著作，但他将把著作的"情感"扎根在自己的心中；从这个角度来说，斯坦霍普写道，"我在此的监禁也许不是厄运，因为现在我有时间反思，要不然我不会有机会的"。[70] 在斯坦霍普的认识的提高之中，沙夫茨伯利看到了他"研究的努力取得了成果"；他告诉克罗普里，在过去被病痛折磨的几个月中，斯坦霍普的赞言"坚定了我的生活目标，并让我尽最大努力延续这种痛苦的、残缺的半死不活状态"。[71]

1712 年 8 月，斯坦霍普在西班牙被释放，他开始在空余时间宣传《特征》。按照米克利瑟威的说法，斯坦霍普发誓再也不读沙夫茨伯利著作和古典著作之外的任何东西，此外，"几乎天天"都说要去沙夫茨伯利疗养哮喘病的那不勒斯朝圣。与此同时，斯坦霍普还将《论美德和价值》中的大部分翻译成了拉丁文。[72] 在另一封信中，米克利瑟威写道，斯坦霍普"继续到处（我认为非常热情地）宣扬《特征》：我相信他在高尚文雅的年轻人中，已经卖了50套《特征》之多"。[73]

从1714年一直到1721年逝世，无论是作为西班牙继位战的英军司令还是英国国务大臣，斯坦霍普所有的时间和精力都花费在国内和国外的各种政治活动中，例如托利党弹劾事件、三国同盟和四国同盟谈判、镇压詹姆斯二世（James II）拥护者的叛乱，以及废除违反1688年革命原则的托利党法案。尽管如此，他还是和所谓"建筑叛党"的组织有联系，这个组织的目的是将古典主义引入到英国建筑中。从字面上看，这个组织模仿了在政治权力斗争方面著名的"辉格党"（由牛津、萨默斯、沃顿、哈利法克斯和森德兰等勋爵组成）。在"建筑叛党"成员中，包括托马斯·休伊特（Thomas Hewett，1656–1726年）、罗伯特·茅利斯沃斯（Robert Molesworth，1656–1725年），以及约翰·茅利斯沃斯（John Molesworth，1679–1726年）。后两位即茅利斯沃斯子爵一、二世，也是父子，他们都是沙夫茨伯利的好友，也都很欣赏沙夫茨伯利的著作。罗伯特·茅利斯沃斯是一名所谓的"乡村辉格党"，17世纪90年代在沙夫茨伯利任议员期间，他是英国众议院中沙夫茨伯利最亲密的政治盟友。沙夫茨伯利称他为"公共事务方面的神谕"和私人事务方面"完全可以信任的朋友"，这一点特别在论及他向卡伯利领主的女儿安妮女士求婚失败一事中得到体现。[74]罗伯特·茅利斯沃斯曾提到他"培养了举世无双的沙夫茨伯利"，塑造了沙夫茨伯利"心灵和美德的雏型"。[75]1711年10月，经过一段极其痛苦的旅程，沙夫茨伯利来到了那不勒斯。作为当时托斯卡纳（Tuscany）以及后来都灵（Turin）的英国大使，约翰·茅利斯沃斯亲自在离佛罗伦萨6英里处迎接沙夫茨伯利和同行，并一直在各方面关照沙夫茨伯利。沙夫茨伯利把约翰·茅利斯沃斯看作是一生以来真正的几个朋友之一；沙夫茨伯利的仆人记录道，这个场景"非常动人"，"有史以来最伟大的人之一对他（约翰·茅利斯沃斯）说这一番话，给他带来了荣誉"。[76]沙夫茨伯利在那不勒斯期间，约翰·茅利斯沃斯提供了相当多的帮助，例如转发邮件（其中包括格雷伯林为《特征》制作的铜版画），他还经常与沙夫茨伯利探讨政治。约翰·茅利斯沃斯在艺术方面的兴趣与他的父亲一样浓厚，他和他父亲经常通过书信讨论布莱克登斯通（Breckdenston）的家园建设，为此，他会从意大利寄去一些关于壁龛雕像和花园喷泉的布局

73 参见1712年12月23日，伦敦英国档案局，Public Record Office, London, PRO 30/24/21/220，第203~204页。

74 参见Shaftesbury, *Letters of the Earl of Shaftesbury, Collected into one volume* (London, 1750)，给Robert Molesworth的信，1709年1月12日，第99页。

75 引自*Voitle, The Third Earl of Shaftesbury*，第71页。

76 参见给Robert Molesworth抄写的Lockier先生写给Monk先生的信，Historical Manuscripts Commission, *Report on Manuscripts in Various Collections* 8 (1913)，第252~254页。

77 同上，第 328~329 页，以及第 332 页。

78 参见写给沙夫茨伯利的信，1712 年 2 月 2 日，伦敦英国档案局，Public Record Office, London, PRO 30/24/21/196，第 155 页。

79 参 见 Colvin 著 *A Biographical Dictionary of British Architects*，以及 Elisabeth Kieven，"Galilei in England"，*Country Life* 153 (1973)，第 210~212 页。

80 Ilaria Toesca, "Alessandro Galilei in Inghilterra", in *English Miscellany* 3 (1952), ed., Mario Praz, 第 191 页。

方案。[77] 由于沙夫茨伯利那段时期的工作，估计他与约翰·茅利斯沃斯会讨论到《特征》中的插图设计，以及新皇家宫殿和国会大厦的计划，关于这些内容沙夫茨伯利都在后来的"论艺术或设计科学的一封信"中有所涉及。沙夫茨伯利称他们的关系既是"全新的"，也是建立在他和约翰·茅利斯沃斯父亲的关系基础上的"家族传统"，约翰·茅利斯沃斯对此感到非常自豪。[78] 约翰·茅利斯沃斯十分重视沙夫茨伯利的意见；在托利党处于上风时，约翰·茅利斯沃斯的父亲会通过沙夫茨伯利向约翰·茅利斯沃斯提醒政治上要谨慎，不要不听父亲的意见。茅利斯沃斯家族对沙夫茨伯利的敬重，以及他们与沙夫茨伯利的密切关系，都说明他们对沙夫茨伯利的著作一定非常熟悉。

1714 年，在安娜女王去世的第二天，茅利斯沃斯父子和"建筑叛党"将佛罗伦萨建筑师亚利桑卓·加里雷（Alessandro Galilei，1691–1737 年）请到英国，并试图推动英国建筑的改革；沙夫茨伯利的鉴赏家道德感思想似乎是这一举动最有效的解释。[79] 从 1714 年到 1719 年离开英国时，加里雷住在茅利斯沃斯父子提供的位于戈尔登广场的住宅中，茅利斯沃斯父子同时也为这位佛罗伦萨建筑师寻求委托项目，不过，成效有限。即便如此，加里雷还是在 1718 年秋完成了爱尔兰国会议长威廉·克诺里在基尔代尔郡的一座庄园设计（Castletown），这个建筑类似罗马法尔内塞别墅（Palazzo Farnese），但以帕拉第奥风格设计。同时，加里雷还为曼彻斯特一世公爵设计了金博尔顿城堡（Kimbolton Castle）的东立面。另外，1717 年 2 月，茅利斯沃斯父子促成加里雷为"新教堂建设委员会"设计了 7 个方案；[80] 这些设计，就像柯伦·坎贝尔为该委员会设计的教堂，脱离了雷恩和霍克斯莫尔已建立的教堂类型特征，表现出明显和有意识的区别。茅利斯沃斯父子分别死于 1725 年和 1726 年，加里雷为茅利斯沃斯父子设计了一个纪念碑，这也表达了他对茅利斯沃斯家族的感激；这是一座爱奥尼柱式的三角山墙的陵墓，及一个圣坛，整体具有简明和严谨的古典风格。另一位"建筑叛党"成员托马斯·休伊特，曾毕业于以亨利·奥德里奇为院长的牛津大学基督学院。与奥德里奇类似，休伊特对古典主义建筑的兴趣也非常浓厚。威廉·本森（William Benson）和坎贝尔曾试图说服上议院重建议会大厦，但因为理由不足，本森以不称职之由丧失了皇家建筑师的职位；之后，休伊特接替了本森的职位。乔治•威尔图（George Vertue）曾描述，休伊特与画家亨利•特伦奇一起，一直在位于史利欧克斯（Shireoaks）的家园忙于建造"希腊神庙"，而亨利•特伦奇1712年在那不勒斯曾与沙夫茨伯利长期合作绘制《特征》的插图。托马斯•休伊特对沙夫茨伯利著作的认识也许是缘于他与茅利斯沃斯家族的密切接触。

建造一座新的皇家宫殿逐渐被提到政治日程中；1718年到1730年间，马尔第伯爵十一世为英国伪皇（James Stuart III）流亡时所设计的新皇家宫殿，充分体现了新皇宫的重要性。[81]"建筑叛党"也设计了自己的方案，并希望通过斯坦霍普来推进他们的计划。1717年10月，罗伯特•茅利斯沃斯写信要求斯坦霍普允许"休伊特先生、我的大儿子（约翰•茅利斯沃斯）、加里雷先生和我，以及乔治•马克汉姆爵士（如果您能通知他的话，他是建筑叛党的成员）"向他展示加里雷的皇宫设计。[82]从1716年10月开始，加里雷花了6个月的时间来设计这座宫殿，[83]加里雷的大部分图纸在1719年都交给了休伊特和斯坦霍普，似乎只有两张草图保存下来。[84]这些图所表现的新宫殿包括一个面向泰晤士河的中央庭院，两翼是两组建筑，宫殿的中心部分有两个庭院和曲线台阶，后部有一个几何式花园。根据加里雷"对宫殿位置的思考"，新宫殿坐落于圣詹姆士公园（St James's Park）内，这里有新鲜空气，离泰晤士近，而且景色迷人；建造费用可以通过卖掉怀特霍尔宫（Whitehall）、苏格兰场（Scotland Yard）、肯辛顿宫（Kensington Palace）和其他几栋建筑来筹集，而不用向公众征税；新宫殿将替代上述建筑。新宫殿的建造将花费5年时间。[85]

这个项目最终没有实现，其主要因素在于斯坦霍普开始支持了"建筑叛党"的方案，但后来在1719年7月他似乎又改变了主意；休伊特向加里雷抱怨说"伟人经常改变计划"，而斯坦霍普也一改以往的赞成态度，不支持休伊特和加里雷的新宫殿方案。[86]斯坦霍普观念的改变令人困惑，而加里雷在1719年决定离开英国一举也令人费解；加里雷的举动被罗伯特•茅利斯沃斯看作是不明智的，因为当时的意大利是"奴隶制国家并仍然在打击邪教"，也因为加里雷已经"在理解我们的语言以及工匠和材料的使用和搭配方面取得了很大进步"；

81 Terry Friedman, "A 'Palace Worthy of the Grandeur of the King', Lord Mar's Designs for the Old Pretender, 1718-1730", *Architectural History* 29 (1986), 第 102~133 页。

82 Howard M. Colvin, J. Mordaunt Crook, Kerry Downes, John Newman, *The History of the King's Works* (London: Her Majesty's Stationary Office, 1976), vol. 5, 第 71 页和注释 2。另见 T. P. Connor, "The Making of 'Vitruvius Britannicus'", *Architectural History* 20 (1977)，第 25 页和注释 57。

83 参见 Galilei 写给兄弟的信，Toesca, "Alessandro Galilei in Inghilterra"，第 207~209 页。

84 同上，第 203~216 页，Thomas Hewett 给 Galilei 的信。

85 同上，第 210~211 页。

86 同上。

87 同上，第 212~215 页。

88 1713 年，当 Burlington 19 岁时就
"被辉格党收留"；Stanhope 可能通过在
威尼斯的 E. Burgess 的汇报对 Burlington
的威尼斯之行有所了解，汇报时间从
1714 年 9 月开始，后来又在 1714 年 11
月和 1715 年 3 月间。当时，Stanhope
是南方部的国务大臣。参见 Lees-Milne，
The Earls of Creation，第 93~105 页。

89 这里非常感谢 Cinzia Sicca 博士提
供的信息，她检索了 Burlington 的图书
馆（即现在 Chatsworth Collection 的一
部分）。

另外，加里雷还在前一年娶了一位英国妻子。[87] 出现这种情况的原因之一可能是伯灵顿（Burlington）于 1719 年从意大利回到英国，而帕拉第奥的建筑已经深深影响了他。相比之下，加里雷带到英国的那种"巴洛克式的古典主义"达不到伯灵顿古典主义的严格标准。伯灵顿在 10 岁时就失去了父亲，他是由沙夫茨伯利的好友萨默斯及斯坦霍普一手抚养成人。斯坦霍普很可能引导伯灵顿阅读了沙夫茨伯利的著作。[88] 18 岁的伯灵顿可能就是斯坦霍普在 1712 年极力推售《特征》的"高尚文雅的年轻人"之一。与沙夫茨伯利合作《特征》插图的艺术家亨利·特伦奇、威廉姆·肯特（William Kent）和伯灵顿在意大利时就熟识，这也许会促进伯灵顿关注沙夫茨伯利的思想。伯灵顿拥有沙夫茨伯利的所有著作，[89] 而且，伯灵顿完全可以被看作是沙夫茨伯利的鉴赏家的体现。1714 年到 1715 年间，伯灵顿购买了不少卡拉奇（Carracci）、马洛塔（Maratta）和多米尼奇罗（Domenichino）的画作，也显示了他对意大利 17 世纪古典主义绘画的浓厚兴趣，而这些绘画正是沙夫茨伯利高度欣赏的。甚至伯灵顿的生平和性格都与沙夫茨伯利类似：伯灵顿幼年就成为家庭之主，培育了坚定的责任感；后来他将原则置于党派忠诚之上，并于 1733 年支持托利党人艾伦·巴瑟斯特，反对罗伯特·沃波尔的税收法案；不久后，他辞去了所有的挂名职位。

伯灵顿创立英国艺术新标准的决心和业绩有非常详细的记录；伯灵顿是英国皇家音乐学院的主要赞助人之一，他指派亨德尔（Handel）担任第一任院长；亨德尔本人也受到伯灵顿的资助。伯灵顿把他的伦敦官邸变成了一个非官方的艺术和建筑学院，而沙夫茨伯利在"论艺术和设计科学的一封信"中呼吁了成立艺术学院的必要性。在各种艺术中，帕拉第奥建筑一直是伯灵顿最热衷的事业。亚历山大·蒲伯这样描述了作为行动中鉴赏家的伯灵顿，"他的花园生机勃勃，他的建筑耸立，他的名画不断运到，而他的（比所有这些都更崇高和珍贵的）优秀品质感染了他周围所有的人：其中，我（在他的意大利药剂师、小提琴家、砖匠和歌剧作者之后）就是一个微不足道的例子"。[90] 作为 18 世纪早期英国的"品位仲裁"，伯灵顿的影响曾反映在著名的贺加斯（Hogarth）讽刺漫画中。此外，乔纳森·斯威夫特在小说《格列弗漫游勒普泰岛》中塑造的穆诺迪领主（Lord Munodi），

90 Morris R. Brownell, *Alexander Pope
& the Arts of Georgian England* (Oxford:
Clarendon Press, 1978)，第 290 页。

也生动反映了伯灵顿的影响；穆诺迪领主是一个“时尚的牺牲品”，他被逼拆掉自己喜欢的老房子，来建造一座符合古典建筑规则的新房子，这使他陷入巨大的痛苦中。[91] 1719 年，休伊特已经建议加里雷“去测量古典建筑的尺寸，特别是古希腊建筑或品位高尚的建筑，而不要去理睬哥特式或是‘意大利式’的混杂东西”。[92] 1726 年，约翰 • 茅利斯沃斯在英国写信要求加里雷务必追随帕拉第奥：“我建议你一定要尽快跟随英国的旅行者去伦巴底，特别要去威尼斯和维琴察；因为这里帕拉第奥风格的建筑占据绝对优势，任何人提到米开朗基罗或任何别的当代建筑师，就会被视为异教。你必须坚持不懈地模仿帕拉第奥所有著名的建筑，因为只有这些图样才能让你在这里生存，没有这些你将无法成功”。[93]

91 Lees-Milne, *The Earls of Creation*, 第 18~19 页。

92 Toesca, “Alessandro Galilei in Inghilterra”, 第 218 页。

93 同上，第 220 页，John Molesworth 给 Galilei 的信。

斯坦霍普没有支持“建筑叛党”也许是因为他对伯灵顿的建筑判断更加认同，并认识到伯灵顿出现之前威廉 • 本森和坎贝尔的愚蠢错误，以及加里雷过时的古典主义建筑形式；但这些想法仍然只是一种推断。在另一个事例中，斯坦霍普的名字出现在英国帕拉第奥复兴的关键时刻；1715 年，他为坎贝尔的《大英建筑师》（Vitruvius Britannicus）签署了准许印刷的批件（图 10）；同一段时间中，他还批准亚历山大 • 蒲伯翻译荷马的《伊拉亚特》（Iliad）。[94] 很难想象，作为沙夫茨伯利著作的忠实爱好者，斯坦霍普会不假思索地让《大英建筑师》这本书经他之手出版。根据最近的研究，在以霍华德城堡（Castle Howard）和布列伦姆宫（Blenheim Palace）为代表的乡村庄园建筑盛期，《大英建筑师》似

94 参见伦敦英国档案局，Public Record Office, London, PRO, SP 44/359, 第 56~57 页和第 60~62 页。

GEORGE R.

WHEREAS Our Trusty and Well-beloved *COLEN CAMPBELL*, Esq; Author of the Work, *John Nicholson, Andrew Bell, William Taylor, Henry Clements*, Booksellers, and *Joseph Smith*, Mapseller, of our City of *London*, have humbly represented to Us, That they have, with great Labour and Expence, prepared for the Press a Book, Entituled, *Vitruvius Britannicus*, or the *British* Architect; containing the exact Plans, Elevations, and Sections of the Regular Buildings, both Publick and Private, in *Great Britain*; with variety of New Designs. In Two Volumes. And have, therefore, humbly besought Us, to grant them our Royal Privilege and License for the sole Printing and Publishing thereof, for the Term of Fourteen Years. We being willing to give all due Encouragement to Works of this Nature, are graciously pleased to condescend to their Request: And We do, therefore, by these Presents, grant unto them, the said *Colen Campbell, John Nicholson, Andrew Bell, William Taylor, Henry Clements*, and *Joseph Smith*, their Executors, Administrators, and Assigns, Our Royal License for the sole Printing and Publishing the aforesaid Book, Entituled, *Vitruvius Britannicus*, or the *British* Architect, for the Term of Fourteen Years from the Date hereof: Strictly forbidding all Our Subjects within Our Kingdom, and Dominions, to reprint the same, either in the like, or in any other Volume or Volumes whatsoever; or to import, buy, vend, utter, or distribute any Copies thereof, reprinted beyond the Seas during the Term of Fourteen Years, without the Consent or Approbation of the said *Colen Campbell, John Nicholson, Andrew Bell, William Taylor, Henry Clements*, and *Joseph Smith*, their Heirs, Executors, and Assigns, under their Hands and Seals first had and obtain'd, as they will answer the contrary at their Peril: Whereof the Commissioners, and other Officers of our Customs, the Master, Wardens, and Company of *Stationers* are to take Notice, that the same may be entred in the Register of the said Company; and that due Obedience be rendred thereunto.

Given at Our Court at St. James's, the Eighth Day of April, 1715, *in the First Year of Our Reign.*

By His MAJESTY's Command,

Ja. Stanhope.

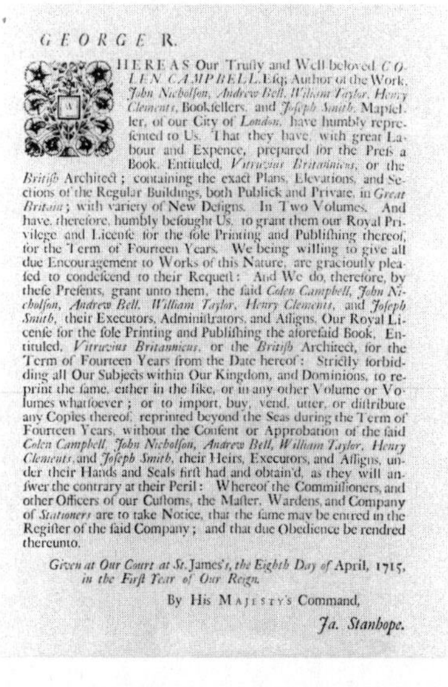

图 10 斯坦霍普在 1715 年为坎贝尔的《大英建筑师》签署了准许印刷的批件

乎更像是一部被半路劫持、制定标准的出版物。《大英建筑师》的最初目的，似乎是模仿让·马洛和大卫·莫迪出版的西班牙和意大利建筑总览图集；而在这之前，英国建筑的总览是 1707 年由列昂纳多·尼夫和约翰尼斯·基普所著的《英国建筑总览》（Britannia Illustrata），但却不太系统。[95]《大英建筑师》出版目的的改变表现在两个方面：似乎在最后时刻才在第一卷中增加了坎贝尔的名字；另外，还在前两卷中插了伊尼格·琼斯设计的"无与伦比的怀特霍尔宫方案"和坎贝尔自己的几个设计，这些设计图似乎取代了原有的 48 幅图，包括格林尼治医院、霍华德城堡和查特沃斯（Chatsworth）的一些图，而这 48 幅图后来被调整到第三卷中；而在斯坦霍普的批条中却没有提到第三卷的计划。[96] 这些后期调整，包括插入琼斯设计怀特霍尔宫方案，似乎耽搁了第二卷的出版，但却让这套书更加流行。[97] 除了增加伊尼格·琼斯的设计外，这套书还加入了一些类似帕拉第奥别墅和住宅风格的设计，指名提供给社会名人，无疑是提醒他们履行鉴赏家在建筑中的责任。作为建筑师和出版商，坎贝尔在当时名气很小，也没有什么经验和经济基础。如果我们很难想象坎贝尔这样一个人物能把这个普通的建筑总览转变成英国建筑划时代的出版物，那么斯坦霍普则有鉴赏家的洞察力，并能看到一部思想深刻、影响深远出版物的机会；如前文所提到，他曾经预测沙夫茨伯利著作将是英国思想和写作的"转折点"。

1717 年 3 月，在《大英建筑师》第二卷中，坎贝尔将一个类似帕拉第奥设计的瓦尔玛拉娜官邸（Palazzo Valmarana）的别墅设计题献给斯坦霍普（图 11）。这卷书还提到，斯坦霍普已经决定从苏塞克斯伯爵手中购买位于肯特的谢维宁别墅（Chevening House）。这栋别墅由约翰·韦伯于 1655 年设计，但那时却认为是伊尼格·琼斯的设计（图 12）。而后，斯坦霍普雇用托马斯·弗特（Thomas Fort）和尼古拉斯·迪布瓦（Nicholas Dubois，1665–1735 年）在别墅上增加两翼，并通过两排曲线形走廊与建筑主体相连（图 13）。这种做法或许参照了斯托克布鲁恩别墅（Stoke Bruerne），当时同样被认为是伊尼格·琼斯于 1629 年所设计。尽管我们不能确认托马斯·弗特是帕拉第奥和伊尼格·琼斯的追随者，但是，尼古拉斯·迪布瓦还是与帕拉第奥有着密切的联系，因为他翻译了齐亚卡莫·列昂尼（Giacomo Leoni）

95 Eileen Harris, "'Vitruvius Britannicus' before Colen Campbell", *Burlington Magazine* 128 (1986)，第 338~346 页，以及 *British Architectural Books and Writers*。

96 Harris, "'Vitruvius Britannicus' before Colen Campbell"，第 345 页。*Vitruvius Britannicus* 的第三卷于 1725 年出版。这段时期，*Vitruvius Britannicus* 所掀起的热潮已经被 Burlington 及其同僚所代替；而大部分"建筑叛党"的成员，包括 Hewett、Molesworth 父子，以及 Stanhope 都已不在世。这也许可以解释第三卷为什么会改变基调和内容。

97 第二卷的购买者除第一卷 303 位预订者外，又增加了 155 位。第一卷的出版从 1714 年的圣诞节一直拖到 1715 年的 3 月，第二卷则从 1715 年 10 月一直拖到 1717 年 3 月才出版。按照 Harris 的说法，这部分由于 Jones 的 Whitehall 方案图的重新绘制和重新印刷，同上。

图 11 坎贝尔在《大英建筑师》出版的为斯坦霍普设计的别墅，1717 年

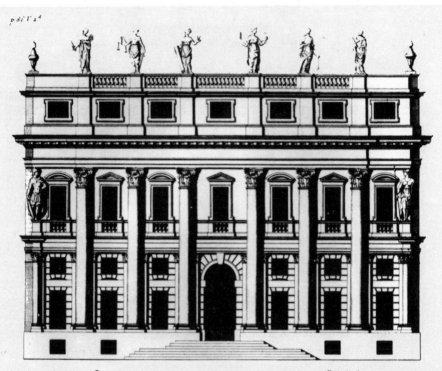

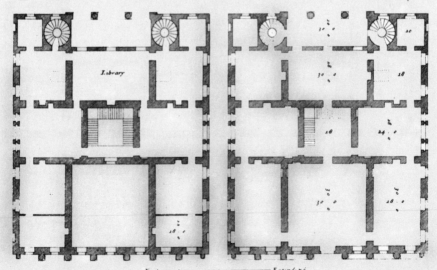

图 12 坎贝尔在《大英建筑师》第二卷中出版的谢维宁别墅图，1717 年

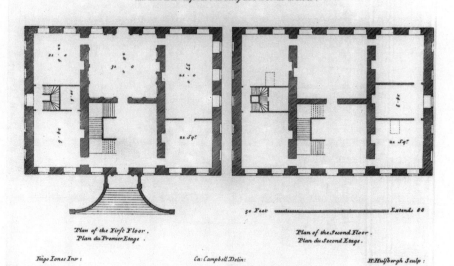

1715—1720 年出版的帕拉第奥《建筑四书》。迪布瓦有可能在西班牙继位战争期间认识了斯坦霍普，并获得了上尉军衔；后来在 1708 年，也就是在战争期间，斯坦霍普雇用加里雷建造马洪港（Port Mahon）的军事防御工事，并让迪布瓦作为合作伙伴加入这项工程。[98] 1718 年 5 月，也许是在托马斯·休伊特和约翰·茅利斯沃斯的鼓动和见证下，迪布瓦与加里雷达成了为期 5 年的设计合作，进行"所有的军事和民用方面的建筑、房屋、制图"工作。[99] 可以说，加里雷于 1718 年秋设计的基尔代尔郡城堡（Castletown）就是两人合作的成果。不过，1722 年后，基尔代尔郡城堡项目也许是按照加里雷的设计建成，城堡中心部分伸出两翼，并通过两个曲线形柱廊相连。这种处理重复了由迪布瓦和加里雷合作完成的谢维宁别墅扩建工程中的基本形式，只不过基尔代尔郡城堡在尺度上大了不少。从谢维宁别墅扩建这件事中，就可以明显看出斯坦霍普与早期帕拉第奥和伊尼格·琼斯复兴风格之间的联系。

作为一个概念，沙夫茨伯利道德感的核心促进了英国思想中柏拉图传统的发展。本文阐述了这种发展与艺

98 Toesca, "Alessandro Galilei in Inghilterra"，第 192 页的脚注 6 和 8 暗示了这一点。

99 同上，第 212 页。

图 13 谢维宁别墅加建的两翼和两排曲线形走廊，J. Badslade 刻画，1719 年

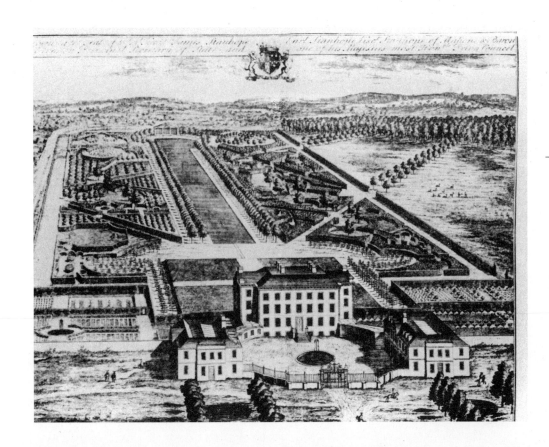

术和建筑概念和作品之间的关系，以及与英国经验主义思想的对立。道德感在鉴赏家身上体现为一种实践形式，并在沙夫茨伯利赞助的艺术家身上得到了示范。从它的历史影响中可以看出，道德感思想和鉴赏家的概念为贵族和地主创造了思想的想象空间，使他们成为在建筑上拥有道德感和高尚品位的鉴赏家；这些贵族和地主也成为新建筑发展的关键力量。"建筑叛党"的出现、《大英建筑师》中的新标准，以及像斯坦霍普、茅利斯沃斯父子、伯灵顿和彭布罗克伯爵对建筑有巨大影响的贵族和地主，都与沙夫茨伯利提出的设计中的道德感有着不同程度的联系。18世纪早期英国经典化的帕拉第奥风格，通过运用帕拉第奥和琼斯的建筑而影响深远；在这个划时代的英国建筑发展时期，以上所叙的个人及思想上与沙夫茨伯利著作的关联，是理解这个发展所不可缺少的关键一环。

二、20世纪初中国建筑的现代化

3

重构中国营造传统：20世纪初期的《营造法式》

摘要

　　本文分析了 20 世纪初期对北宋（960—1127 年）营造手册《营造法式》进行重印、校订和注释的努力，其中每一步都展现了定义中国建筑的一个方面。中国学者和建筑师对《营造法式》的研究表明，重构及理解原文的工作是深植于 20 世纪初期中国更为广阔的思想议题之中，即民族主义、考据学和现代史学。政治家兼学者朱启钤于 1919 年发现《营造法式》，并视其为可提供传统中国建筑核心知识的重要文本。不久之后，梁思成、林徽因和刘敦桢也把《营造法式》看作是现代中国建筑史的核心文献；他们对《营造法式》的注释是源自深受欧洲启蒙传统影响的历史编撰学。在 20 世纪后半期，受萌芽于 40 年代延安的共产主义文化政策的影响，《营造法式》的重要性逐渐减退。20 世纪初《营造法式》的重现已远远超出其原来作为营造和管理手册的角色，而在更为广博的思想领域发挥了重要作用。

原文载于美国《建筑历史学家协会期刊》第 62 期 [Li Shiqiao, "Reconstituting Chinese Building Tradition: the *Yingzao fashi* in the Early Twentieth Century", *Journal of Society of Architectural Historians* 62:4 (December 2003), pp.470-489.]

69

序言

　　在 20 世纪初期的中国，建筑经历了急剧而又复杂的转变，其原因主要是自 19 世纪中期以来通商口岸及外国租界的扩大与发展，导致了外国工程师及建筑师的流入。[1] 20 世纪初期以来，年轻的中国学生不再遵循传统的科举之路，而赴欧洲、美国及日本等国寻求建筑教

1 伍江在《上海百年建筑史 1840—1949》（上海，同济大学出版社，1997 年）一书中详述了最突出的通商口岸之一上海的发展变迁。更多论述参见 Peter Rowe and Seng Kuan, *Architectural Encounters with Essence and Form in Modern China* (Cambridge, Mass., 2002); John Fairbank and Merle Goldman, *China: A New History* (Cambridge, Mass.: Belknap Press of Harvard University Press, 1998); 以 及 Jonathan Spence, *The Search for Modern China* (New York and London: W. W. Norton & Company, 1990).

育。他们带回了工程知识，巴黎美术学院的训练，甚至于包豪斯的感性萌芽。回国后，他们或者进入外国或中国建筑公司工作，或者在不同的地区创立建筑学院并执教。[2] 在这种中西碰撞的背景下，他们面临的最重要的问题之一是，什么形成了"中国建筑"。早期进入中国的基督传教士们探索了一种同化的途径，即将中国传统的建筑形式运用到诸如教堂、学校等新型建筑之中。在随后的 19 世纪 10–30 年代之间，这种手法经由哈里·荷西（Harry Hussey）、亨利·墨菲（Henry Murphy）、吕彦直等不断完善，达到了新的高度。[3] 另一方面，中国建筑的学术领域也进一步繁盛，欧洲以及日本的学者对中国建筑的研究取得了可观的进展。所有的这些变化均是发生在中国国家地位面临严峻挑战的背景之下，正如同约瑟夫·列文森（Joseph Levenson）尖锐地指出的那样，世纪之交的中国正经受着从"天下"到"国家"的急剧空间收缩。[4] 在这个收缩过程中所产生的思想、文化和政治上冲突，例如1898 年的百日维新、1900 年的义和团运动、1919 年的辛亥革命以及 1919 年的五四运动，都相继爆发。

本文追溯了 20 世纪早期当面对欧洲和日本学者在中国建筑领域的研究时，中国学者所做出的反应。作者分析了当时对北宋营造手册《营造法式》进行重印、校订和注释的努力，这每一步都展现了定义中国建筑的一个方面。中国学者和建筑师对《营造法式》的研究表明，重构及理解原文的工作是深植于 20 世纪初期中国更为广阔的思想议题之中，即民族主义，考据学和现代史学。

《营造法式》

《营造法式》是北宋时期出版的一本建筑施工和管理手册。它共有 34 章，分别对石作、大木作、小木作、瓦作、彩画作制定了相应的规范。书中第二十九至三十四章，用大量的图解对施工做法作了详尽说明。手册在序言部分介绍了准备工作，随后的两章阐述了营造术语及其来源。尽管在此之前已有不同的建筑手册问世，但《营造法式》则引入了一个非常重要的模数方法。该书的中心概念是"材"（见第四章和第五章），并由"材"建立了所有木构建筑组件的模数体系。在此基础上，"工限"（见第十六章和第二十五章）估量了营造所需的工作量，包括所有技术的和非技术的工作，而"料例"（见

2 Ruan Xing, "Accidental Affinities, American Bearx-Arts in Twentieth-century Chinese Architectural Education and Practice", *Journal of Society of Architectural Historians* 61 (2002 年 3 月), 第 30~47 页。对近代中国建筑教育的叙述必须在中国学术生活经历巨变的背景中来理解，参见 Wen-Hsin Yeh, *The Alienated Academy: Culture and Politics in Republican China, 1919-1937* (Cambridge, Mass., Published by Council on East Asian Studies, Harvard University and distributed by Harvard University Press, 1990) 中有所强调的改革背景。

3 Jeffrey Cody, *Building in China: Henry K. Murphy's "Adaptive Architecture," 1914-1935* (Hong Kong: Chinese University Press, 2001)。

4 Joseph Levenson, *Liang Ch'i-ch'ao and the Mind of Modern China* (Cambridge, Massachusetts: Harvard University Press, 1953)。

第二十六章和第二十八章）则测算了所用材料的数量。[5] 这本《营造法式》是由当时效力北宋朝廷 13 年之久的将作监李诫（？－1110 年）编写。1097 年，李诫受委托开始编撰《营造法式》，于 1100 年完成，并于 1103 年出版。作为幸存的建筑专述，在《营造法式》之前，世界范围内也许只有维特鲁威的《建筑十书》，但相比之下，两者有着截然不同的目标：维特鲁威在书中着力阐明了自己对建筑的观点，即建筑不但是一项建造事业，同时也是一种获取美感及思想启蒙（例如 venustas 的运用）的重要手段；而李诫则是记述了皇家宫殿的建造，其色彩、形式等均已依照等级及权力来严格定制。李诫所做的工作是详细记录了宋朝的营建传统以及在中国建筑中起支配作用的模数体系。书中图文并茂，提供了一系列投影的平面、立面、剖面正视图，以及近似轴测的立体图。作为一本关于皇家宫室营建的手册，《营造法式》一直沿用到明朝（1368－1644 年）。[6]

其实，当时对建筑营造手册的需求也许是不难想象的。北宋的都城开封，其规模近于古罗马的 3 倍，人口约 140 万。开封地处京杭运河与黄河的交汇处，如同其后欧洲文艺复兴时期的城市一样，其便利的交通使它成为中国历史上少有的繁盛和具有创造力的城市。帝国的治理是通过严格的科举制度来维持的，所有的艺术、文学和技术在规模和数量上达到了很高的水平。其中印刷术的发明及推广，对宋朝技术革新及文化的空前繁荣具有重大意义。然而，在繁荣的背后，腐败也是普遍的现象。例如，许多高官子弟可以不通过科举考试而获得在朝廷做官的地位。[7] 这种腐败也引发了当时涉及政治、经济和教育等领域的大规模改革。从古至今，建筑似乎为腐败提供了理想场所，而李诫的《营造法式》因其对营建活动的监督具有重要意义，具体表现在两个方面：一方面有助于明确营建标准，另一方面为已知规模的建筑提供估算人力物力消耗的依据。

《营造法式》，中国营建传统和国家主义

在 20 世纪初的中国，朱启钤（1872－1964 年，图 1）是第一位认识到这本营造手册现代意义的有影响的人物。朱启钤是一位学者和收藏家，更是一位务实能干的管理者，因与军阀袁世凯（1859－1916 年）的关系而步入政坛。起初，袁世凯效力于满清朝廷（1644－1911 年），

5 参见梁思成，《序言》，《营造法式注释》（北京：中国建筑工业出版社，1983 年），第 5~12 页，以及 El-se Glahn, "Unfolding the Chinese Building Standards: Research on the *Yingzao fashi*", in Traditional *Chinese Architecture* (New York: China Institute in America, China House Gallery, 1984)，第 48~57 页；和 Guo Qinghua, "*Yingzao fashi*: Twelfth-Century Chinese Building Manual", *Architectural History* 41 (1998), 第 1~13 页。

6 Fairbank and Goldman, *China: A New History*, 第 88~95 页。关于宋朝城市生活的描述参见 Heng Chye Kiang, "The Song Cityscape", in *Cities of Aristocrats and Bureaucrats: The Development of Medieval Chinese Cities* (Singapore, 1999)，第 117~182 页，以及 Jacques Gernet, *Daily Life in China on the Eve of the Mongol Invasion, 1270-1276* (London: Allen & Unwin, 1962)。

7 Nancy Steinhardt, *Chinese Architecture, The Culture and Civilization of China* (New Haven: Yale University Press, 2002), 第 187~189 页。

图 1 担任内务总长时期的朱启钤，1913 年

8 在离开北京前往上海之际，朱启钤曾向一位挚友坦言这次南北议和能取得进展的希望非常渺茫（此行之无结果也）。其实，当时中国的政治中心并不在这两座城市，而是在法国的凡尔赛宫。那里正在上演着第一次世界大战末的剧烈的权利分派，也将决定德国在中国的势力范围的未来。参见彭明主编，《中国现代史资料选辑》（北京：中国人民大学出版社，1987年），第一册，第114页。

9 它们直译作"精华与效用"（体用），"起源和增殖"（本末），及"方法和工具"（道器）。

10 Christoph Harbsmeier and Joseph Needham, *Science and Civilisation in China* (Cambridge: Cambridge University Press, 1998), 第七卷, 第一部分。

11 1902年满清朝廷力图复兴学堂时，曾仿效日本添设了建筑课程。徐苏斌，《中国建筑教育的原点》，《中国近代建筑研究与保护》（北京：清华大学出版社，1999年），第一期，第207~220页。

12 梁启超，《欧游心影录》，《梁启超全集》（北京：北京出版社，1999年），第2968~3048页。

但在1911年转为支持辛亥革命。袁世凯凭借其在中国北部的强大势力，接替了临时总统孙中山（1866-1925年），于1913年成为中华民国的首任总统。自1906年起，朱启钤便在袁世凯的推荐下在政府历任数职。在1912-1916年间，朱启钤担任了交通总长、内务总长以及代理总理。1916年袁世凯去世后，朱启钤便离开了政界，只是间或参与一些特殊的政府使团。其中在1918年，朱启钤率领一支政府代表团赴上海出席南北议和会议，即与当时实已独立的南方各省代表协商中国的政治体系。[8] 朱启钤在途经南京时在江苏省长的陪同下，于江南图书馆发现了一份《营造法式》的手抄本。江南图书馆于1907年购入清代享有盛誉的藏书楼之一的八千卷楼后而创立。

尽管所看到的这份手抄本只是宋朝再版的一个抄本，朱启钤还是极其重视这一令人惊异的发现。朱启钤欣喜的原因是多方面的，但或许可以从两方面来体会：其一是他相信《营造法式》在复兴中国营造传统中至关重要；其二是他认为这个复兴对于建立中国民族国家有重要意义。第一方面的原因是主要的。朱启钤对营造有很高的热情，这一点他与中国传统学者儒臣有着根本的区别。一般而言，中国的学术传统视"实践的行为"与"对世界本原的思索"从根本上是分离的，而且实践的地位低于思索（通常表达为"体用"，"本末"或"道器"）。[9] 这种两极的思想观点清晰地反映在士大夫为尊，工匠为卑的一套严格的儒家社会等级体系之中。尽管各种亚文化群在实践中取得了不同成就，[10] 但中国的主流学术方法还是着意避开使用形式逻辑和实践技巧为基础的工具化的思维。在中国，营造是手工技能而不是美的形式和思想的探求，这比西方有更深的传统。李诫的《营造法式》与维特鲁威的《建筑十书》之鲜明对比即是观察这种差别的一个值得回味的例子。

或许由于这种文化情状，在朱启钤所处的时代，中国思想界的主要变革者始终未能领会意大利文艺复兴所定义的建筑之重要性。如1898年将原设立于1862年的同文馆改为京师大学堂，并为其拟定课目表时，梁启超（1873-1929年）未将建筑学作为一门科目列入。[11] 如同他自己在日记中提到，直到1918-1919年于欧洲旅游的途中，他对建筑才开始有所关注。[12]

朱启钤对建筑不同寻常的热情源于1906年他担任北京内城巡警厅厅丞之时。在任职期间，他视察了城内所有的文化和建筑遗迹，向传统木匠了解构造知识，并收集营造手册的存本。[13] 在随后的 1907–1912 年间，朱启钤参与了由英德共同投资的天津至南京的铁路（津浦铁路）建设，这一经历进一步激发了朱启钤对建筑的兴趣。在这项工程中，朱启钤担任了德国控制的天津至济南段总办。其间，建造横跨黄河总长 1255m 大桥的工程令朱启钤十分佩服。这座大桥在当时的中国创下了最长跨度的纪录，可与苏格兰的第四大桥（Fourth Bridge）相媲美。[14] 朱启钤密切关注了设计和施工的全过程，包括进入大桥沉箱基础审查土壤状况。[15] 在铁路沿线农村车站设计中，与众不同的是南溪口车站（约 1911 年）和德州车站（约 1912 年）。它们糅合了中国传统建筑形式，但英方则认为"这种形式相对于它们的使用目的而言未免过于昂贵。"[16] 这两座车站是在新建筑类型中采用中国建筑形式的首批尝试之一，它们早于墨菲在长沙设计的耶鲁大学（雅礼，1914 年）及荷西在北京设计的协和医院（1916–1918 年）。[17] 朱启钤也许早在此时就已怀有对这种尝试性试验的赏识。若干年之后，朱启钤曾仔细研究了荷西的协和医院的设计图纸，对荷西采用中国建筑形式的手法表示赞同。[18]

朱启钤与德国工程师的这次接触带来了若干密切合作。在担任内务总长期间，朱启钤主持了一系列城市更新工程。其中的第一项便是 1915–1916 年间颇具争议的前门改造工程。前门位于北京紫禁城的南端，对其进行改造的目的在于改善交通状况。此工程得到国会和袁世凯的支持，袁世凯还专门授予朱启钤一柄特制银镐以备开工典礼上使用。[19] 在这项工程中，与朱启钤合作的是一位德国工程师库尔特·罗克格（Curt Rothkegel，1876–1946 年）。他在中国生活了 25 年，并于 1910 年主持设计了庞大的中国国会大厦，其规模近于德国国会大厦的两倍。[20] 若不是因辛亥革命而迫使工程停工，它无疑会是中国近代重要的标志性建筑之一。此外，朱启钤对建筑界另一项意义深远的贡献是 1919–1937 年间，创立了北戴河度假胜地的一处管理机构——北戴河海滨公益会。始建于 1893 年的北戴河，逐渐成为外国人建造避暑别墅的胜地，至 1917 年，北戴河已建成的别墅超过 100 栋，人口也几乎达到 1000 人。[21] 随着社区的成形，居于此的外国居民不断扩大行政范围，如由英美人士创立的石岭会（Rocky Point Association）之类的组

13 朱启钤，《中国营造学社的缘起》，《中国营造学社社刊》，第一期（1930 年），第 1 页。

14 Torsten Warner, *German Architecture in China: Architectural Transfer* (Berlin: Ernst & Sohn, 1994), 第 156~166 页。

15 朱文极与朱文楷，《缅怀先祖朱启钤》，《蠖公纪事 —— 朱启钤先生生平纪实》（北京：中国文史出版社，1991 年），叶祖孚等编，第 50~56 页。

16 Warner, *German Architecture in China*, 第 164~165 页。

17 Cody, *Building in China*, 第 34~85 页。

18 Harry Hussey, *My Pleasures and Palaces: An Informal Memoir of Forty Years in Modern China* (New York: Doubleday, 1968), 第 229 页。

19 前门改造工程中最令人费解的特征之一是，在外门建筑已有的灰砖上加建了月台，并饰以白色水泥浮雕和线角。据 Osvald Sirén 的回忆，他曾从 Rothkegel 那里得到为 *The Walls and Gates of Peking* 一书所绘的图纸，他认为是中国方面就具体装饰修改了 Rothkegel 的设计。在朱启钤自己对该项工程的记述《修改京师前三门城垣工程呈》中，他认为是对"旧时建筑不合程式者，酌加改良"，见《蠖公纪事》，第 17~18 页。Sirén 则认为新增建的部分是"此项工程中最糟糕的细部之一"。引自 Warner, *German Architecture in China*, 第 28 页。

20 Warner, *German Architecture in China*, 第 34 页。

21 杨炳田，《朱启钤与公益会开发北戴河》，《蠖公纪事》，第 104 页。

22 刘宗汉,《朱启钤与公益会开发北戴河海滨拾补》,《蠖公纪事》,第 127 页。

23 朱启钤,《中国营造学社的缘起》,第 1 页。

24 鲍希曼于 1932 年加入朱启钤的中国营造学社,参见林洙,《叩开鲁班的大门——中国营造学社史略》(北京:中国建筑工业出版社,1995 年),第 129 页。

25 Ernst Boerschmann, *Die Baukunst Und Religiose Kultur Der Chinesen* (Berlin, G. Reimer, 1911-1914), 2 vols.

织包揽了大小一切事务,甚至包括了当地中国人争端的判决。朱启钤意识到这些行为的殖民性,继而发起成立了北戴河海滨公益会,以指导监督社会公益设施的发展,例如道路、医疗设施、学校、公园等。这些基建成绩极大地促使北戴河成为备受中国政界喜好的休养胜地。在这里,朱启钤还尝试亲手设计自己的居所及临近的相关建筑,在此可能也得到了德国工程师的帮助。[22]

朱启钤接触德国工程与建筑,目睹荷西的协和医院设计,由此产生的最重要结果是他开始致力于研究"中国建筑"。朱启钤面临的挑战是双重的:首先是要改正中国传统中对建筑知识不够重视的弊端;其次要跟上欧日学者在中国建筑领域的研究成果。对他来讲,《营造法式》的发现给完成这个双重的任务带来了巨大的希望。李诚作为重视营造知识的一位不寻常的朝廷官员,在中国历史上是少有的;朱启钤将李诚视为自己的榜样,并将自己看作是李诚杰出成就的发扬者。他将自己在担任北京内城巡警厅厅丞期间,视察古建、向工匠们获取知识、收集建筑手册存本等一系列的活动,当作是类似宋朝将作监的职责。[23] 通过《营造法式》,朱启钤认识了未经欧日学者研究的中国营造知识。朱启钤与德国建筑师工程师的合作,很可能使他已经注意到鲍希曼(Ernst Boerschmann)的著作。[24] 鲍希曼曾于 1902-1904 年和 1906-1909 年间两次赴中国实地考察,并从罗克格手中获取过资料。鲍希曼关于中国建筑的研究成果以精美的照片和绘图在世界汉学家中受到尊敬。[25] 同时,通过老同事阚铎(1875-1934 年)的介绍,朱启钤已经了解到日本学者在中国建筑领域的显著进步。阚铎毕业于日本的一所大学,并致力于研究中国建筑。在所有的这些成果中,还没有一位欧日学者注意到《营造法式》。

同时,朱启钤发现《营造法式》还含有一层更深远的意义:中国民族建筑对中国民族国家意识发展的重要性。1919 年朱启钤发现《营造法式》之时,中国处于与北宋王朝截然不同的环境之中。虽然自北宋以来,中国没有看到改变根本思想观念的需要,而西方文化思想则在 12、13 世纪以来产生了迅速和根本的发展。这种差别在 1839 年开始的中英首次武力冲突中显现出来;满清朝廷欲彻底清理鸦片贸易,但被英国海军击败,中国被迫与英国签订南京条约,导致赔款、开辟通商口岸和划定租界等。之后,在其他西方国家"利益均等"的要求下，清朝签订了一系列类似的条约。1919 年，面对多次军事和政治的失败，中国的大多数学者满怀悲愤与焦虑。20 世纪之交的中国为两起事件所震惊：一是 1895 年在与日本争夺朝鲜控制权的战争中，中国新组建的北洋水师全军覆灭；二是 1898 年光绪帝在思想家康有为、梁启超的鼓励下开展的维新仅仅维持了一百多天。第一起事件中，1895 年中国海军的溃败以及随之而来的马关条约，使中国开始注意到日本的巨大转变。它通过明治维新（1868–1912 年），从一个过去的朝贡地域转变成为一个强大的民族国家。[26] 第二起事件，由清廷首次发起的涉及教育、军事装备、经济发展等领域的全面改革以失败告终，由此引发了一种深深的挫败感，这在新一代的改良者中表现得尤为明显。

朱启钤支持了百日维新，但如同梁启超及中国其他许多的革新者一样，他对西方知识的兴趣总是与如何重新构造中国传统文化紧密联系在一起。朱启钤在年轻时就已从不同的渠道接触到中国革新的思想，各种改革思潮都强调以不变的"中国性"来统领变化。值得一提的是，诸如"体用"、"本末"、"道器"等二元观点也被维新派思想家们借用并发挥。[27] 起初这种两极论被用来解释西方技术为"用"，儒家传统为"体"。这种自强的思想获得了曾国藩（1811–1872 年）的大力支持。曾国藩是镇压了太平天国运动的重臣，虽然他认同清朝统治的重要，但却认为学会制造枪炮、汽船和其他器械是至关重要的，并筹划购入机器工具来制造武器。[28] 但不久这种二元论就被另一批革新者用来发起对"思索"和"实践"分离的批评。这一观点从本质上影响了朱启钤对变革的见解。实业家郑观应（1842–1922 年）于 1894 年在其颇具影响力的著述《盛世危言》中明确指出，"思索"与"实践"分离是一种思想上的严重误解，他提倡通过对西方发展的深入研究而回到中国古代对两者结合的传统之中。[29]

19、20 世纪之交，伴随中国知识分子对西方文化逐渐深入的了解，他们的革新思想从最初倡导发展工商业转变到创立中国民族国家，这一发展受到西方民族国家产生的影响。正如前文所述，在中国与领土相关的概念中，缺乏"世界中之一国家"这种观念。从 19 世纪 90 年代起，包括梁启超在内的革新者们提议思想改良，既鼓励"新知识"，倡导复兴中国传统，又宣扬借鉴欧洲启蒙运动中的成就来创立一个现代民族国家。与此同时，

26 关于明治维新，参见 Donald Keene, *Emperor of Japan: Meiji and His World, 1852-1912* (New York: Columbia University Press, 2002)。

27 Rowe and Seng, *Architectural Encounters*，（详见注释 1）。

28 Spence, *The Search for Modern China*，第 179 页（详见注释 1）。

29 郑观应，《盛世危言》，《郑观应集》（上海：上海人民出版社，1982 年），夏东元编辑。

出于对改良进程缓慢的极度失望，孙中山认为要在中国建立民族国家，唯有推翻帝制，建立共和政府。

朱启钤在早年就已阅读过类似郑观应等革新者的论著，之后与梁启超共事于袁世凯的共和政府时，朱启钤和梁启超有了进一步的接触。整体来看，朱启钤的政治生涯总与从自强到共和主义等不断变化的革新局面有着紧密的联系。朱启钤对建筑的热衷，对中国学术传统中"道"与"器"（理论与实践）分离思想的批判，是深植于重构"中国特征"、融合"思索"与"实践"的更为广博的思想中。这也是朱启钤一生中的坚定信念。[30]

30 1916 年至 1937 年间，由于朱启钤的努力，他所经营的山东中兴煤矿发展成为中国第三大煤矿。参见王作贤与常文涵，《朱启钤与中兴煤矿公司》，《蠖公纪事》，第 151~156 页。

为了取得更大的进展，朱启钤认为出版《营造法式》是当务之急。在江苏省长的帮助下，朱启钤于 1919 年发行了一套略为缩小的石印本（图 2）。次年，他又请商务印书馆重印，这也表明他当时已经认识到现代印刷业在变革时期的中国扮演着新兴而又举足轻重的角色。自 1894–1895 年的中日战争以来，中国的出版业逐渐繁荣，仅 1895–1898 年间，中国就创办了 34 种报刊杂志，其中以梁启超的《时务报》最具影响力。[31] 梁启超在 1898–1912 年流亡日本期间，坚持出版了《清议报》、《新民学报》等影响深远的报刊。中国晚清的革新文学主要集中于三个领域：对中国古代典籍的释义、佛教知识的复兴以及西方书籍的介绍，[32] 这每一个领域无不依赖迅捷优质的印刷。与同行相比，上海的商务印书馆在 1920 年处于重印中国古代典籍的最前沿。商务印书馆最开始是一家私人的印刷工场，1897 年由一批在西方出版社学会了现代印刷技术的中国排字工人创立。商务印书馆在中国变革中的杰出地位在很大程度上与张元济（1867–1959 年）的努力分不开的。张元济于 1892 年成功通过科举考试，并随后于清廷任职。在 1898 年的百日维新中，他支持梁启超，努力说服光绪展开全面深入的变革。在维新失败后，尽管他没有遭受与康有为、梁启超同样的迫害，但在保守派的攻击下被驱逐出清廷。张元济于 1902 年加入商务印书馆，凭借其完备的知识、敏锐的政治直觉和与知识界的广博联系，将商务印书馆发展成为 20 世纪中国出版界的领先私人机构。其出版计划由自学成才、极具语言天赋并通晓现代知识的王云五来承担。在 20 世纪 20 年代，若说北京大学成为北方学术的中心，那么商务印书馆则是一个重要的南方新文化的基地。[33]

31 许纪霖与陈达凯主编，《中国现代化史》（上海：三联书店，1995 年），第 187 页。

32 同上，第 184~211 页。

33 杨扬，《商务印书馆：民间出版业的兴衰》（上海：上海教育出版社，2000 年）。

20 世纪 10 年代末期，商务印书馆掌握了照相平版印刷技术，于是张元济着手开展一项艰巨的浩大工程，即重印中国古代典籍。首先集中于他倾十年之力收集的商务印书馆馆藏，自 1919 年后转向重印从清代《四库全书》中精选的《四库丛刊》系列。《四库全书》共计约 3.6 万册，于 18 世纪 70 年代奉乾隆皇帝旨意对古代图书整理编撰而成。截至 1922 年，商务印书馆相继出版了近 2100 册。[34] 对于张元济而言，他在出版业上的开拓性成就在一定程度上补偿了百日维新的挫败感。这种背景下，1920 年商务印书馆重印《营造法式》之举已远远超出对古籍的嗜好，而成为当时思想界努力以中国过去的成就来思考解救国家危机的重要手段。

34 同上，第 105~107 页。关于张元济和王云五的具体生平，参见 Howard Boorman, ed., *Biographical Dictionary of Republican China* (New York: Columbia University Press, 1967-1979), 共五卷。

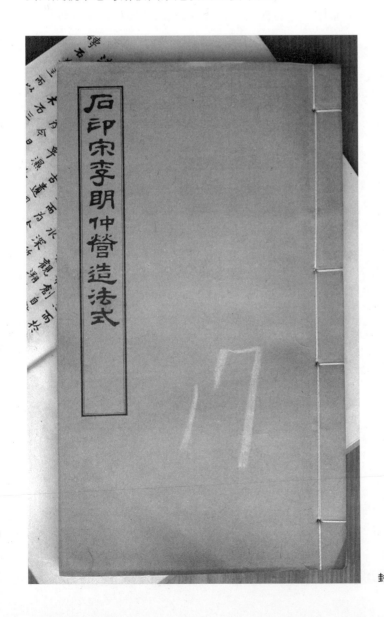

图 2 1919 年石印《营造法式》封面

35 朱启钤,《重刊营造法式后序》,《李明仲营造法式》, 共八卷（1925年）。

36 例如 Hussey 曾多次向朱请教, 问及中国建筑的细部、劳力来源、传统建筑材料如用于北京协和医学院屋顶的琉璃瓦等。同时, 朱启钤也非常赞赏 Hussey 的工作。参见 Hussey, *My Pleasures and Palaces*, 第229~238页（详见注释18）。

朱启钤在1919年《营造法式》的再版序言中表明了自己对"道"与"器"分离思想的批判, 并呼吁深入发展中国传统建筑知识（图3）。尽管流传至今的文学作品中不乏对历史主要建筑工程的生动描述, 但对应的建筑记录却很少。对于这种状况, 朱启钤认为自东周末年（东周, 公元前770–公元前256年）以来形成的"道器分涂"的观念是根本原因。[35] 朱启钤强调了中国营造术记录文献的贫乏, 以及有关工匠知识的疏漏。具有讽刺意味的是, 对中国营造知识的缺乏导致了西方建筑影响的大举入侵, 同时西方人却一直很重视中国传统的营造技艺, 并试图效仿"东方式样"。[36] 目睹几千年来的传统没有得到继承和发扬, 朱启钤认为中国的学者以及工匠都有一定的责任。《营造法式》的发现, 从某种程度

图3 朱启钤为1919年石印《营造法式》所著序言中的两页

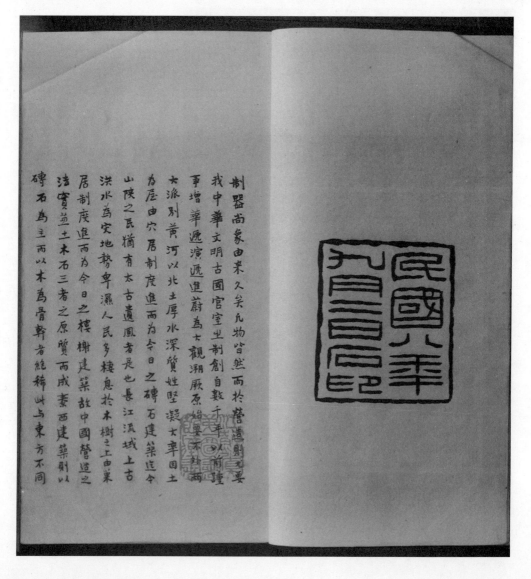

上来说可以补偿长期受到忽略的中国营造知识。该书的第一部分阐释了北宋的营造术语的来源，朱启钤认为这可以算作中国工程词典的最早实例。朱启钤希望中国建筑很快发展到与西方建筑同样的水平，同时对重印《营造法式》过程中江苏省长的慷慨相助表示感谢。[37] 在发现《营造法式》的欣喜之余，朱启钤认识到他所珍视的发现其实已在北宋原本基础上经过了多次传抄，于是他希望能够找到图片质量更高的版本，以便能用"今界画比例之法"再现这些图板。[38]

"改善"的《营造法式》

1920–1921 年，朱启钤受当时民国总统徐世昌派遣，赴巴黎大学领取荣誉博士学位，并沿途游历美国、日本及欧洲等地。同时，巴黎大学事前提出了索要一套《四库全书》复本的要求。或许因为这件事的缘故，朱启钤在旅途中对各国书籍的出版都分外留心。尽管他不懂外文，但途经国家的建筑出版物给他留下了深刻的印象，他注意到古建保护和新建筑的建造都有专著和详图记录。[39] 对美国、日本及欧洲建筑研究的亲身体验令朱启钤感到研究《营造法式》的紧迫感。他决心修订新版本，以克服他所发现的版本中的缺陷。回国不久，他将此重任委托给了著名的典籍修订家陶湘（1870–1940 年）。

朱启钤选择陶湘，其实是对在清朝已发展成熟的修订典籍以及考据学这一中国的学术传统的肯定。纵览中国历史，古代典籍的保存是毫无保障的。战乱、劫掠、洪水、火灾、虫害和人为的疏忽都造成了书籍的巨大损失。改朝换代时，官方的藏书尤其受到大量的摧毁。因此，中国大部分的典籍能流传至今应归功于私人藏书，特别是转录抄书的传统。[40] 在中国，书的抄录大致有手抄和雕版印刷两种方式。抄本或是直接誊写（即抄本），或是在半透明的纸上描摹以保持原书的体例（即影抄本）。雕版印刷发明于唐代（618–907 年），目的是替代耗时费力的手抄，最大限度地减少人为的错误。雕版印刷使用的是常见的梨木、枣木或柳木，刻板或是刻本，或是影刻本。影刻本是先将原本描摹到半透明的纸上，然后将写好的纸稿反贴于预先准备好的刻板表面以进行雕刻。有时，原本本身会用于反贴雕刻而被永远毁坏。20世纪早期，宋朝的原本显得十分珍贵，因为当时印制了大量优质的书籍，体现于纸张质量高，印刷清晰，书法

37 朱启钤，《序言》，《印宋李明仲营造法式》（1919 年）。

38 "今界画比例之法"可能是指成按比例的正交投影绘图。在与德国工程师建筑师合作的过程中，朱启钤一定见过这些图纸。Hussey 曾留意到，在 1918 年朱启钤察看北京协和医学院的设计图纸时，他对这些现代的建筑图绘显得非常熟悉。

39 朱启钤，《序言》，《李明仲营造法式》。

40 任继愈主编，《中国藏书楼》（沈阳：辽宁人民出版社，2001 年），第 85~92 页。

41 李致忠,《古书版本学概论》(北京:北京图书馆出版社,1990 年),第14 页。

精湛,甚至蕴有墨香。[41] 尽管转录古代典籍对于中国学术传统十分重要,但它也带来了无数的错漏和变形的机会。

与收藏和复制同时出现的是修订典籍,以校正抄写者及转印者的错误。错误的鉴定是基于仔细校对所有的版本,核查内部矛盾和事实错误,研究相关背景、语言趋向、转录体例、印刷和文书技术。例如,与皇帝名相同的字需要避讳,常常以抽象的笔画来代替,据此可以判断出版日期或年代。修订结束后,知名的书法家则将文字书写在刻板上以雕刻印刷,这样再版的典籍会被视为"善本"。所有的这些活动通常会记录在"跋"中,整项工作的高质量也会被赋予极高的学术声望。大多数卓越的收藏家常常因他们修订典籍善本的技术和知识而享有盛誉。[42]

42 任继愈主编,《中国藏书楼》,第150~165 页。

这一活动更大范围的理性延伸是 17 世纪兴起的考据学。它以广博信息为基础,通过深究细察来剖析原文的内部矛盾和事实错误。以此,考据学成为多年以来中国学术传统的中流砥柱。自从其 18 世纪成就的高峰期,这种学术形式通过对作为传统实际内容的经典之重新修订,而重新肯定经典的永恒真实性;对这种真实性的尊重又好似儒家传统子女对前辈的孝顺。[43] 在变革的年代,这种严格的考据传统给改革带来了新的含义。自1839–1842 年的鸦片战争开始,改良者们从实证研究中看到一种质疑的方法。作为"今文派"的创立者,康有为能借鉴这种方法宣扬孔子是一位变革者,并以此来证明自己变革主张的合法性。梁启超在《清代学术概论》中,认为清代学者的考据成就类似于欧洲文艺复兴时期意大利学者对古希腊罗马典籍和遗物的考证。[44] 在梁启超,甚至于胡适等新文化倡导者的眼中,考据学对于维持"中国本质"尤为重要,但他们同时也意识到考据学中的"永恒"观念必须用一个不同的时空框架加以重新定义。

43 同样值得注意的是,因为儒家忠孝思想,不同谱系的学者之间难以有任何意义上的学术辩论。参见 Yeh, The Alienated Academy,第 22~28 页(详见注释2)。

44 梁启超,《清代学术概论》,《梁启超全集》,第 3066~3109 页。

陶湘与朱启钤大致同年,这是推行考据学的一个实例。陶湘早年与袁世凯有过联系,虽然他未能在政坛作出一定成绩,但他作为一位藏书家却有一番造就。他在天津名为"涉园"的藏书楼,至 1931 年藏书已逾 30 万册。[45] 但他真正的声望来自于他修订典籍的质量。陶湘非常注意挑选文书体例和纸墨质量,确保格式和封面设计能与书籍原貌相协调。在邀请陶湘作为修订者时,朱启钤立志要推出一本能与宋朝原本相媲美的雕版善本。但是,尽管有这层含义,我们还是应该看到,朱启钤修订《营

45 参见任继愈,《中国藏书楼》,第1700~1708 页,以及林洙,《叩开鲁班的大门——中国营造学社史略》,第 139 页(详见注释24)。

造法式》是一项革新的事业。与士大夫崇尚的书画不同，这本建筑手册并未受到传统考据学的重视，修订和重构营造界画还是一个在传统中不寻常的举动。

在其他几位知名藏书家的帮助下，陶湘开始通过当时所有版本致力校对《营造法式》。[46] 如前文所述，最早的版本出版于北宋1103年。但北宋被北方的游牧民族女真人所灭，都城开封也被入侵的军队焚毁。随后宋朝建都临安，于1145年又发行了一个新的刊行本。1103年"崇宁"刊行本很可能已经失传，现在所有尚存的均是1145年"绍兴"刊行本的复本。朱启钤在江南图书馆的发现来源于丁氏兄弟（丁申，？－1887，丁丙，1832－1899年）和他们享有盛誉的八千卷楼。这一复本被称为丁氏抄本，是基于较早的一本影抄本的再次影抄，其源头可能是绍兴刊行本的一本明代抄本。[47]

陶湘对1920年商务印书馆重印的丁氏抄本，结合《四库全书》中的三个版本，以及新近发现的其他几个抄本进行了严格的审查校对。值得特别提及的是，陶湘和朱启钤采用了新近发现的1103年（图4）与1145年（图5）抄本残页作为宋代书法与印刷体例的模式。朱启钤在1919年影印本的序言中提到，新版最重要的任务

46 这一研究过程在1925年版的后记中有详细叙述，同时也简要地译为英文，见 Perceval Yetts, "A Chinese Treatise on Architecture", *Bulletin of the School of Oriental Studies* 4 (1926-1928)，第473~492 页。

47 关于这些版本的详细记述，参见 Paul Demiéville, "Che-yin Song Li Ming-tchong *Ying tsao fa che*", *Bulletin De l'École Française d'Extreme-Orient* 2 (1925)，于1931年在《中国营造学社汇刊》上重印；Yetts, "A Chinese Treatise on Architecture,"第473~492 页，以及林洙，《叩开鲁班的大门——中国营造学社史略》。

图 4 《营造法式》第八章的首页，被认为是源于1103年的版本，在1925年版中复制

图 5 1145年版《营造法式》的末页，在1925年版中复制

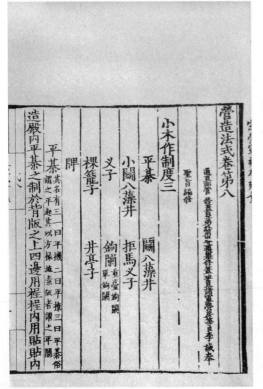

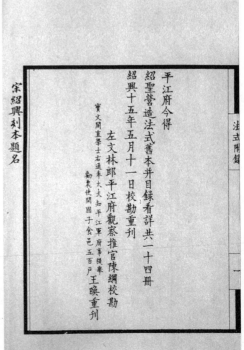

之一是要提高图片的质量，1925 年的版本通过三种途径
来实现这一点：第一，为了提高线条的清晰度，丁氏抄
本中的插图（图 6）以原有尺寸的两倍重画，然后再缩
印（图 7）。第二，朱启钤相信晚清的营造方式与宋朝应
该是一脉相承的，于是他聘请了一位北京故宫的匠师贺
新赓重绘了书中第三十、三十一章的大木作插图，并用
当代的术语加以注释，用红色以示区别（图 8）。朱启钤
将这些新的图解作为丁氏抄本插图的补充，希望它们能
够从一定程度上矫正因多次转抄重印而带来的错漏和变
形。第三，书中第三十三、三十四章的彩绘，在丁氏抄
本中只是加了注释的黑白图，而新版中则重新添加彩绘，
而且部分页面里用了十多种颜色（图 9）。[48]

1925 年问世的《营造法式》新版十分精致（图 10）。
它由丝线装帧，共计 8 册。它承袭了修订古代典籍的
学术传统，有旁征博引的序言及后记，考据学的确凿实
证，完整的章、节、文本及图解，并效仿了宋朝的文书
及印刷体例。它的出版吸引了全世界范围内研究中国美
术和建筑学者的注意。继保罗·戴密微（Paul Demiéville）
评述了 1920 年的版本后，[49] 珀西瓦尔·叶茨（Perceval
Yetts）在《东方研究院学报》上发表了一篇令人羡慕的
介绍 1925 年版《营造法式》的文章，称它为"出版界的

48 陶湘，《识语》，《李明仲营造法式》，
第八卷（详见注释 35）。

49 Demiéville, "Che-yin Song Li
Ming-tchong *Ying tsao fa che*"。

图6 大木作，四铺作至六铺作，
《营造法式》丁氏抄本的 1919 年石
印版第三十章

图7 大木作，四铺作至六铺作，
《营造法式》1925 年印本第三十章
中重绘的插图

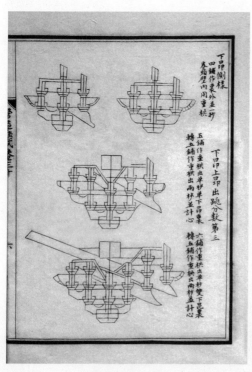

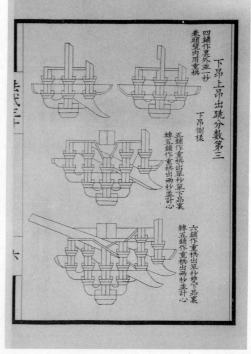

图 8　朱启钤请北京故宫的匠师贺新赓所画的新图解，表明类似宋代四铺作至六铺作的清代做法，《营造法式》1925 年印本第三十章

图 9《营造法式》1925 年印本中的彩绘

图 10　1925 年版《营造法式》

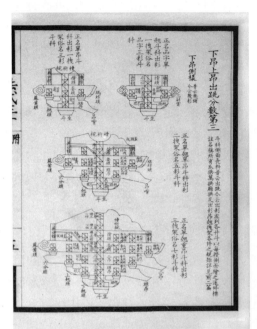

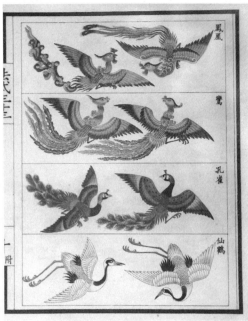

50 Yetts, "A Chinese Treatise on Architecture", 第 474 页。

51 Arnold Silcock, "Bulletin of the Society for the Research in Chinese Architecture Vol. I, No. 1. Pei-p'ing, 1930 (书评)", in *Bulletin of the School of Oriental Studies, University of London* 6:1 (1930), 第 253 页。

52 Hussey, *My Pleasures and Palaces*, 第 229 页（详见注释 18）。

53 参见 Chu Ch'i-ch'ien（朱启钤）and G. T. Yeh（叶公超），"Architecture: A Brief Historical Account Based on the Evolution of the city of Peiping," in Sophia H. Chen Zen, ed., Symposium on Chinese Culture (New York, Paragon Book Reprint Corp., 1969), 第 97~117 页。这篇文章最早由 Institute of Pacific Relations 出版（杭州和上海，1931 年）。关于 Institute of Pacific Relations，参见 John Thomas, *The Institute of Pacific Relations: Asian Scholars and American Politics* (Seattle and London, University of Washington Press, 1974), 以及 Tomoko Akami, *Internationalizing the Pacific: The United States, Japan and the Institute of Pacific Relations in War and Pease, 1919-1945* (New York, Routledge, 2002)。

54 刘敦桢的论文包括《佛教对于中国建筑之影响》,《科学》, 第 13 期, (1928 年), 以及翻译并注释了滨田耕作的《法隆寺与汉六朝建筑式样之关系》(1926 年) 和田边泰的《"玉虫厨子"之建筑价值》(1930 年), 并发表在《中国营造学社汇刊》第三卷第一册 (1932 年 3 月)。后重印于刘敦桢,《刘敦桢文集》(北京: 中国建筑工业出版社, 1982 年), 第二卷, 但编者对原文有所改动。

55 关于梁启超对梁思成的影响, 参见 Li Shiqiao, "Writing a Modern Chinese Architectural History", *Journal of Architectural Education* 56 (2002), 第 35~45 页。

创举"。[50] 阿诺尔德·席尔柯（Arnold Silcock）也认为 1929 年重印这一巨著的商务印书馆是具"远见卓识"的。[51] 再版《营造法式》奠定了朱启钤作为建筑研究界重要学者之一的地位, 荷西称他为"中国当代最伟大的建筑师之一"。[52] 太平洋关系研究院中国理事会于 1931 年在上海召开了以中国文化为主题的研讨会, 并在此基础上出版了一本英文论文集, 其中有朱启钤关于中国建筑的一篇论文。[53] 在论文集中, 朱启钤的文章同时与蔡元培、胡适、丁文江等学者文章出版, 这足以证明当时对朱启钤在建筑研究地位的认可。朱启钤的文章题为《建筑学, 北平城市演进历程简述》, 它利用文字研究和对北京的观察所得, 纵览了自公元前 255 年以来的中国城市。朱启钤对文学史料的旁征博引足以证明他的学术积累, 但这些资料往往又不够准确, 尚未经过确凿的记录证实。中国建筑知识的这种状况不久便发生了改变。

作为中国建筑史料的《营造法式》

《营造法式》的研究在 1930 年进入了一个新的阶段。这一转变与两起事件分不开：第一件是朱启钤筹到足够的资金建立了中国营造学社, 并出资聘用研究者进行研究；第二件是在欧美、日本等地学习建筑的中国学生学成归国。其中三人引起了朱启钤的注意, 即梁思成（1901–1972 年）与林徽因（1904–1955 年）夫妇, 以及刘敦桢（1897–1968 年）。梁思成与林徽因是 1928 年从美国宾夕法尼亚大学毕业回国, 刘敦桢在日本高中毕业并升入东京高工学习建筑, 历时 9 年, 1922 年回国。朱启钤与梁思成的父亲曾在 1913 年共事于袁世凯政府, 同任总长之职, 而刘敦桢则是因其有关中国和日本建筑的著述受到了朱启钤的注意。[54]

《营造法式》研究新方法的思想框架可以认为来源于以梁启超为代表的现代编史思想。梁启超是 1898 年百日维新中的重要人物；与朱启钤和陶湘不同, 他是一位有远见的思想家, 而且他在多方面对其子梁思成有着深刻的影响。[55] 在梁启超眼中, 清廷自强运动的有限成功与最终失败证实了他们思想的局限性。现代化并不是指有能力制造及使用枪炮, 现代武器其实是一种特殊思维方式的成果。对梁启超来讲, 现代性的核心是基于现代知识观念之上的。现代知识包括了国家、文化、地理、历史, 而这些知识都建立在对结构、准确性和可读性等方面的精心修养之上。历史对于梁启超来说有着特殊的吸引力，或许中国的思想状况使他认识到这一根本的嘲弄：他面临的文学遗产浩如烟海，但对其整体的把握却如此缺乏。梁启超的这种见解建立在他对"欧洲现代文明之父"培根和笛卡儿等人著作的研究上。正如康德与黑格尔在其论著中所指出的，建立在科学事实之上的历史学，是理解变化、解释差异的一个根本方法，这使梁启超深信中国作为一个现代民族国家的未来将部分地取决于现代史学的发展。他在早年倡导了"新史学"（1902年），并在晚年提出了研究"专史"的概念和方法（1922年，1926–1927年），其中包括建筑史。[56] 在梁启超同梁思成的书信中，梁思成曾同父亲讨论了想在哈佛大学进行中国宫室史的博士研究，这也表现了梁启超对建筑史的认识和重视。[57]

梁启超通过日文接触到欧洲启蒙运动思想的传统，并期望能通过自己的史学论著让它能在中国得到认同。这一传统早在 20 世纪 20 年代就已对中国的建筑研究产生了深远的影响。在 19 世纪末，日本的建筑学术已经经历了决定性的转变，受西方影响的现代史学取代了原来受中国影响的考据学。在这场转变中的重要人物是伊东忠太，他对世界上现存最早的奈良法隆寺进行了考察，开创了现代日本建筑史的研究。促成伊东的研究主要有两个因素，考古学方法和民族主义，两者都受到西方建筑学者如詹姆斯•福格森（James Fergusson，1808–1886年）的深刻影响。福格森在其《印度及东方建筑史》（1876年）中，表现出一种他所说的"考古科学"的倾向："我的引证主要来自于岩石中，雕刻上的不朽记录，它们忠实地代表了塑造者们当时的真实信仰和感受，而且原样保持至今。"[58] 其实早在 1905 年，伊东就已从存于沈阳的《四库全书》复本中看到了《营造法式》，但他并没有进行研究；这应该是源于福格森的影响。伊东认为《营造法式》过于晦涩，而且缺乏科学的根据。[59] 同时，福格森断言，中国建筑，以及他后来提到的日本建筑，标明了这些国家的人民"从未想过用更高级的形式来表现"建筑。[60] 福格森的这种论断和巴尼斯特•弗莱彻爵士（Sir Banister Fletcher）视中日建筑为"非历史"的分类，激起了伊东的强烈回应。[61] 从 1901 年起，伊东数次赴中国进行实地考察，完成了紫禁城的测绘并于 1903 年整理出版，书中伊东提出自己对中国建筑的不同评价。[62]

56 梁启超，《新史学》，《梁启超全集》，第 736~753 页；《中国历史研究法》，《梁启超全集》第 4087~4153 页；《中国历史研究法（补篇）》，《梁启超全集》，第 4794~4880 页。

57 Li Shiqiao, "Writing a Modern Chinese Architectural History"，第 43 页。

58 James Fergusson, *History of Indian and Eastern Architecture* (London: J. Murray, 1876), viii. 关于 Fergusson 对伊东忠太的影响，参见徐苏斌，《日本对中国城市与建筑的影响》（北京：中国水利水电出版社，1999 年），第 45 页。关于 Fergusson 和东方文化研究，参见 Mark Crinson, *Empire Building : Orientalism and Victorian Architecture* (London and New York: Routledge, 1996).

59 参见 Yetts, "A Chinese Treatise on Architecture," 第 474 页，以及伊东忠太，《中国建筑史》，陈清泉译（上海：商务，1937 年），第 7 页。

60 参见 Fergusson, *History of Indian and Eastern Architecture*，第 688 页。在之后的版本中，Fergusson 增加了关于日本建筑的一个部分，全书的理论框架却没有改变。

61 伊东忠太，《中国建筑史》，第 7~12 页。

62 徐苏斌，《日本对中国城市与建筑的影响》，第 46 页。

他指出，中国的设计，较之亚洲建筑中的印度和穆斯林两个体系要繁盛得多，西方学者之所以对中国建筑存有偏见，主要是由于他们对中国历史和文化的无知，以及进入中国领土内部的重重困难。

关野贞（1868–1935年）、常盘大定（1870–1945年）等人在伊东之后对中国进行了进一步的考察研究，但他们的国家主义情感掺杂了日本对中国北部及亚洲其他地区的殖民意图。[63] 明治维新以来，日本实行维新取得了国家的有效发展，但同时也使日本模仿西方势力进行领土扩张。日本对中国文化研究的官方兴趣与日俱增，例如，远东考古协会是由日本政府用中国战争赔款来资助。此外，日本对满洲的占领也大大便利了1927–1945年间对中国北方古城的考古研究。[64] 日本学者在充足资金和政府支持的情况下，很快超过了鲍希曼和奥斯瓦尔德·西乐恩（Osvald Sirén）等西方学者对中国建筑的研究。[65] 日本学者的研究对中国学者产生了深刻的影响，其原因主要有两点：一是他们对当时建筑界盛行的欧洲中心论持批判态度；二是他们凭借日中两国文字上的一脉相承，深化了田野调查及文字考据研究。1930年前后，朱启钤曾通过阚铎同伊东和关野贞合作，他们后来也成为朱启钤主持的中国营造学社的创始人之一。但1931年9月日军侵占满洲的行径使所有合作的希望化为泡影。

当月，梁思成离开已被日军占领的沈阳，离开他于1928年创立并执教3年的东北大学建筑系，回到北京加入了朱启钤主持的中国营造学社。林徽因当时已在北京养病，刘敦桢也于次年入社，他们组成了一支精干的研究小组。与朱启钤和陶湘相比，他们更能洞悉日本研究者的思想根源。朱启钤和陶湘深植于儒家传统，所接受的是以科举考试为目的的程式化教育，着力于对古代典籍的记诵。而这些年轻的研究者则是成长于广阔的世界性环境之中。梁思成就是一个例子，他曾在一所英国教会学校学习，又于1915–1923年转入清华学堂。当时的清华学堂是一所美式高中，目的是培养学生继续赴美国的大学深造。相比之下，这两种教育传统有着巨大的区别。在清华学堂，梁思成对知识标准和人性的理解是基于自由、个人主义和现代理性的原则。在这种教育的背景下，我们不难解释为什么梁思成在宾大修习建筑期间，其实会更适合阅读维特鲁威和帕拉第奥的建筑论述，而不是其父亲寄给他的《营造法式》1925年印本。虽然陶

63 关于明治维新以来日本建筑的发展和日本建筑师在中国的殖民野心的论述，参见 David Stewart, *The Making of a Modern Japanese Architecture: 1868 to the Present* (Tokyo and New York: Kodansha International, 1987)；Dallas Finn, *Meiji Revisited: The Sites of Victorian Japan* (New York: Weatherhill, 1995)，以及 William Coaldrake, *Architecture and Authority in Japan* (London and New York: Routledge, 1996)，第247~250页。

64 徐苏斌，《日本对中国城市与建筑的影响》，第81~98页。

65 参 见 Ernst Boerschmann, *Chinesische Architektur* (Berlin: E. Wasmuth, A.G, 1925)，以及 Osvald Sirén, *The Walls and Gates of Peking* (London: John Lane, 1924)（详见注释19）。

86

湘的《营造法式》深刻体现了中国学术传统的典籍修订技艺的高度发展，但它对于梁思成来说却只能是晦涩的文字和失真的图画。用他自己的话来说，这是一本"天书"。[66] 这里，梁思成的视野已经完全脱离了中国传统学者对善本的信念，他的知识背景来源于现代建筑学知识，以及保罗·菲利普·克瑞（Paul Philippe Cret）所传授的巴黎美术学院的绘图规范。梁思成后来具体提到《营造法式》中的图解在格式上前后矛盾，缺乏比例的概念，注释不够充分，线型不足以致混淆不清。[67]

　　另一个重要因素是在克瑞的巴黎美术学院教育系统里，历史对于学习建筑是至关重要的。准确掌握历史先例的根本方法是仔细考察过去的建筑。这种对先例的强调可以追溯至文艺复兴时期对古希腊罗马建筑的测绘与纪录，这也成为巴黎美术学院传统的主要支柱之一。当时，罗马奖学金代表着学生时代的最高成就，但其获得者们却没有机会来设计一幢新的建筑，他们最重要的任务是调查和记录一处历史遗迹。[68]

　　从朱启钤、陶湘到梁思成、林徽因和刘敦桢之间知识论的转变，首先是在注释《营造法式》中体现出来。1925 年的修订实质上是将这本书视为一份永恒不变的典籍，修订后的文本完善了原本，而且与原本没有任何真正的历史距离。重绘大木作插图一举表明了朱启钤和陶湘的传统理念，即用凝固于时间中的典籍文献来教育后代，无论他们的目的是改革还是维持传统。相比之下，梁思成、林徽因和刘敦桢在对《营造法式》的研究中则将传统考据的严谨学风同实地考察活动相结合。1932 年在紫禁城里发现了一本 1145 年的版本，它包含了第四章中的重要一节，而这一节在包括朱启钤和陶湘的 1925 年印本在内的所有版本中都缺失了。但他们研究工作取得真正的进展是实地勘察测绘。为了理解宋代木作的图解及晦涩的古代术语，他们先从更易接近的清代建筑入手。在此基础上，1934 年出版了梁思成主笔的《清式营造则例》（图 11）。这本则例可以说是中国建筑研究领域的一座里程碑。书中，梁思成介绍了清代建筑，内容组织严谨而又条理清晰，照片和图解都尽可能准确并符合现代制图标准（图 12），并且文字简单易读，不同于当时大多数学者仍然在使用的文言文。梁思成对清代建筑的认识主要来源于清廷颁布的《工部工程做法则例》（1734 年）、现存工匠知识，以及匠人们用于弥补清建筑

66 参见梁思成，《序言》，《营造法式注释》，第 8 页（详见注释 5）。更多关于梁思成与林徽因的生活描述，详见林洙，《建筑师梁思成》（天津：天津科学技术出版社，1997 年），以及 Wilma Fairbank, *Liang and Lin: Partners in Exploring China's Architectural Past* (Philadelphia: University of Pennsylvania Press, 1994).

67 梁思成，《序言》，《营造法式注释》，第 11 页。

68 参见 Arthur Drexler, ed., *The Architecture of the Ecole Des Beaux-Arts* (New York: The Museum of Modern Art, 1977); Robin Middleton, ed., *The Beaux-Arts and Nineteenth-Century French Architecture* (Cambridge, Massachusetts: The MIT Press, 1982); Theo B. White, *Paul Philippe Cret: Architect and Teacher* (Philadelphia: The Art Alliance Press, 1973); Elizabeth Grossman, *The Civic Architecture of Paul Cret* (Cambridge: Cambridge University Press, 1996).

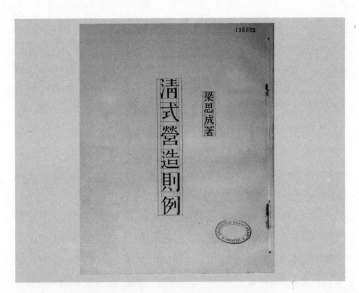

图 11 梁思成《清式营造则例》的封面，北京，1934 年

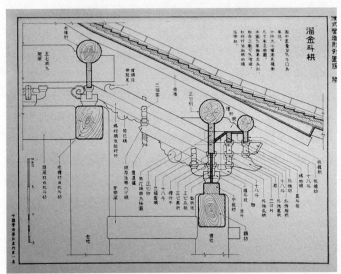

图 12 梁思成《清式营造则例》的插图 6，北京，1934 年

69 参见乐嘉藻，《中国建筑史》（1933年）。有关梁思成对这本书的批评，参见梁思成，《中国建筑史》（香港：三联书店，2000 年），第 316 页。

手册中缺乏通用算法而编写的《算例》。梁思成在此书中的杰出成就与 1933 年出版的乐嘉藻的《中国建筑史》（图 13）形成鲜明对比。乐嘉藻的《中国建筑史》明显缺乏以事实为依据的准确性、现代绘图规范，以及将自己的研究建立在现有知识基础上的认识。[69]

梁思成《清式营造则例》的绪论部分是林徽因撰写的《中国建筑历史纲要》，它显示了当时这批年轻学者已经以中国建筑"历史发展"的模式来理解《营造法式》。他们几次深入中国北部农村的实地考察测绘和突破性的发现，对这个进展起了决定性作用。其中第一次，也无疑是最重要的一次旅程是 1932 年 4 月之行。梁思成测绘了一年前由关野贞发现的，位于北京和天津之间的佛

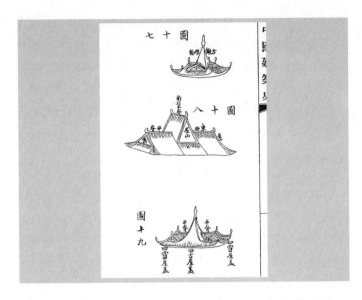

图 13 乐嘉藻《中国建筑史》中的一页，1933 年

教寺院独乐寺的主殿和山门（984 年）。1932 年《中国营造学社汇刊》发表了有关测绘独乐寺的报告，它不仅展示了中国现存的最早木构建筑，而且还通过准确、详尽的测绘记录和绘图为中国建筑研究设立了新的典范。刘敦桢的工作也与梁思成同时进行，他测绘了智化寺的主体建筑如来殿（1444 年），并在同年发表了其调查报告。基于这些实践调查所得以及相关的文字记载，林徽因于 1934 年在梁思成所著的《清式营造则例》绪论部分根据一定的论据提出了中国建筑的"系统"一说，并经历了唐朝的雄健、宋朝的成熟，以及清朝的退化等历史变迁，而《营造法式》则记录了由唐朝至明清两代的转变过程。同时这项研究也使梁思成能够用"文法"来描述中国传统木构建筑。[70] 这些观点在梁思成于 20 世纪 40 年代所编写的中国建筑史中更明显地体现出来。[71] 在这之后，营造学社又开展了一连串的实地考察。1937 年，梁思成和林徽因找到了也许是他们一生中最大的发现：山西佛光寺大殿。这是中国现存年代最久、规模最大的木构建筑。1932–1937 年，营造学社考查遍及 200 多个县，测绘了 2200 多个建筑个体，但在 1947 年只有不及 1/10 的调查材料被整理出版。[72]

在营造学社的活动高峰时期，学社于 1936 年上海建筑展中展出了 10 多个建筑模型，60 余幅建筑绘画，300 多张照片，记录下了当时古建的最新发现，成果可观。[73] 同时展出的还有梁思成的《清式营造则例》及《中国营造学社汇刊》。李约瑟（Joseph Needham）曾评价营造学社汇刊为"其内容极其丰富……对于想要透过表面来理

89

70 这里有关文法的含义可以通过"形式文法"来解释，参见 Andrew I-kang Li, "A Shape Grammar for Teaching the Architectural Style of the *Yingzao Fashi*"（博士论文，MIT，2001 年）。

71 参见梁思成，《中国建筑史》，以及 Liang Ssu-ch'eng, *A Pictorial History of Chinese Architecture* (Cambridge, Massachusetts: The MIT Press, 1984)。

72 参见梁思成 1947 年个人简历，发表于梁思成，《梁思成全集》（北京：中国建筑工业出版社，2001 年），第五卷，第 10 页。

73 林洙，《建筑师梁思成》，第 70 页。

74 Joseph Needham, *Science and Civilisation in China* (Cambridge, England: University Press, 1971), vol. 4, pt.3, 第60页。

75 徐苏斌,《日本对中国城市与建筑的影响》, 第7页 (详见注释58)。

解（中国建筑）的人士，这是不可缺少的书。"[74]

面对营造学社出色的工作，伊东忠太、关野贞等人坚信最适合研究中国建筑者是日本学者的言论也受到了挑战。[75] 我们今天对中国建筑及《营造法式》的知识，从根本上应归功于 1930–1937 年间中国营造学社所完成的研究。

无产阶级文化与《营造法式》

在梁思成研究清代建筑和实地考查之后，原本对《营造法式》注释的意图却被 1937–1945 年间的日本侵华战争所中断。在这期间，学社转移到中国南方并继续研究和写作，但缺乏稳定的环境和资金。在莫宗江的帮助下，梁思成完成了《营造法式》前 5 章的校注，相应的图解也依照现代绘图规范全部重画。日军战败投降后，梁思成致力于清华大学建筑系的筹建，而刘敦桢早在 1943 年就已离开学社，赴南京执教。

另外一个更重要的因素是战后随着共产主义运动的文化观点日渐盛行，《营造法式》的重要性受到了深刻的影响。与清廷的"自强运动"、郑观应的实业救国、梁启超的知识思想革新，以及共和时代的国家民族主义相比，中国的共产主义运动源于一种更为深刻的思想框架体系，它是在五四运动中形成的国家复兴的思想。[76]

76 关于"五四"运动，参见 Vera Schwarcz, *The Chinese Enlightenment: Intellectuals and the Legacy of the May Fourth Movement of 1919* (Berkeley: University of California Press, 1986)。

紧随朱启钤于江南图书馆发现《营造法式》之后，梁启超旅行到巴黎进行非官方的考察，并目睹了中国政治即将揭开新的一页。第一次世界大战结束后签订的凡尔赛和约，将德国在中国山东省的所有特权全部移交给日本。1919 年 5 月 1 日，梁启超将这一消息电传回中国，引发了之后 5 月 4 日的学生示威游行。100 多年以来，从 1839–1842 年的鸦片战争，到 1894–1895 年的中日战争，再至 1898 年的变法失败，中国政治军事的每一次失败都导致了中国知识分子更为深刻的改革思想。"五四"运动中的一代新学者已主张完全抛弃中国传统，这甚至对改革派的梁启超来说都有些不可思议。这种态度为马克思主义的观点提供了机会；马克思主义的观点认为，意识形态是不同物质生产方式的社会所固有，而社会的进步可以通过意识形态的转变来实现。这也恰恰迎合了当时中国对新观念的渴求。陈独秀、李大钊等新一代知识分子开始追求一种新文化，而不再是传统的改良。随后 1921 年中国共产党在上海成立，这种新文化也就相应地与"中国无产阶级文化"以及相伴随的中国社会主义政权联系在一起。林徽因从直觉上感到不能过分强调这一观点，"不管人们的意识形态如何，好的文学总是好的文学。"[77] 中国共产党取得内战胜利，并于1949年成立了中华人民共和国之后，中国无产阶级文化的形式也得到了各种不同的探索。

对《营造法式》和中国营造学社成就的重新评价，是源于20世纪40年代初兴起于延安的文化政策。中国共产党经历了1934—1935年长征之后会师延安并重组。在此，共产主义文化政策的形成其实是1941—1942年间延安整风运动的一个组成部分。它的目的在于完善党的纪律，由领导人毛泽东发起。毛泽东在中国共产党内的领导地位是由遵义会议确立的，在此次会议上，他指出此前是由于指挥不当而导致了中国南部的广大苏维埃地区的丧失，并对此展开了严厉批评。延安整风运动对于中国定义阶级斗争和群众路线是至关重要的，其中在同事监督下的"批评与自我批评"是一个关键环节。当时聚集在延安的知识分子和艺术家已有六七千人，[78] 他们从上海等大城市来到延安，其中包括如丁玲等许多著名人物。毛泽东自己也是一位颇有才华的诗人，并且负责了对知识分子的整风工作。1942年5月，毛泽东拟定了一场讨论，要求大家共同探讨他们作为"革命力量"的职责，并希望他们视自己为无产阶级（工农兵）的一员，并忠诚于共产党。经过一系列的讨论之后，毛泽东概括地指出文艺绝不能脱离阶级和阶级斗争，文艺工作者必须以新的文化形式服务于无产阶级，而不能以旧的文化形式服务于资产阶级或小资产阶级。[79] 这场文艺整风的影响是极其有效的：西方经典文化和传统中国艺术形式被改变成以抗日和解放斗争为主题的民间音乐、绘画、舞蹈等，这些创作也为中国西北广大的农村人民所喜爱。[80] 1942年毛泽东《在延安文艺座谈会上的讲话》构成了中国文化政策一个重要的定义性文件，其激进及温和的表现形式一直延续到20世纪80年代。

在这一以阶级斗争来定位的文化框架中，《营造法式》被视作是为封建帝王统治服务的记载，而在朱启钤主持下的《营造法式》研究也被当成"资产阶级趣味"的反映。20世纪50年代初期，梁思成曾积极投身于北京市的规划工作，但他保护古城的思想不断地与当时新政权的宏伟蓝图有矛盾。随后，在肃清封建及资产阶级

77 Fairbank, Liang and Lin, 第64页。

78 高新民与张树军，《延安整风实录》（杭州：浙江人民出版社，2000年）。

79 毛泽东，"在延安文艺座谈会上的讲话"，《文艺方针政策学习资料》（长春：吉林人民出版社，1961年），第106~134页。

80 各种形式的"街头文化"相继出现，例如街头画报、街头诗、街头小说1943年鲁艺秧歌队的150多人在延安周边演出40余场。参见高新民与张树军，《延安整风实录》，第256~257页。

91

文化的狂热群众运动中，梁思成历经多种人身的羞辱和惩罚，其重要原因是由于他对《营造法式》的研究工作。从 50 年代起，梁思成就一直被定义为"资产阶级学术权威"。1956 年，国务院提出"向科学进军"，这给沉寂多年的《营造法式》研究工作带来了一个难得的机会。梁思成带领清华大学建筑系的历史及理论小组，再次深入中国北方地区，继续因 1937 年中日战争而中断的实地调查。但 1957–1958 年兴起的另一次整风运动和反右派运动，再次使研究工作停顿。[81] 1961 年左右，梁思成再次获得了研究机会，他和他的助手们抓住时机在 1963 年中期完成了《营造法式》一半的注释工作。但随后一场比延安整风更加狂热和残酷的文化大革命（1966–1976 年）爆发，梁思成所完成的《营造法式》注释的上册直到 1983 年才出版（图 14），而此时梁思成已经逝去 10 多年。尽管在中国的研究工作十分困难，但日本学者继续在 20 世纪初与中国学者的联系的基础上研究《营造法式》。今天对《营造法式》最完整的注释，可能应该是竹岛卓一用日文所著的三卷的营造法式研究，于 1970 年在日本出版。[82] 此外，梁思成和刘敦桢的助手们，如莫宗江、陈明达、郭黛姮等不断推出对《营造法式》的新的研究，深入探讨法式中未提及的宋朝建筑的模数体系，及建筑群体的布局等。

　　20 世纪初期中国对《营造法式》研究的兴衰并不仅仅只是一本珍贵典籍的离奇故事。20 世纪初《营造法式》的各种版本与建筑和文化的深刻变化交织在一起，这与维特鲁威的《建筑十书》和帕拉第奥的《建筑四书》在文艺复兴及 18 世纪所出现的各种版本一样。《营造法式》成为中国建筑概念的一个重要组成元素。在朱启钤对"道"与"器"分离传统的批判里，对中国工商业的倡导下，对中国建筑研究的呼吁中，"中国建筑"这一概念在《营造法式》的研究中找到了一种具体的内容。而陶湘的传统考据学，并不只是维持中国传统典籍的中心地位，而是用来确立《营造法式》在 20 世纪早期对新的中国建筑探索中的支柱地位。同时，《营造法式》的研究为梁思成、林徽因和刘敦桢对书写中国建筑史的努力提供了一个重要焦点。梁启超极力宣扬现代史学，这一知识框架为他们的思维提供方向，并引导了他们的实地考察、历史文献研究以及他们对历史发展变化的理解。中国营造学社于 20 世纪 30 年代所做的研究为理解中国不同时期木构建筑的发展开辟了

81 参见张驭寰对 1956 年 9 月 19 日梁思成书信的背景所作的解释，杨永生编，《建筑百家书信集》（北京：中国建筑工业出版社，2002 年），第 34~35 页。

82 竹岛卓一，《营造法式の研究》（东京：中央公论美术出版，1970–1972），共三卷。

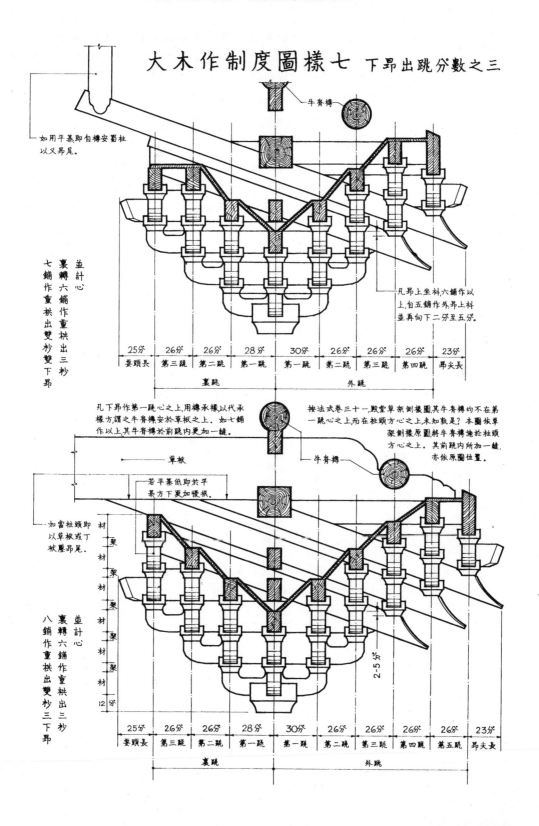

大木作制度圖樣七 下昂出跳分數之三

如用平綦即自槫安蜀柱以义昂尾。

牛脊槫

凡昂上坐枓六鋪作以上，自五鋪作外昂上枓並再向下二分至五分。

並計心
裏轉六鋪作重栱出三杪
七鋪作重栱出雙杪雙下昂

25分	26分	26分	28分	30分	26分	26分	26分	23分
要頭長	第三跳	第二跳	第一跳	第一跳	第二跳	第三跳	第四跳	昂尖長
裏跳				外跳				

凡下昂作第一跳心之上，用槫承椽以代承椽方謂之牛脊槫安於草栿之上。如七鋪作以上其牛脊槫於前跳內更加一縫。

草栿

若平綦低即於平綦方下更加慢栱。

如當柱頭即以草栿或丁栿壓昂尾。

牛脊槫

按法式卷三十一，殿堂草架側樣圖，其牛脊槫均不在第一跳心之上而在柱頭方心之上，未知孰是？本圖依草架側樣原圖將牛脊槫施於柱頭方心之上。其前跳內所加一縫，亦依原圖位置。

材 材 材 材 材 材 材
12分

2-5分

並計心
裏轉六鋪作重栱出三杪
八鋪作重栱出雙杪三下昂

25分	26分	26分	28分	30分	26分	26分	26分	26分	23分
要頭長	第三跳	第二跳	第一跳	第一跳	第二跳	第三跳	第四跳	第五跳	昂尖長
裏跳				外跳					

93

图14 梁思成《营造法式注释》
中关于大木作的插图，北京，1983 年

新的路径，同时也反映了 20 世纪初期中国对于时间和空间的深刻思想变革。这场变革可以理解为近似于梁启超、胡适和梁思成所描述的"中国文艺复兴"。至 20 世纪后半期，对《营造法式》兴趣的冷却，不可避免的是与马克思主义阶级和文化的意识形态，以及中国共产党自 40 年代延安整风以来所形成的文化政策紧密相连的。20 世纪前期，中国营造传统的重构，以及中国建筑职业和学术在中国的政治和文化发展中都在不断转变，而《营造法式》在 20 世纪初的再版、修订和注释则成为展示中国近代建筑变化的一个侧影。

4

梁思成与梁启超：编写现代中国建筑史

摘要

本文将梁思成在 20 世纪三四十年代所编写的中国建筑史著作与他的父亲梁启超（中国 20 世纪初一位颇具洞察力与影响力的人物）的史学思想联系起来，从而描绘出梁思成建筑史著作的思想背景。从这个更为广阔的思想背景来审视梁思成的著作，不仅对解释其著作本身有着重要的意义，同时也有助于进一步理解那些在 20 世纪有着深远影响的中国建筑研究思想，而这些思想中梁思成的贡献最为关键。

序言

由于对中国建筑史的编写和对中国建筑教育的贡献，梁思成已成为 20 世纪中国建筑史上最具影响力的人物之一。他是近代中国第一批留美学习建筑的人之一，并且深受美国 20 世纪 20 年代盛行的巴黎美术学院（Beaux-Arts）传统建筑教育中历史想象和设计技巧的影响。作为一名建筑历史学家，他不断地追求忠实记录与表现中国建筑历史知识的准确性。这种历史知识的准确性在当时的中国还是一个陌生的概念。他把对中国建筑的理解置于世界地理的语境中，并提倡通过坚持中国传统建筑中最本质的精神来复兴民族建筑。他的中国建筑史论著是奠基性的，迄今仍在研究中国建筑的领域中受到极大的重视。作为一名教育家，梁思成曾筹建并执教于两所大学的建筑系：沈阳的东北大学（1928-1931 年）

95

原文载于美国《建筑教育期刊》第 56 期 [Li Shiqiao, "Writing a Modern Chinese Architectural History: Liang Sicheng and Liang Qichao", *Journal of Architectural Education* 56 (ACSA, 2002), pp.35-45.]

和北京的清华大学 (1946–1972 年)。他深刻地影响了几代中国建筑师和建筑教育家，这些建筑师和教育家对 20 世纪中国建筑的发展作出了重要贡献。

梁思成的中国建筑史研究思想与他的父亲梁启超的史学思想有着深刻的渊源。把梁思成的中国建筑史著作看作是梁启超极力倡导编纂的中国文化史的一部分，这一点非常重要。中国历史是建立于世界地理空间的基础之上，这个观念深受西方"历史知识"概念的启发，并成为梁启超将中国纳入整个近代世界学术思想之努力的核心部分。但是，尽管梁启超接受了西方的知识体系，在他的国家复兴概念核心中，儒家思想仍然被认为应该予以保留和继承。他指出，19 世纪末中华帝国试图立足于世界之林的挫败，应该导致的是中国传统文化的复兴，而不是摒弃。

梁思成与中国建筑史研究

梁思成出生于日本，其时适逢梁启超政治流亡。1924–1927 年，梁思成先后在宾夕法尼亚大学和哈佛艺术与科学研究生院学习建筑。1931 年加入中国营造学社之后，他开始对中国建筑进行研究。中国营造学社是一个私营学术机构，由退休官员朱启钤于 1930 年创立。梁思成的研究以《营造法式》为焦点，《营造法式》是一部北宋年间由李诫编纂的用来建造京城宫廷建筑的工程手册。朱启钤于 1919 年发现了《营造法式》的一个摹本，并于 1925 年把它重新校订出版。梁启超在梁思成留美学习期间曾将此书寄给儿子。当时梁思成完全不解《营造法式》中那些专门用来描述宋式建造方法的生涩词语，而他对宋式建筑知识也非常缺乏。于是，梁思成决定先集中精力研究另一部写于清朝的建造手册《清工部工程做法则例》(1734 年)，因为这一时期的建筑现存数量众多。 1932 年，在完成《清工部工程做法则例》研究的基础上，梁思成开始着手深入研究《营造法式》。

有助于深入理解《营造法式》的另一重要突破是在中国偏远地区发现的一系列建于宋代前后的遗构。1932–1937 年间，梁思成和他的同事考察了中国北部约 137 个村庄，详细测量了数以千计的历代建筑物，并将成果发表在中国营造学社的季刊上。梁思成学术研究的巅峰毫无疑问是在 1944 完成的《营造法式》中最重要部分"大木作"的注释，以及《中国建筑史》中文与英文两个版本的手稿。可惜这些手稿在梁思成有生之年并未正式发表。中文版《中国建筑史》曾在 20 世纪 50 年代作为辅助教材由清华大学非正式印刷，但直到 1985 年才正式出版。[1] 英文版《图像中国建筑史》（A Pictorial History of Chinese Architecture）1984 年由麻省理工大学出版社出版。此外在 20 世纪三四十年代的一些英文刊物上，如《铅笔画》（Pencil Point），《亚洲杂志》（Asia Magazine）和 《美国大百科全书》（Encyclopedia Americana），梁思成发表了一些关于中国建筑诸多方面的英文论述。[2]

梁思成学术上的巨大成就被广泛地承认和接受。例如，1946 年享有盛名的清华大学邀请他筹建建筑系，1947 年他应邀赴美在耶鲁与普林斯顿大学讲演，并被普林斯顿大学授予名誉博士。1947 年，梁思成代表中国参加了联合国总部的方案设计，与勒•柯布西耶（Le Corbusier）、奥斯卡•尼迈耶（Oscar Niemeyer）等世界著名建筑师一同工作。梁思成的研究成果，为其后的中国建筑史研究奠定了坚实的基础。[3]

在梁思成的中国建筑史著作中，一个显著的特点是通过更为准确地记录与描述历史发展来编写中国建筑的历史知识的观念。这个观念如今似乎习以为常，但对于 20 世纪初的中国却意义重大。这个历史知识的核心部分是一个重要概念，即可考证的"史实"以及史实间相互联系是历史的基石。在《曲阜孔庙之建筑及修葺计划》一文中，梁思成认为"以往的重修，其唯一的目标，在将已破敝的庙庭，恢复为富丽堂皇、工坚料实的殿宇；若能拆去旧屋，另建新殿，在当时更是颂为无上的功业或美德"。[4] 因此，他认为曲阜孔庙修葺计划的目的在于保存中国传统建筑的原状。1934 年，梁思成在某家报刊发表了一篇文章，评论刚刚出版的乐嘉藻所著《中国建筑史》一书。文中，梁思成批评该书缺乏严谨性，认为作者将个人的猜测和精确的文献记载与历史分期等问题混为一谈。[5] 梁思成意识到，当时日本和欧洲的历史学家关于中国艺术与建筑史的研究，由于缺乏准确的实物纪录而存在较大缺陷：他认为西乐恩在写北京建筑时"随意"使用资料；西乐恩和恩斯特•鲍希曼（Ernst Boerschmann）经常只借用第二手材料，并且他们对中国建筑的描述由于缺乏对中国建筑"文法"的理解而很不准确；日本建筑学家伊东忠太则只关注古代部分。因

1 梁思成，《梁思成文集》（北京：中国建筑工业出版社，1985 年），第三卷。

2 参见 Liang Ssu-ch'eng, "China's Oldest Wooden Structure", *Asia Magazine*（《亚洲杂志》），1941 年 7 月，第 384~387 页；"Five Early Chinese Pagodas", *Asia Magazine*（《亚洲杂志》），1941 年 7 月，第 450~453 页，Liang Ssu-ch'eng, "China: Arts, Language and Mass Media", *Encyclopedia Americana*（《美国大百科全书》），以及 Liang Ssu-ch'eng, "Open Spandrel Bridge of Ancient China-I, the An-chi Ch'iao at Chao Chou, Hopei", *Pencil Points*（《铅笔画》），第 19 期，1938 年，第 25~32 页；"Open Spandrel Bridge of Ancient China – II, the Yung-t'ung Ch'iao at Chao Chou, Hopei", *Pencil Points*（《铅笔画》），第 19 期，1938 年，第 155~160 页。

3 梁思成研究成果可在刘敦桢的《中国古代建筑史》（北京：中国建筑工业出版社，1980 年）中看到。刘敦桢是中国营造学社研究成果的主要贡献人之一。

4 林洙，《建筑师梁思成》（天津：天津科学技术出版社，1997 年），第 64 页，第二版。

5 梁思成，《中国建筑史》（香港：三联书店，2000 年），第 316 页。

6 同上，第 315 页。

7 林洙，《叩开鲁班的大门——中国营造学社史略》（北京：中国建筑工业出版社，1995 年），第 32 页。

8 关于巴黎美术学院的论述，参见 Arthur Drexler, ed., *The Architecture of the Ecole des Beaux-Arts* (New York: The Museum of Modern Art, 1977) 以及 Robin Middleton, ed., *The Beaux-Arts and Nineteenth-Century French Architecture* (Cambridge, Massachusetts: The MIT Press, 1982)。关于克瑞的更多论述详见 Theo White, *Paul Philippe Cret: Architect and Teacher* (Philadelphia: The Art Alliance Press, 1973) 以及 Elizabeth Grossman, *The Civic Architecture of Paul Cret* (Cambridge: Cambridge University Press, 1996)。另外有关克瑞继承和维护巴黎美术学院传统的论述，参见 Paul Cret, "The Ecole des Beaux-Arts: What Its Architectural Teaching Means", *Architectural Record 23* (1908)，第 367~371 页。

9 Wilma Fairbank, *Liang and Lin: Partners in Exploring China's Architectural Past* (Philadelphia: University of Pennsylvania Press, 1994)，第 26 页。

10 林洙，《建筑师梁思成》，第 22 页。

图 1 宋营造法式大木作制度图集要略，《图像中国建筑史》的插图

图 2 朱启钤校订的《营造法式》1925 年版图例

此唐宋间的重要遗构，如由梁思成发现的佛光寺大殿 (857 年) 和应县佛宫寺木塔 (1056 年)，还有待研究。[6]

在研究中国建筑的过程中，梁思成所追求的更为准确的记录和表现手法与他在美国所学的新建筑知识和技巧密不可分。他高度评价了弗莱彻的《建筑史》。对梁思成来说，此书代表了当时建筑历史研究的"最高国际标准"。[7] 在重新注释《营造法式》时，梁思成和他的研究小组建立了一套全新的制图标准来描述中国建筑。如果将他们的图释（图 1）与 1925 年朱启钤重刊的《营造法式》图释（图 2）相对照，可以清楚地分辨出其中的差别。而他们考查过程中大量的笔记与草图也体现了同样的差异（图 3）。文艺复兴以来随着投影与透视画法的兴起，这种图像表现手法的准确性成为西方建筑传统的核心。它从本质上有别于中国传统营造业中依靠文献解释而非准确的图像描述的方式。

梁思成其他一些表达技巧则与巴黎美术学院的传统有关。梁思成在宾大学习时的老师保罗·菲利普·克瑞在巴黎美术学院表现出色，并且在宾大任职期间引进了巴黎的建筑教育模式。[8] 学生时代的梁思成曾两次获设计金奖，[9] 成绩经常名列前茅。[10] 在宾大期间，梁思成的习作包括临摹弗莱彻的《建筑史》和 1840 年巴黎出版的保罗·利特如里（Paul Letarouilly）的《现代罗马建筑》

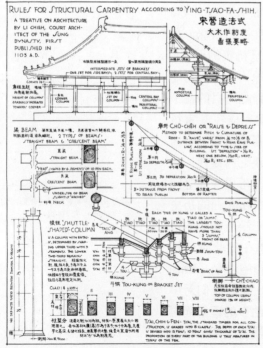
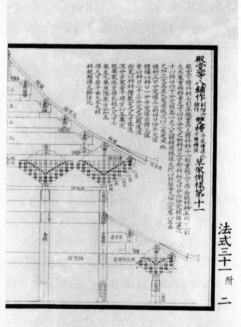

图 3 佛宫寺释迦塔（1056 年）
底层平面测绘草图，中国营造学社，
1933 年

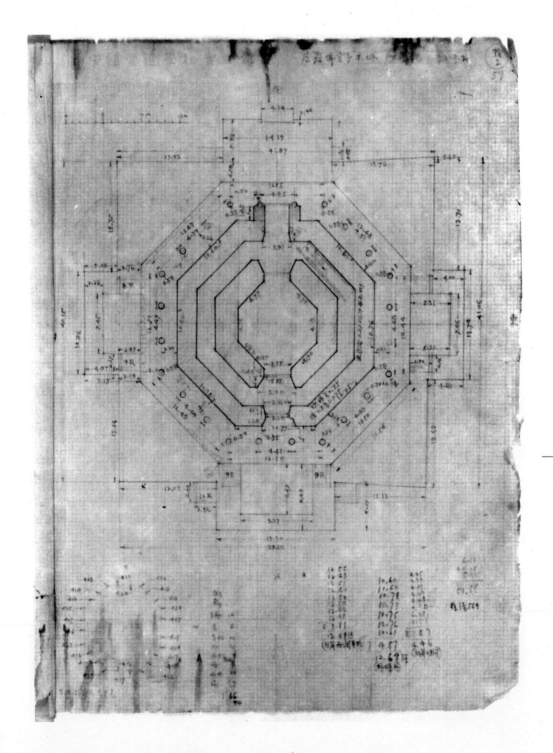

11 参见梁思成,《梁思成建筑画》(天津:天津科学技术出版社,1996年)。其中收录了一些梁思成在宾大的习作。

12 林洙,《建筑师梁思成》,第21~22页。

13 Fairbank, *Liang and Lin*,第26页。

14 在梁思成1945年3月9日致梅贻琦书信中,曾提到修改建筑教育方向的问题。赵炳时、陈衍庆编,《清华大学建筑学院(系)成立五十周年纪念文集1946-1996》(北京:中国建筑工业出版社,1996年),第3~4页。

15 梁从诫编,《林徽因文集:建筑卷》(天津:百花文艺出版社,1999年),第1页。

16 梁思成,《中国建筑史》,第3页,和 Liang Ssu-ch'eng, *A Pictorial History of Chinese Architecture* (Cambridge, Massachusetts: The MIT Press, 1984),第3页。

17 梁思成、刘致平,《建筑设计参考图集》(北京:中国营造学社,1935年),第一集,第5~6页。

18 Liang, *A Pictorial History*,第10页,以及《中国建筑史》第7页。

(Édifices de Rome Mederne)中的作品。[11] 尽管在制图和水彩方面有很高的天资,梁思成对巴黎美术学院的传统仍然心存疑虑。在校时他就曾写信给父亲,抱怨宾大的训练方式具有匠人的秉性。[12] 后来他曾遗憾地表示,在美国学习期间错过了当时正在兴起的格罗皮乌斯和密斯的现代主义思潮的影响。[13] 在1947年的美国之旅与一些世界建筑大师接触后,梁思成于1947-1952年间在清华大学建筑系试行了一套颇受包豪斯启发的教程。[14] 尽管如此,巴黎美术学院的视觉表现传统仍然成为梁思成编写中国建筑史过程中最为突出的表达手法。这些精美的绘图不仅在创建古希腊、古罗马建筑的经典样式过程中(例如罗马建筑大奖获得者的测绘图)是最有效的工具,而且也是把这些规则样式向学生传授的最佳媒介。

梁思成与其研究小组的主要目标之一就是将中国建筑置于世界范围的地理语境和历史发展中。因此,他强调,中国建筑是世界建筑体系中的一个完整独立的体系,它的起源可以追溯到上古的雕刻,它的鼎盛时期不仅创造了像《营造法式》这样的建造规范典籍,而且还有他们在田野考察中发现的重要遗构作为范例。梁思成的夫人,也是梁思成在学术上的合作者林徽因,就将中国建筑连同印度和阿拉伯建筑并称为亚洲三大建筑体系。[15] 梁思成还认为,中国建筑体系和其他的古典建筑体系一样,同属于世界建筑体系的一部分,它可以与诸如埃及、巴比伦、希腊、罗马和美国的建筑相媲美。[16] 梁思成曾欣喜地指出,中国建筑中的台基与柱础的设计样式是以印度佛教建筑为中介而受到希腊建筑的影响。这正是把中国建筑当作世界建筑体系发展的一部分的证明。[17]

梁思成丰富的西方建筑知识促使他在表现中国建筑时将中国建筑与西方建筑相互对照、相互联系。其中"中国柱式"的概念,即中国的木结构建筑中将木架和柱结合起来作为主要的横向和竖向支撑,就是一个将中国建筑与西方建筑精心联系起来的明显例子(图4)。[18] 同样,梁思成运用了巴黎美术学院表现上的技巧,凭借这些技巧对各种风格与文化的广泛适应性,将中国建筑置于世界的地理语境和历史发展中。在渲染中国木构建筑时,梁思成使用了与传统表现古希腊和古罗马建筑相似的表达方法(图5),试图将中国建筑纳入到世界建筑的谱系中。

在将中国建筑置于世界的地理语境和历史发展时,

图 4 中国建筑之"柱式"，《图像中国建筑史》的插图

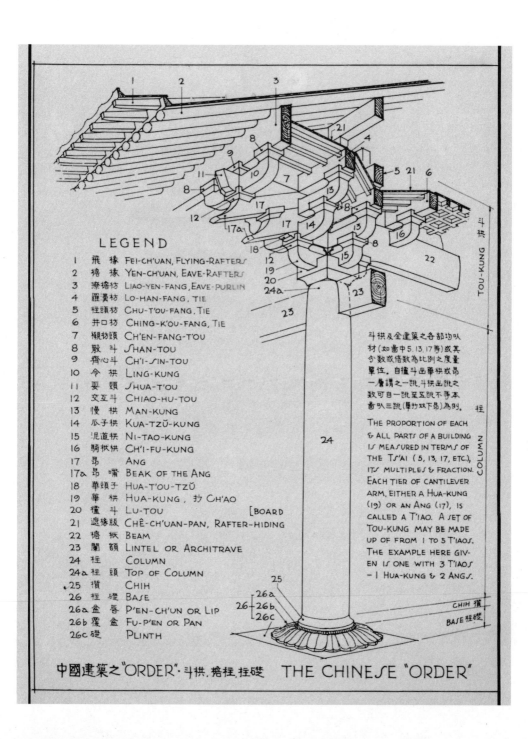

图 5 佛宫寺释迦塔（1056 年）
水墨渲染。中国营造学社，1934 年

梁思成进一步指出，尽管大量古建筑正在被遗弃和改造，中国传统建筑对当代建筑设计仍具有极大的借鉴价值。梁思成和他的研究小组竭力探寻中国建筑中的一些最基本的原则。这些原则表明中国建筑存在某些与西方古典和现代建筑设计相似的特性。《营造法式》中以材、《清工部工程做法则例》中以斗口的宽度为基本度量单位，与西方古典建筑传统以柱径为基本单位一样，表现出模数化和精细的基本精神。[19] 中国建筑的木构体系被视为预示了建筑结构体系从实墙到框架的演进，这种演进在现代建筑设计中的混凝土与幕墙结构中达到极致。[20] 唐宋建筑中暴露结构构件的特征与现代建筑设计中忠实结构的原则相吻合。[21] 梁思成与林徽因指出，至少在某个时期内，中国建筑与维特鲁威衡量西方建筑的最基本的坚固、实用和美观原则相一致。[22]

此外，梁思成还提出了中国建筑衰落与重生的设想。明清时期（约 1400–1900 年）的中国建筑表现出停滞和僵化。这一时期远逊于鼎盛时期的唐宋（约 600–1400 年），唐宋时期的建筑真实地反映结构，充满生机。[23] 因此，中国建筑如同一个生命体具有诞生期、青年期、成熟期和衰老期一样，也经历了成长和衰落，以至枯燥、无力和毫无创意这个过程。但是，这个"退化"正是中国建筑再生的时刻。[24] 梁思成在《建筑设计参考图集》的前言中指出，中国涌现出的"新建筑师"将"依其意向而计划"，正如欧洲文艺复兴的新建筑师从中世纪"盲目地在海中漂泊"的匠师们中涌现出来一样。他声称这本《建筑设计参考图集》的出版将会对中国新建筑师的建筑创造起指导作用。[25]

梁启超与中国史学新知识

在梁思成编写中国建筑史的过程中，他对准确的实物纪录的追求，对世界范围的地理空间和历史时间意识，以及对中国传统重生的倡导，与他的父亲梁启超极具影响力的众多著作中所呈现出的广阔知识结构紧密相连。正如处于现代化进程中的许多国家的思想家们一样，梁启超努力调和了新知识的冲击和国家本体文化维持中的矛盾。

梁启超的思想被誉为"近代中国的智慧"，[26] 其缘由是多方面的。他一生跨越了清末到民国这段社会深刻变革的时期。梁启超生于 1873 年，是接受儒家传统教育，

19 梁从诫编，《林徽因文集：建筑卷》，第 94 页，以及梁思成，《中国建筑史》，第 5 页。

20 Liang, *A Pictorial History*，第 8 页；梁从诫编，《林徽因文集：建筑卷》，第 93 页，以及梁思成，《中国建筑史》，第 4 页。

21 梁从诫编，《林徽因文集：建筑卷》，第 99 页。

22 同上，第 98~101 页。

23 对明清建筑，汉宝德特别提出与梁思成相异的见解，参见汉宝德，《明清建筑二论》（台北：境与象出版社，1988年）。

24 梁从诫编，《林徽因文集：建筑卷》，第 111 页。

25 梁思成、刘致平，《建筑设计参考图集》，前言部分。

26 参见 Joseph Levenson, *Liang Ch'i-ch'ao and the Mind of Modern China* (Cambridge, Massachusetts: Harvard University Press, 1953)。

27 参见 Tang Xiaobing, *Global Space and the Nationalist Discourse of Modernity: the Historical Thinking of Liang Qichao* (Stanford, California: Stanford University Press, 1996), 第 2 页, 原文引自 Levenson。

28 在 Levenson, *Liang Ch'i-ch'ao* 一书第 82 页中, 梁启超被描述为 "明显是鸦片战争后中国思想界的领袖"。另外, 胡适在《四十自述》中写道, "这时代是梁先生的文章最有势力的时代, 他虽不曾明白提倡种族革命, 却在一班少年人的脑海里种下了不少革命种子"。五四运动的思想精神, 如果除掉革命热情外, 大部分将归结到梁启超的思想著作中。参见 Philip Huang, *Liang Chi-chao and Modern Chinese Liberalism* (Seattle and London: University of Washington Press, 1972), 第一章, 第 3~10 页, 以及 Tang Xiaobing, *Global Space*, 第 169~174 页。例如, 陈独秀 (1880–1942 年), 中国共产党的奠基人与《新青年》的主编, 曾在《驳康有为致总统总理书》一文中说: "后读康先生及其徒梁任公之文章, 始恍然于域外之政教学术, 粲然可观, 茅塞顿开, 觉昨非而今是。吾辈今日得稍有世界知识, 其源泉乃唯康梁二先生之赐, 是二先生维新觉世之功, 我国近代文明史所应大书特书者矣。厥后任公先生且学且教, 贡献于国人者不少" (《新青年》第二卷, 第二期, 1916 年, 第 1 页)。毛泽东将他的学生组织命名为 "新民学会", 这与梁启超的著作中有关新民的论述密切相关。最近重新出版了《梁启超全集》(北京: 北京出版社, 1999 年)(共十卷)是本文中所有相关引用的来源。

29 这些观念已在所谓的《四书》中成为典范, 并由《三字经》等普及读物流传开。梁启超与康有为对它们的真实性却提出质疑。参见 Feng Yu-lan, *A Short History of Chinese Philosophy* (New York: The Free Press, 1948); Herbert Fingarette, *Confucius–the Secular as Sacred* (New York: Harper Torchbooks, 1972) 以及 Raymond Dawson, *Confucius* (Oxford: Oxford University Press, 1986)。

成为文人士大夫的最后一代。但他却成为接受西方知识, 努力在现代世界之林中为中华民族构建新未来的先驱。梁启超在学生时代, 他所接触到的知识传统中唯一的地域空间概念为 "天下", 泛指所有儒家思想影响下的地域空间。然而在 19 世纪末中国与西方诸强的暴力对抗中, 中国人思想里的这一观念由 "天下" 开始 "退缩" 为 "世界中之一个国家"。[27] 就在这个深刻的转变过程中, 梁启超在较短的时间内大量吸收西方知识, 而他的重构中国政治与文化的图景也在不断地调整改变。总的来看, 他早期的改良活动 (1895–1898 年) 有效地对晚清的 "自强" 运动重新定义, 改变了 19 世纪末中国面对列强的接连惨败时只增强国家军事力量的观念。百日维新失败后, 梁启超流亡日本。在此期间, 他迅速阅读了大量的日文译本, 从而建立了他对西方文化的知识结构的认识。梁启超的主张尽管与当时的政治革命运动相对立, 新一代富有思想的革命者仍然从他那里受到了鼓舞。1911 年辛亥革命后, 梁启超作为一位政府要员活跃在中国的政治舞台上。在晚年 (1917–1929 年), 他极力呼吁重新思考中国的儒学传统, 并提醒国人全盘西化的弊端。梁启超对现代中国的影响是巨大的,[28] 在这点上, 与其说是因为他学术思想的创新与深刻, 倒不如归结为他以一种简单明了的方式, 向中华民族展现了新的前景。

可能在梁启超看来, 需要解决的最基本问题是儒学的归宿。毋庸置疑, 儒学已经成为两千多年来影响中国家庭、社会以及国家的思想意识支柱。儒学中人的幸福与人格的概念, 可见证于人与人之间的关系被仪式化 ("礼" 的概念) 的、世代积累的文明模式。这种模式最终演变成关于家庭关系、社会结构及国家制度的严格准则。另一方面, 儒学还依赖于作为道德理想和礼仪内容的 "人性" ("仁" 的概念)。[29] 从本质上, 儒学似乎可以视为一种世俗生活的伦理道德, 而非基于神权和超自然力量的宗教信仰。在重新审视儒家思想的同时, 梁启超认识到, 应将具有改良成分的 "人性" 思想从表现于家庭关系、社会结构、国家机构和学术形式的具有保守成分的 "道德准则" 中区分开来。对梁启超与同时代的改革者而言, 这的确是一个重要转变。这个转变使这些改革者强调儒家思想中可改良的一面。他们能够像西方学者自文艺复兴以来重新定义 "知识" 的概念一样, 重新建构中国的传统知识。梁启超把来自培根的经验主义

与来自笛卡儿的理性主义视为重新塑造现代知识体系的
两个主要力量。这两种思想通过康德的综合，形成了现
代思想体系的基础。尽管这些知识与梁启超先前所受的
传统教育毫不相关，但他认为，正是这个思想体系，使
得西方文明通过启蒙思想、增强经济和发展军事而变得
强盛。"近世史与上世中世特异者不一端，而学术之革新，
其最著也。有新学术，然后有新道德，新政治，新技术，
新器物。有是数者，然后有新国，新世界"。[30]

梁启超一生的各个阶段一直伴随着重新思考儒学传
统与接受新观念之间的对立。然而在他不断调整自己学
术思想的过程中，我们可以看到，历史与地理学的知识
成为他所渴望在中国建立的新知识体系的核心。[31] 在黑
格尔历史观的基础上，历史可以理解为是通过具有特定
意义和目的的"发展"与"变化"这一模式建立了"时间"
的概念。利用这个时间概念，我们可以对过去、现在和
将来的关键概念有所把握。但这个"时间"概念在中国
的学术传统中往往很不明显。另一方面，世界地理为人
们建立起一个全球范围的空间。在这个空间中，历史可
以充当一个建立关系和解释差异的角色。

梁启超流亡日本时曾创办过几份报纸，其中《新民
丛报》于 1902 年发表了《新史学》一文。文中说，"史
学者，学问之最博大而最切要者也。国民之明镜也，爱
国心之源泉也。"[32] 梁启超认为西方文明的成功应大半归
功于坚实的史学基础。1922 年，他在一篇颇具影响的《中
国历史研究法》一文中陈述道，新史学的最终目的是把
中国民族置于国家的标准下，去看待它的过去、它的特
征以及它在全人类中的位置。[33] "是故新史之作，可谓
我学界今日最迫切之要求也已"。[34]

这其中，史学观中的"新观念"至关重要。梁启超
极力强调，中国的文献记录可能最为久远。这一传统跨
越几千年，汇集了浩如烟海的历史材料。古代的史官向
来也"兼为王侯公卿之的高等顾问"。[35] 但他也痛心地指
出，虽然这些记载对了解中国的历史非常重要，但"都
计不下数万卷，幼童习焉，白首而不能殚"。[36] 在中国的
朝代更迭中，每一次新帝始作元年的传统和通过抑制前
朝记载来重新宣布"新的正统历史演绎"的做法，造成
了时间与空间的瓦解，增添了成堆令人困惑的历史资料。

对为什么在中国没有发展出一个坚实的史学基础的
问题，梁启超归纳出四个主要原因："一曰知有朝廷而

30 梁启超，《梁启超全集》第二
卷，《近世文明初祖二大家之学说》，第
1030–1035 页；另参见《论学术之势力
左右世界》，第 557~560 页。

31 关于梁启超重新构想世界范围的
空间时，对"人类学空间"概念的贡献，
参见 Tang Xiaobing, *Global Space*。

32 梁启超，《梁启超全集》第二卷，《新
史学》，第 736 页。

33 梁启超，《梁启超全集》第七卷，《中
国历史研究法》，第 4091 页。

34 同上，第 4087 页。

35 梁启超，《梁启超全集》第二卷，
《新史学》，第 736 页，以及第七卷，《中
国历史研究法》，第 4092 页。

36 梁启超，《梁启超全集》第二卷，
《新史学》，第 737 页，以及第七卷，《中
国历史研究法》，第 4087 页。

37 梁启超，《梁启超全集》第二卷，《新史学》，第 737~738 页。

38 梁启超，《梁启超全集》第七卷，《中国历史研究法》，第 4102 页。

不知有国家"，古代的记载大多只叙述宫廷生活而不注重像"国家"这样的集体概念；"二曰知有个人而不知有群体"，他们把注意力放在编写统治者一人的生平传记上，而没有考虑"群体"；"三曰知有陈迹而不知有今物"，只是沉醉于古迹中，而丝毫不对当今现实作思考。"四曰知有事实而不知有理想"，他们只是叙述事实而不考虑其间的关联。[37] 例如，孔子（公元前551－公元前479年）的《春秋》就缺乏历史真实性，其内容通常太粗略而缺乏中心（流水账似的叙述），而且只关注统治阶层。此外，这些著作有时被扭曲用来为道德体系和政权制度辩护（隐恶扬善）。[38] 由此，梁启超总结道，在这些成千上万的著作中没有一本可真正称其为历史。

梁启超的新史学观以史实及对它的辨别、收集和分析的准确性为基础。在他的新定义中，历史是对人类社会整体性运动的记录，对功绩的评估、及发展规律的洞悉。在他 1926–1927 年间所著的《中国历史研究法（补篇）》一文中，梁启超开始强调"专史"的写作。这里，"专史"指专家对人物、事件、物品、地点和时段的历史的著述，并以此成为中国通史中不可或缺的部分。专门化增强了对专门领域的历史知识的认识深度，继而加深对通史的理解。梁启超认为这一点正是知识发展的基础。[39] 梁启超在 1926–1927 年间即认为，辨别和分析"主系"的盛衰及其影响是"专史"中最重要的工作之一。[40]

39 梁启超，《梁启超全集》第八卷，《中国历史研究法（补篇）》，第 4876 页。

40 同上，第 4878 页。

41 同上，第 4876 页。

梁启超 20 世纪 20 年代的史学著作与 1902 年的《新史学》中一个重大的差异是：他 20 年代开始强调"文物"专史，他声称文物史是所有专史中最重要也是最难的部分。[41] 在对文物专史中的"史料"作出定义时，梁启超举出很多建筑环境中的例子，从埃及的金字塔、意大利文艺复兴的城市、北京古城，到著名的云冈和敦煌石窟的雕塑。[42] 建筑及桥梁、壁柱、栏杆、石门、土地契约、砖瓦（梁启超认为中国缺乏石头导致砖瓦广泛用作建筑材料）都是文物专史的材料。1927 年梁启超在《中国文化史》中，有一章草述了在古籍研究的基础上建立的中国城市史。该文化史的其他部分涉及了血统、家庭、婚姻、阶级和管理体系等文化领域。[43] 梁启超提出，中国的城市一直是中央集权管理的一部分，欧洲的城市则成长于自由贸易和自主政府，对于中国城市的研究必须牢记此重要分别。[44] 梁启超认为远古的中国城市是储存食物的地方，而近代的城市则可分为政治、军事和经济

42 梁启超，《梁启超全集》第七卷，《中国历史研究法》，第四章，《说史料》，第 4106~4120 页。

43 梁启超，《梁启超全集》第九卷，《中国文化史》，第 5079~5129 页。

44 梁启超，《梁启超全集》第八卷，《中国历史研究法（补篇）》，第 4857 页，和《中国文化史》，第 5109 页。

性城市几大类。中国古代城市的法律和市政体制与设施，诸如土地契约、治安、消防以及市长等市政职务，早在西方之前很久就已出现。

在认识到中国文化遗迹数量巨大的同时，梁启超也深痛于它们被破坏、忽视，以及大量流失后被私人或他国收藏的命运。"今之治史者，能一改其眼光、知此类遗迹之可贵，而分类调查搜积之，然后用比较统计的办法，编成抽象的史料，则史之面目一新矣"。[45] 60 年前庞贝古城的发现刷新了对罗马帝国的认识，而宋巨鹿城（建于 1108 年）的发现却导致它被掠夺和破坏。[46] 梁启超呼吁道，我们不能再让此种文化遗迹消失。

梁启超对新史学知识的迫切愿望与他对世界地理空间及其含义的认识是密不可分的。我们已认识到：中国的空间概念从"天下"到"世界中之一个国家"的转变对梁启超的想象产生了极为深远的影响。梁启超在 1901 年的一篇关于中国历史的文章中即称"历史与地理，最有密切之关系"，而此点亦被畜牧业的发展与高原，农业和平原，商业与海滨、河滨的紧密联系所证实。[47] 在近代的历史发展中，沿海民族取代了平原民族成为了历史的主导力量。中国作为一个国家却没有中文名字，此点也反映了中国对世界地理缺乏了解。现今使用的"中国"显得十分傲慢，外国人使用的"支那"一词却对中国人很不尊敬。[48] 梁启超对世界地理知识的增长使得他对以前模糊不清的"西方"概念有了更细致的定义：他把其他国家理解为政治和民族的实体，因此使得中国在世界上有一清晰的定位。这一点在他的"新民说"[49]和"新史学"中得到证实。

从 1917 年（当时梁思成 16 岁）到 1929 年去世，梁启超一直强调，中国文化具有克服欧洲文化里科学和资本主义内在问题的潜力，这个想法在他目睹了第一次世界大战的破坏之后显得特别明显。[50] 梁启超对儒学价值的重新认识受到了康有为儒家改良思想的影响。在西方文献学和文献批评学的影响下，康有为把清朝学者对儒学古籍的研究转变成维新的教义。真正的孔子著作是支持变革的，只有伪儒学才是反对变革的。[51] 康有为认为孔子早在《春秋》的《公羊传》里"三世"的观点中就描绘了"太平"盛世，一个大同、民主、平等和富裕的盛世。这一认识强调说明了儒学涵盖了现代全球政治的目标。

45 梁启超，《梁启超全集》第七卷，《中国历史研究法》，第 4108 页。

46 同上。

47 梁启超，《梁启超全集》第一卷，《中国史序论》，第 450 页。

48 同上，第 449 页。

49 梁启超，《梁启超全集》第二卷，《新史学》，第 736~753 页。

50 见 Hu Shih, *The Chinese Renaissance* (New York: Paragon Book Reprint Corp., 1963), 第 91 页。

51 Levenson, *Liang Ch'i-ch'ao*, 第 34~37 页。

52 关于"体用"的讨论，参见丁伟志与陈崧，《中西体用之间：晚清中西文化观述论》（北京：中国社会科学出版社，1995年）。关于晚清历史概述，参见 Jonathan Spence, *The Search for Modern China* (New York and London: W. W. Norton & Company, 1990), 第 2 章，"Fragmentation and Reform"，第 137~268 页。

53 Levenson, *Liang Ch'i-ch'ao*，第 27~28 页和尾注 63。

54 梁启超，《梁启超全集》第五卷，第 3065 页。

55 梁启超，《梁启超全集》第五卷，《清代学术概论》，第 3106~3109 页。

在认同这些观点的同时，梁启超赋予了"体用"学说（即"中学为体，西学为用"）世界性时空的思维框架。清政府在 1844 年鸦片战争后由于明显的军事弱势而提出"体用"学说，目的为重建军事强势。[52] 清朝的官员，如曾国藩（1811–1872 年）和李鸿章（1823–1901 年）意识到西方各国的强大，认为中国的相对弱势是武器而不是知识。他们开始"自强"运动，购买枪炮、战舰和制造武器的机器，派送年轻的中国学生到欧美学习这些课程。但是，中国在 1894–1895 年间中日战争中的惨败和之后的割地赔偿使得梁启超坚信，中国的弱势在于知识传统的落后。1895 年，梁启超和他的老师康有为发起公车上书，导致了 1898 年清朝政府在商业、工业、农业、军事和人事上的"百日维新"。当时，梁启超由于提倡把西方书籍翻译为中文而被任命主理译书局事务。[53]

在确认儒学的基本指导价值的同时，梁启超以古代中国发明航海术和印刷术为例极力说明，中国人在很多方面有更胜于西方的成就。在他看来，中国人也是现代文明的合法继承人。在尝试叙述现代文明同样也在中国得到发展时，梁启超对欧洲文艺复兴中通过复兴传统进行深刻现代化的过程（"由复古得解放也"）感受极为强烈。在革命热潮汹涌的当时，这一点很大程度上印证了梁启超的改良观点。也许在强调"复兴"的重要性时，梁启超看到了无须暴力革命的破坏而进行深远的知识变革的可能性。1920 年在给蒋百里的《欧洲文艺复兴史》所做的序中，梁启超强调了文艺复兴对人性和世界空间的发现这一成就。[54] 同时，在他的《清代学术概论》中，梁启超论述了儒学的衰落，并把清代学者对儒家古籍的兴趣和 15 世纪意大利对古罗马和古希腊的热衷联系起来。对他来说，这就是中国文化"复兴"的征兆。梁启超指出，欧洲的文艺复兴是由艺术领域的复兴所推动的，而"大清复兴"则在文学研究。这一点很快就被梁启超解释为由地中海国家多变的地理环境文化（"景物妍丽而多变"）和中国的"平地文化"所决定。因此，我们必须介绍西方国家的艺术成就，这样新的流派和传统就能从我们自己的文化遗产中发展起来。在评述欧洲的文艺复兴时，梁启超预测，中国将会有学者运用最先进的"科学方法"对中国的古籍进行分类和研究，去其糟粕，留其精华。[55]

梁启超和梁思成

　　梁启超在梁思成的思维视野中是成就巨大的人物，他对儿子的塑造是多方面的。梁启超对梁思成的学业成长做了计划，先将儿子送往北京的一所英国学校（1913年），接着把他送往按美国高中模式兴建的选拔优秀中国学生的清华学堂（1915 年）。1920 年，梁启超让儿子参加了两个旨在促进中国西学的社团的活动：共学社和讲学社。共学社致力于翻译西方的书籍。梁启超要求梁思成兄弟们于 1921 年夏天翻译 H. G. 威尔斯（H. G. Wells）内容广泛的《世界史纲》一书，以使他们接触到欧洲史学的实例。[56] 梁启超的好友丁文江帮助梁氏兄弟翻译了威尔斯一书。丁文江早就形成了历史发展可喻为生物体的观点。[57] 梁思成承继了此历史的生物比喻，并在描述中国建筑史时常常使用。另外，讲学社邀请了杰出的思想家，如约翰·杜威（John Dewey）、伯特兰·罗素(Bertrand Russell)、汉斯·杜里舒 (Hans Driesch) 和拉宾德拉纳特·泰戈尔 (Rabindranath Tagore) 为中国听众演讲。其中，泰戈尔更是在中国激起了情感上的波动，因为作为新近的诺贝尔文学奖获得者，泰戈尔不仅是亚洲的，也是世界的杰出人物。梁思成和林徽因曾在北京陪同过泰戈尔。正是泰戈尔这个象征性人物使得梁启超看到了中国文化的将来，既具民族性也有全球意义。

　　怀着通过学习西方知识而复兴儒学的目的，梁启超在 20 世纪 20 年代初的夏天开始给他的儿女讲解儒学经典。这种讲解开始于他流亡日本时，那时梁启超在晚饭后的家庭小聚中以讲故事的形式向其子女传授儒学经书。梁思成因在1923年车祸受伤而推迟一年去美国学习，梁启超要求他利用这个时期背诵儒学经书。[58] 梁思成去宾夕法尼亚州后，梁启超给他的信中充满了自信和温和的教导，充分体现了具有现代自由成分的儒家社会结构观中最基本的父慈子孝思想。梁启超强烈的长辈使命感使他建议，梁思成和林徽因的蜜月旅行应该考察北欧的"有意思的现代建筑"和土耳其的伊斯兰建筑。[59] 梁启超决定为儿子接受在沈阳的东北大学创建建筑系的邀请，那时梁思成夫妇正在欧洲旅行，因而没有事先得到通知。

　　可以这么认为，梁启超对文物专史的强烈关注成为梁思成毕生编写现代中国建筑史的动力。1927 年在申请到哈佛艺术与科学研究院从事中国宫殿历史研究的博士

56 Fairbank, *Liang and Lin*，第 15~16页。梁启超的密友丁文江和梁思成的清华同学徐宗漱以及吴文藻也参与编写。

57 Charlotte Furth, *Ting Wen-Chiang, Science and China's New Culture* (Cambrideg, Massachusetts: Harvard University Press, 1970)，第 80~81 页。

58 Fairbank, *Liang and Lin*，第 19 页。

59 同上，第 31 页。

60 同上，第 28 页。

61 赖德霖，《 "科学性"与"民族性"：近代中国的建筑价值观》，《建筑师》62 期（1995 年 2 月），第 51 页。

62 梁启超，《梁启超全集》第十卷，《1928 年 4 月 26 日梁启超致梁思成和林徽因的信》，第 6290~6291 页。

63 梁启超，《梁启超全集》第七卷，《中国历史研究法》，第 4144 页。

64 梁思成、刘致平，《建筑设计参考图集》，第 5~6 页。

65 梁启超，《梁启超全集》第十卷，《1928 年 4 月 26 日梁启超致梁思成和林徽因的信》，第 6290 页。

66 梁启超，《梁启超全集》第九卷，《中国文化史》，第 5109 页。

67 梁启超，《梁启超全集》第五卷，《清代学术概论》，第 3100 页。

68 梁启超的桐城派文风，参见夏铸九，《营造学社 —— 梁思成建筑史论述构造之理论分析》，《台湾社会研究季刊》，1990 年春，第 17 页。梁启超在文学上对梁思成的影响，中文比英文更加明显。

69 在梁启超，《新大陆游记节录》（《梁启超全集》第二卷，第 1153~1154 页）一文中他写道他被美国国会大厦和图书馆所吸引，认为是世界上最美丽的图书馆之一。

70 梁启超，《梁启超全集》第五卷，《欧游心影录节录》，第 2997 页。

71 同上，第 2993 页。

课程研究时，梁思成已经认识到中国建筑研究的"极端重要性"。[60] 当西洋建筑明显在卫生、安全和舒适上给中国的公众和年轻的建筑师留下深刻的印象时，这种复兴中国建筑的信念显得十分与众不同。[61] 1928 年在谈到中国宫殿历史的研究时，梁思成同父亲探讨了他最初的想法。梁启超建议儿子去研究中国艺术史，因为艺术史的史料更容易获得。[62]

表格由于能够达到快速理解错综复杂的历史进程而受到梁启超的喜爱（他声称在他的《中国佛教史》中使用了 20 多个表格[63]），而这可能对梁思成多处使用图表有一定的影响。梁思成提到希腊对中国建筑的台基和柱础产生过影响，[64] 此说也进一步支持了梁启超关于古希腊文化通过印度影响了中国佛教的观点。1928 年当梁思成开始考虑撰写中国宫殿史时，梁启超告诉儿子，他已在此课题上做了一些基础性的工作，梁思成可以在此基础上撰写更系统的中国早期建筑史。[65] 同梁启超的中国城市简史一样，梁思成在中文版的《中国建筑史》中也大量引用了古籍的文字记录中对建筑环境的描述。[66] 也许是尝试着效仿西方经验主义学术的明晰性，梁启超有意酝酿了一种简单明了的中文写作风格，结合模仿晚汉魏晋的语言、白话文和外国语法，形成了"新文体"。[67] 梁思成简洁的中英文写作风格势必与这种对逻辑性和明晰性的强调不可分割。[68]

尽管建筑学作为一种职业和一门学科在 20 世纪早期的中国并不被人熟知，但梁启超对建筑却日益关注，特别是在他 1918 年欧洲之行后。在 1903 年对北美之行的叙述中，梁启超对建筑环境关注还甚少（也许华盛顿是个例外）。[69] 但在 1918 年对欧洲城市的描述中，他则更为深刻地体会到，建筑环境与文化和民族关系紧密。这个重要的思想转变进一步反映在他对伦敦的议会大厦室内空间的描述中，那是个沉重、拥有老人般氛围、缄默而有内在活力的空间，"西人常说：美术是国民性的反射。我从前领略不出来，到了欧洲，方才随处触悟，这威士敏士达和巴力门两片建筑，不是整个英国人活现出来吗？"。[70]

在伦敦参观西敏寺（威斯敏斯特）修道院（Westminster Abbey）之前，梁启超曾研究过它的历史，并认为这座哥特式教堂体现了英国的"民族精神"，累积了不同历史时期传承下来的成就。[71] 在考察第一次世界大中法国亚尔莎士（Alsace）与洛林（Lorraine）的战场时，梁启超思考过笔直大道的设计与法国理想主义，蜿蜒的道路设计与英国实用主义之间的联系。沿着马仑河（Marne River）向巴黎的东北前行，梁启超到达兰士（Reims），参观了那里的大教堂，那是一座传统上被法国君主用作加冕的哥特式建筑的典范。梁启超发现，虽然它被战争损毁，但其中哥特式的精美雕刻依然清晰可见。而梅孜（Metz）火车站附近的新城和毗邻大教堂的老区之间建筑形式的对比向梁启超揭示了德国和法国文化之间的差异。斯特拉斯堡大教堂（Strasbourg Cathedral，梁称之为"赭石寺"）给他留下了深刻的印象，特别是那攒叠式小柱，是石刻中少有的精美范例。他描绘了散布于斯特拉斯堡旧城的"文艺复兴式"建筑，并评论说，新城体现了庄重和严肃，正如德国人的性格。在科隆（哥龙），梁启超对霍亨索伦桥（Hohenzollerbrücke）的庞大规模十分仰慕。他参观了科隆大教堂，认为它是融汇了"峨特式（哥特式）和文艺复兴式"。[72]

在约始于1918年的一个庞大中国通史的计划中，梁启超把建筑史单独列为一卷。[73] 1922年的一篇讨论教育改革的文章中，梁启超把"建筑之发达"列为中学国史的教本之一。[74] 1924年在北京师范大学欢迎泰戈尔到中国访问的演讲中，梁启超在列举中国艺术受印度文化影响时把建筑列在绘画和雕塑之前，例如，印度的佛塔曾经影响了中国佛教的寺院和宝塔。[75] 在讨论专史时，梁启超把建筑归为"住的方面"，同"食的方面"和"衣的方面"一起组成"经济专史"。[76] 1926年在清华的一次讲座中，梁启超把《营造法式》与其他7种古代文献一起列为中国考古学的成就。[77] 在这次提到《营造法式》的讲座之前，他已把此书的1925年版送给了正在宾大学习建筑的儿子。梁启超向梁思成传送《营造法式》成为梁思成毕生学术追求的关键一刻。值得一提的是，梁启超在《营造法式》的书上给梁思成写道，他在看到这个1000年前的具有高度成就的杰作时欣喜异常；对他来说，此书既是中国传统成就的证明，也是复兴中国传统需求的体现。

结论

梁思成在中国建筑史研究中的思维洞察力，如对史学重要性的理解，对世界地理语境的认识，以及对复兴

72 同上，第3021~3029页。

73 梁启超，《梁启超全集》第六卷，第3600~3602页。

74 梁启超，《梁启超全集》第七卷，《中学国史教本改造案并目录》，第3971~3977页。

75 梁启超，《梁启超全集》第七卷，《印度与中国文化之亲属的关系》，第4253~4254页。

76 梁启超，《梁启超全集》第八卷，《中国历史研究法（补篇）》，第4857页。

77 梁启超，《梁启超全集》第九卷，《中国考古学之过去及将来》，第4919页。

111

建筑传统的要求，有助于在 20 世纪的中国创建建筑学作为职业及学科的框架。可以这样认为，这种建筑学上的思维是梁启超对中国现代民族这个更宽广的思维框架中的一部分。梁启超所提倡的通过学术启蒙和编写文物专史而重建中国现代民族的观点是阐述梁思成著作的关键性因素。梁启超行走于中国 20 世纪早期保守和革命的截然划分之间，提出了根植于中国传统的改良主义议程；而从某种意义上说，梁思成编写中国建筑史的不懈努力为这个议程提供了具体内容。

20世纪初期的《营造法式》：国家、劳动和考据

在 20 世纪初期的中国，北宋（960–1127 年）营造手册《营造法式》的发现和校订迅速地与更广阔的建筑、文化和政治的变革紧密相连。本文尝试通过描述这部北宋建筑手册在 20 世纪的首次刊行来分析中国近代建筑中的一些重要论题。《营造法式》在 20 世纪再现的过程中的核心人物是朱启钤（图 1）。朱启钤是一位政治家，他将自己的大量精力和才略都倾注到对中国建筑传统的批判复兴之中，并以此作为中国民族国家复兴的重要一部分。1919 年，朱启钤于南京发现了《营造法式》的一份抄本，在同年及 1920 年两次重印，并在 1925 年推出一部新版本。朱启钤在大力推广《营造法式》的同时，表现了他对中国文化及民族国家的兴起

原文为宾夕法尼亚大学"20世纪中国建筑"学术会议邀请讲稿（Li Shiqiao, "The *Yingzao fashi* in the Early Twentieth Century: Nation, Labor and Philology", invited paper for The Beaux-Arts, Paul Philippe Cret, and Twentieth Century Architecture in China, University of Pennsylvania in October 2003, organized by Joseph Rykwert, Nancy Steinhardt, Tony Atkin, Ruan Xing, and Jeff Cody.）

113

图 1　担任北京内城巡警厅厅丞时期的朱启钤，约 1906 年

做出的努力。朱启钤对自身所接受的传统儒家教育进行了深刻的反思，认识到士大夫阶层的修养同体力劳动相分离，在这个批评的基础上，他把《营造法式》看作是早期中国营造技艺受到高度重视的实证。在这本手册的再版过程中，朱启钤采用了清代建立的考据学试图赋予《营造法式》现代建筑理论与实践上的意义。从 1919 年《营造法式》的发现到 1925 年再版的短短几年里，这些努力跨越传统与变革间鸿沟的中国学者和建筑师们寄予《营造法式》以丰富的想象和期望。

《营造法式》，文化和中华民族国家

自 1103 年首次刊行起，《营造法式》的重印和转录就未曾间断。北宋灭亡以后，宋迁都杭州（临安），于 1145 年重印了《营造法式》。这本手册一直沿用到明朝（1368–1644 年），在乾隆年间修编的《四库全书》中就有三套。在私人收藏的《营造法式》抄本中，最著名的可能当属"丁氏兄弟抄本"，修订于他们建立的清朝最负盛名的藏书楼之一的八千卷楼。这部分藏书在 1907 年被南京的江南图书馆购入，作为其建馆收藏的一部分。1905 年，伊东忠太在沈阳发现了《营造法式》的一份抄本，但他认为这本手册过于晦涩，难于理解，而且缺乏科学的根据。伊东是日本现代建筑史学的创始人之一，他曾对世界上现存的最古老的木构建筑法隆寺（607 年）进行了开创性的研究。伊东对宋朝之前的中国建筑怀有浓厚的兴趣，受詹姆斯•福格森（James Fergusson）等学者的影响，他更强调实证考察，而不是文本研究。福格森宣称道，"我的引证主要来自于岩石中，雕刻上的不朽记录，它们忠实地代表了塑造者们当时的真实信仰和感受，而且原样保持至今。"[1]

1918–1919 年间，朱启钤率领一支政府代表团与南方诸省协商中国的政治前景。南下途中，他在南京的江南图书馆发现了"丁氏兄弟抄本"。与伊东不同，朱启钤立刻认识到这本营造手册的巨大价值。他于 1919 年发行了一套石印本，其尺寸较原本有所缩略（图 2），1920 年又请商务印书馆重印。长久以来，自 1906 年担任北京内城巡警厅厅丞起，朱启钤就已为中国建筑营造

1 James Fergusson, *History of Indian and Eastern Architecture* (London: J. Murray, 1876), viii. 关于 Fergusson 对伊东忠太的影响，参见徐苏斌，《日本对中国城市与建筑的影响》（北京：中国水利水电出版社，1999 年），第 45 页。

传统所深深吸引。据他自述，他利用担任北京内城巡警厅厅丞的机会，视察了城内所有的文化遗迹，向建造它们的石匠和木匠请教，并收集建筑手册存本。[2] 从 1910年起，朱启钤协助处理与徐世昌有关的事务，参与了由英德出资的连接天津和南京的铁路建设（津浦铁路，1907–1912 年）。在担任由德国控制的天津至济南段总办期间，建造横跨黄河总长 1255m 大桥的工程壮举令朱启钤十分佩服。这座大桥在当时的中国创下了最长跨度的纪录,可与苏格兰的第四大桥（Fourth Bridge）相媲美。朱启钤密切关注了设计和施工的全过程，包括进入大桥沉箱基础审查土壤状况。在由德方建造的铁路站中，有些尝试糅合了中国传统建筑形式（英方认为"这种形态相对于它们自身的使用目的而言过于昂贵"），[3] 朱启钤也许早在此时就已怀有对这种尝试性试验的赏识。1911年辛亥革命之后，朱启钤效力于袁世凯，在袁世凯的首届共和政府中担任交通总长和内务总长等职。朱启钤所发起的首批工程之一是 1915–1916 年间对位于紫禁城以南的前门的改建。在此工程其间，朱启钤与德国工程师库尔德•罗克格合作。罗克格在中国生活了 25 年，并于1910 年主持设计了庞大的中国国会大厦。朱启钤与德国建筑师工程师的广泛交往，很可能使他已经注意到鲍希曼对中国建筑的研究。1916–1918 年前后，朱启钤认识了荷西，而荷西正在参与颇具争议的北京协和医院工程此项工程由洛克菲勒基金出资，使用了不少中国传统建筑细部，导致其造价大幅超出预算。[4] 荷西曾多次向朱启钤请教建筑材料的来源以及中国传统设计的细节等问

2 朱启钤，《中国营造学社的缘起》，《中国营造学社社刊》，第一期（1930 年），第 1 页。

3 Torsten Warner, *German Arch-itecture in China: Architectural Transfer* (Berlin: Ernst & Sohn, 1994)，第 164~165 页。

4 有关此项工程的细节，参见 Jeffrey Cody, *Building in China: Henry K. Murphy's "Adaptive Architecture," 1914-1935* (Seattle and Hong Kong: University of Washington Press and The Chinese University Press, 2001)，第 70~85 页。

115

图 2 1919 年石印《营造法式》封面

题，并称他为"中国当代最伟大的建筑师之一"。

虽然中国建筑长期没有受到重视，朱启钤坚信中国仍有其营造传统，而且这个传统对于中国文化乃至中华民族国家的具体内容有很重要的作用。这种将文化与民族相连的思想观念越来越受到众多中国学者的认同和接纳，其中包括曾与朱启钤在袁世凯政府内阁中共职的梁启超。1918–1919 年间，梁启超游历欧洲，在日记中记述了他对欧洲各国文化和国家共生的感受，并且明确提出各国建筑与其文化之间的关系。在参观了伦敦的议会大厦后，梁启超写道，那是个沉重、拥有老人般氛围、缄默而有内在活力的空间，"西人常说：美术是国民性的反射。我从前领略不出来，到了欧洲，方才随处触悟，这位威士敏士达和巴力门两爿建筑，不是整个英国人活现出来吗？"[5]

5 梁启超，《梁启超全集》（北京：北京出版社，1999 年），第五卷，第 2997 页。

反思中国文化和民族的共同渴望使朱启钤和梁启超走到了一起，其中最关键的事件也许是 1898 年百日维新的挫败。这一失败确实是发生在晚清的一系列政治和军事失败的高潮。以英国为代表的现代民族国家的权力中心成为力图创建中国民族国家的中国知识分子的政治想象力的焦点之一。约翰·布鲁尔（John Brewer）认为自 18 世纪以来，英国形成了一种"军事财政国家"（military-fiscal state)，支持它的是国家军队，巨额的财政支出，集中的管理制度，以及随时参与国际事务的心态。[6] 特别是在梁启超的眼中，老一代对现代武器的强调不可能建立起一个现代国家所必需的思想和政治体制。明治时期（1868–1912 年）日本的维新成绩极大地坚定了梁启超的这一信念。然而，恰如 1919 年一战结束德国在山东省的主权移交给日本的事件震惊了中国学生和学者，20 世纪初的中国力图成为世界平等的民族国家之一确实不是一件容易的事情。

6 John Brewer, *The Sinews of Power, War, Money and the English State, 1688-1783* (Cambridge MA: Harvard University Press, 1990).

在这种环境中，朱启钤在南京发现的《营造法式》具有各方面的重大意义，远远胜过了它在伊东心中的地位。这本营造手册详尽记录了中国历史上黄金时期宋朝的营造方式，是创建中国建筑及丰富中国传统的珍贵文献，也为朱启钤和梁启超等中国民族国家思想建设者们提供了具体内容。或许是怀有这种复兴中国民族国家的期望，梁启超将 1925 年再版的《营造法式》寄给了他远在宾夕法尼亚大学修习建筑的儿子。

克服劳动的羞耻感

朱启钤对中国建筑的热情同时也渗透着对中国学术传统的深刻批判，这也许可以用 1925 年《营造法式》再版中朱启钤的序言一句话表现出来，"晚周横议，道器分涂"，也就是说，晚周（东周，公元前 770− 公元前 256 年）的修正主义思想酿成了理论与实践的分离。这是一个发人深省的句子。几千年来，儒家学术传统认为学术的本质是一种个人的修身养性。尽管各种亚文化群取得了在实践中的不同成就，[7]中国的主流学术方法还是着意避开了使用形式逻辑和实践技巧为基础的工具化的思维。从 1839−1842 年鸦片战争中中国军队战败后，革新者们认为这种学术传统正是军事力量虚弱的症结所在。例如曾国藩（1811−1872 年）认为学会制造枪炮、汽船和其他器械是首要任务，并筹划购买机器工具来制造武器。[8]胸怀同样的信念，沈葆桢（1820−1879 年）放弃了惯常的光明仕途，于 1866 年主持管理了福州船政局。[9]福州船政局的创始人左宗棠（1812−1885 年）在论证船政目的的建议书中，倡议学子们摆脱对体力劳动和技术工作的固有轻视。[10]马建忠（1845−1900 年）在 1878 年写给李鸿章的信中提到了他在巴黎修习政治学课程时同法国学者的谈话。法国学者们认为中国之所以受于西方列强控制，其原因是中国人学"不致用"。[11]实业家郑观应（1842−1922 年）于 1894 年在其颇具影响力的《盛世危言》中提到理论（道）与实践（器）两相分离在现代来讲是一种错误理解。[12]总之，他们的核心论点是国家强盛源自于蓬勃工商业基础和由此积聚的财富。其中，修建铁路和开采矿藏被视为创造财富的支柱产业。年轻的朱启钤深受这些观点的影响，毕生致力于筑路和采矿。[13]

正如马建忠所注意到，早期变革者们反思的实质是关于中国传统的学识不是建立在实践的基础上。大体上讲，中国的这一学术传统是与希腊的知识和技术的理解截然不同的，希腊的知识传统认为理解的本质是知识和技艺间的相互依存。在西方，伴随着基督教信增长的是对体力劳动的尊重；"祷告和劳动"（ora et labora）这一本笃会（Benedictine）信念，扭转了中世纪晚期及文艺复兴初期对劳动的羞耻感。在欧洲，由修道院的修道士们形成的"兄弟会"从很大程度上影响了中世纪工

7 Christoph Harbsmeier and Joseph Needham, *Science and Civilization in China* (Cambridge: Cambridge University Press, 1998)，第七卷，第一部分。

8 Jonathan Spence, *The Search for Modern China* (New York and London: W. W. Norton & Company, 1990)，第 179 页。

9 David Pong, *Shen Pao-chen and China's Modernization in the Nineteenth Century* (Cambridge: Cambridge University Press, 1994)。

10 Paul Bailey, *Reform the People: Changing Attitudes Towards Popular Education in Early Twentieth-century China* (Edinburgh: Edinburgh University Press, 1990)，第 20 页。

11 Ma Jianzhong, "A Letter to Li Hongzhang on Overseas Study (1878)", in Paul Bailey trans. and ed., *Strengthen the Country and Enrich the People: the Reform Writings of Ma Jianzhong (1845-1900)* (Surrey, England: Curzon, 1998)，第 41 页。

12 郑观应，《盛世危言》，《郑观应集》（上海：上海人民出版社，1982 年），夏东元编辑。

13 1916−1937 年间，在朱启钤的努力下，他所经营的山东中兴煤矿发展成为中国第三大煤矿。参见王作贤、常文涵，《朱启钤与中兴煤矿公司》，《蠖公纪事——朱启钤先生生平纪实》（北京：中国文史出版社，1991 年），叶祖孚等编，第 151~156 页。

14 Anthony Black, *Guilds and Civil Society in European Political Thought from the Twelfth Century to the Present* (London: Methuen & Co. Ltd, 1984), 第 19 页。

15 Lewis Mumford, *The City in History: Its Origins, Its Transformations, and Its Prospects* (New York and London: Harcourt Inc., 1989), 第 271 页。

16 Black, *Guilds and Civil Society*, 第 15~16 页。

匠组成的手工业行会的形成。[14] 刘易斯·芒福德（Lewis Mumford）在谈到中世纪晚期欧洲城市时提出，"劳动的耻辱感是奴性文化的凄苦传统，这正逐渐消失；而城市行会会员在战争中表现出来的机智和威力，深受封建社会的各阶层的敬佩，并促使他们重新思考对捕猎和战斗以外的所有苦工的鄙视"。[15] 作为新型兄弟会的手工业行会的形成动力是对聪明而精湛的技艺追求，以及由之而来的强烈荣誉感；犹如在修道院里一样，献身于手工技艺似乎充满了宗教意义。[16] 营造建筑物成为人类劳动的最具影响力的硕果之一，纯正的材质、精湛的石匠技艺，以及建筑机械的发明与使用均在欧洲中世纪的卓越建筑中得到充分体现。在中世纪的欧洲城市里，行会会员们创造了财富，发起了建造工程，在社会和政治领域扮演了重要角色。

希腊传统和中世纪发展有力地促进了文艺复兴积极生命（vita activa）与思维生命（vita contemplativa）融合在一起的坚定主张，并显示了在克服劳动的耻辱感之后的创造潜力。也许我们可以回想起，和达芬奇等诸多的佛罗伦萨艺术天才一样，布鲁乃列斯基曾在铁匠作坊里培养了他出色的机械设计创造能力，当时的铁匠职业结合了多种技能，其成就在中世纪的欧洲很受尊重。熔炉的热量和粉尘、雕刻银器所需的硫磺烟雾、用于制造黏土模具的牛粪和烧焦的牛角等并没有给发明者带来困难。事实上，布鲁乃列斯基正是在这种环境中锻炼成长，并在佛罗伦萨主教堂穹顶的建设工地凭借其天资脱颖而出，他在圣基凡尼（San Giovanni）的工场里所掌握的机械知识使他发明了起重机和不用支架建造穹顶的开创性技术。或许正是布鲁乃列斯基在机械、技术和营造方面充满智慧的艰辛劳作，激发了阿尔伯蒂去重写维特鲁威的建筑专著，目的不是去仿效古人，而是探索建筑的新的可能性。阿尔伯蒂认为，布鲁乃列斯基在 15 世纪佛罗伦萨所取得的成就，对古人来讲是"无法想象的"；这是对人类劳动的称赞，是对由中世纪修道院和手工行会组织对劳动尊重的称赞。在这里，不同知识传统的结合产生了巨大推动力，为数百年来无数优秀建筑中的设计创新和建造质量提供了文化基础。

20 世纪 10 年代的民国初年，朱启钤的同事，作为民国教育总长的蔡元培在大学改革中对"学术"这一词进行了解释："学"的意义是知识，而"术"则代表技能。这明显体现了一种与中国学术传统很不同的知识概念。朱启钤对中国学术传统"道器分涂"的批判响应了蔡元培对"学术"的解释，并指出中国传统学术界理论与实践的脱节，造成了对营造知识缺乏重视及其严重流失。[17] 朱启钤对宋朝将作监李诫编写了《营造法式》这一建筑专著深表敬佩。在朱启钤眼里，李诫不仅证明了中国营造传统在文化逆境中的高度发展，而且还激励他努力克服传统对普通营造劳动的羞耻感。

凝固于时间中的典籍

作为改革中国建筑的一项事业，1925 年出版的《营造法式》却又是中国知识传统的产物。自从朱启钤发现了《营造法式》的抄本，以及在 1919 年和 1920 年影印之后，他一直在考虑修订新版本。当时中国的文人都会清楚知道，《营造法式》自宋朝以来的多次抄录已经失去了原本的真实性。纵览中国历史，古代典籍的保存是毫无保障的。战乱、劫掠、洪水、火灾、虫害和人为的疏忽都给已版书籍造成了巨大的损失。改朝换代时，官方的藏书尤其受到大量的摧毁。因此，中国大部分的典籍能流传至今应归功于私人藏书，特别是转录抄书的传统。尽管转录古代典籍对于中国学术传统十分重要，但它也带来了无数的错漏和变形的可能。17 世纪以来，考据学（汉学）的出现及其在晚清（19 世纪）的成熟，就是立足于校正抄写者和印刷者的错误与遗漏。

考据学以广博的信息为基础，通过深究细察来剖析原文的内部矛盾和事实错误。它要求学者全心投入，往往导致学者对学术谱系的尊重有似于儒家传统子女对前辈的孝顺。20 世纪早期对中国水道系统典籍《水经》的考据纷争揭示了这一学术传统的某些方面。清代学者杨守敬（1839－1915 年）认为赵一清、全祖望和戴震对四十卷《水经》的注释曲解了明朝被广泛接受的明代注释。杨守敬则以明代《水经》注释为基础，毕一生之力重新校注并撰写《水经注疏》。杨守敬生前未能完成《水经注疏》，他的学生熊会贞继承并完成了杨守敬的遗稿四十卷，并对其添加了四十卷注解；在此基础上，熊会贞又对这些著作写了另八十册的注释。1936 年，熊会贞在最后完稿之时自杀身亡。[18] 在深受西方影响的新文化运动（20 世纪 10 年代）和"五四"运动（1919 年）的背景之下，这一考据传统仍保持了其学术中心的地位，

17 朱启钤，《重刊营造法式后序》，《李明仲营造法式》（1925 年），共八卷。

119

18 有关考证学的讨论和对《水经》的争论参见 Wen-Hsin Yeh, *The Alienated Academy: Culture and Politics in Republican China, 1919-1937* (Cambridge MA: Harvard University Press, 2000)，第 32~37 页，以及注释 93 和 95。

例如胡适、鲁迅等新文化的倡导者们在考据学的基地之一的北京大学执教时，仍然遵守考据学的准则。

在考据学中的重要信念，就是认为典籍是凝固于时间中的不朽文字。重新创造精准无误的真实性，实质上是在不断维持典籍的永恒存在。中国的考据传统对于中国学术发展及学术争论的特征来说起了很大的作用。在这种情境中，一个不同的观点并不会被当作是寻求一种外界独立知识的建设性的思维手段，而是首先被视为对个人或祖先名誉的强烈质疑。

在 1930 年朱启钤聘请梁思成、林徽因及刘敦桢组建营造学社的核心小组之前，当时仅有 1923 年在苏州创立的第一所建筑学校，它着力训练基本的实用技能，类似于日本的职业技术学校。在这种环境下，考据学也许是朱启钤为研究《营造法式》所能借用的唯一工具。朱启钤修订《营造法式》的决心非常坚定。负责修订《营造法式》的是朱启钤同代人陶湘，他得到了许多优秀考据学者和藏书家的帮助。朱启钤和陶湘投入了大量精力。他们查明，丁氏抄本是较早的一本影抄本的再次影抄，其源头可能是 1145 年刊行本的一本明代抄本。[19] 他们还找出了手册的其他几种版本，其中三部来自于清朝的《四库全书》，以及鉴定为源于 1103 年与 1145 年抄本的散页（图 3、图 4）。在遵循传统考据学研究中，朱启钤和陶湘也在另一些方面超出了传统，其中最为突出的也最具挑战性的是大木作的新插图，用来解释丁氏兄抄本中的"原图"。朱启钤和陶湘认为，长久以来抄写者和印刷者们已歪曲了原图，同时他们还深信宋清两代有着类

19 有关这些版本的详细记述，参见 Paul Demiéville, "Che-yin Song Li Ming-tchong *Ying tsao fa che*",《营造学社社刊》，1931 年 第 2 期，以 及 Perceval Yetts, "A Chinese Treatise an Architecture," *Bulletin of the School of Oriental Studies*《东方研究院学报》，1926 年至 1928 年第 4 期，第 473~492 页。

图 3 《营造法式》第八章的首页，被认为是源于 1103 年的版本，在 1925 年版中复制

图 4 1145 年版《营造法式》的末页，在 1925 年版中复制

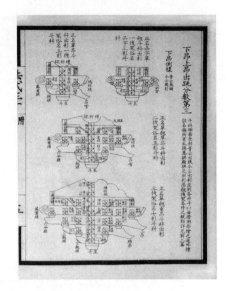

图5 朱启钤请北京故宫的匠师贺新赓所画的新图解，表明类似宋代四铺作至六铺作的清代做法，《营造法式》1925年印本第三十章

似的大木作，并在这个理解上添加了清代大木作做法和术语的新图来解释宋代做法（图5）。（当然，梁思成、林徽因及刘敦桢的研究证明这种理解是错误的）其他的改进包括以原有尺寸的两倍重画所有的插图，然后再以照片缩印，以获得更清晰的线形（图6、图7）。此外，朱启钤和陶湘还按照清朝的惯例重绘了彩画，旨在完善新版的内容（图8）。[20]

1925年的精雅再版装订成八册（图9、图10），赢得了世界范围学术界的广泛赞誉。继戴密微为1920年重印所撰写的博学绪论之后，[21] 叶茨在《东方研究院学报》上为1925年出版的《营造法式》写了一篇令人羡慕的介绍，并称它为"出版界的创举"。[22] 20世纪20年代,《营造法式》

20 陶湘，《识语》，《李明仲营造法式》。

21 Demiéville, "Che-yin Song Li Ming-tchong *Ying tsao fa che*"。

22 Yetts, "A Chinese Treatise an Architecture", 第474页。

图6 大木作，四铺作至六铺作，《营造法式》丁氏抄本的1919年石印版第三十章

图7 大木作，四铺作至六铺作，《营造法式》1925年印本第三十章中重绘的插图

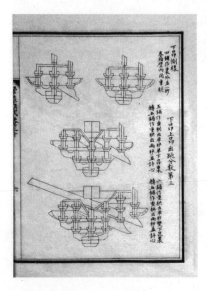

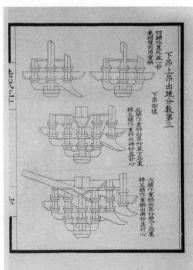

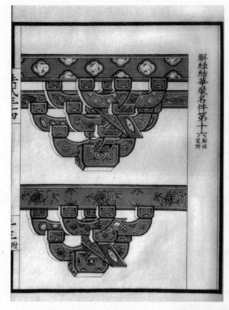

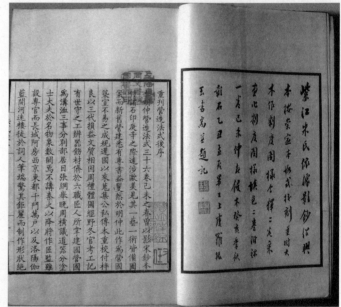

图8 《营造法式》1925年印本中的彩绘

图9 1925年版《营造法式》

图10 1925年版《营造法式》

的再版为朱启钤在中国建筑研究界的领导地位打下了坚实的基础。

　　《营造法式》成为了20世纪初期中国政治、文化及思想不断发展变化的一个焦点。这些深远的议程,对《营造法式》从北宋朝廷的管理工具转变成为中国建筑和文化的重要文献,产生了独特的推导作用。

中国近代建筑中的历史与现代性

序言

　　20 世纪初的中国传统建筑面临着全面与根本性的改变。在这点上中国建筑的发展与中国当时其他文化与政治的变化是共同的。这里，我将用"现代性"这个概念来分析中国建筑的变化，并特别着重于当时的历史研究。当欧洲与美国正受到现代主义的功能与机器美学的影响的同时，中国建筑界则多沉浸于巴黎美术学院古典折中主义的传统之中。这个历史事实对"现代性"这个概念带来一定的困难。即使看上去是"现代建筑"的设计，如杨廷宝的国民党中央通讯社办公楼（1948 年）和北京和平宾馆（1951 年，图 1），都具有一定的巴黎美术学院设计观念的影响。巴黎美术学院设计观念最突出的方面

原文为南京大学"中国近代建筑学术思想研究"学术会议邀请讲稿（Li Shiqiao, "Modernity and History in Early Twentieth-century Chinese Architecture", invited paper for an international symposium jointly organised by Tongji University, Hong Kong University, and Nanjing University, in Nanjing, June 2002.）

123

图 1　杨廷宝，北京和平宾馆，1951 年

之一，就是它具有吸收其他文化传统及建筑风格的无限
能力。这里，现代主义的形式与其他民族风格形式相比
并没有根本的区别。杨廷宝也许重复了他老师保罗·克
瑞（1876–1945 年）的困境。克瑞曾在思想与实践上努
力与现代主义建筑形式的影响沟通，他所设计的宾夕法
尼亚大学化学楼（图 2）一反他平时简化的古典主义手法
（如华盛顿的联邦储备局，1935–1937 年，图 3），体现出
近似于现代主义建筑的带型窗及于三十三街和斯布鲁斯
街的圆形转角。但克瑞的建筑思想背景始终与现代主义
的功能主义、机器美学，以及折中古典主义分裂等思想
有着本质性的区别。[1]

我们怎样看待中国 20 世纪建筑的现代性？对待建
筑工业的建立，建筑的现代化，以及从古典主义到包豪
斯等各种风格的影响，中国知识分子作出了什么反应？
这里我们提出对现代性的一个理解，并通过对梁启超的
思想及梁思成的建筑历史研究来讨论近代中国建筑的现
代性。我们在这里提出，近代中国建筑的现代性必须以
欧洲启蒙运动传统为基础来理解。

现代性与20世纪中国

现代性是一个对研究近代中国建筑不可缺少，但又
相当复杂的概念。它不可缺少的原因在于近代中国是一
个前所未有的深刻变革时期。正如欧洲文艺复兴时期的
变化一样，中国的变革对现代中国人的意识及现代建筑
理论和实践来说是极其关键的。研究现代性在中国的发
展将会对我们下一步带来深刻反省的机会。现代性同时

1 克瑞的建筑参见 Theo White, *Paul Philippe Cret: Architect and Teacher* (Philadelphia: The Art Alliance Press, 1973) 和 Elizabeth Greenwell Grossman, The Civic Architecture of Paul Cret (Cambridge: Cambridge University Press, 1996)。

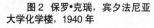

图 2 保罗·克瑞，宾夕法尼亚大学化学楼，1940 年

图 3 保罗•克瑞，华盛顿的联邦储备局，1935-1937 年

又是一个复杂的概念，因为不同层次的理解带来不同理论上的论述。例如，现代性可以是一个"美学"概念，一个表达人类现代化经历的文化产物"风格"。正如让•鲍德里亚（Jean Baudrillard）所说，从这个意义上来讲现代性对"新颖"的欲望将是现代性失去动力的原因。新颖导致"潮流"。从另外一个角度来讲，康德及于尔根•哈贝马斯（Jürgen Habermas）等古今启蒙运动传统的思想家则将现代性理解为一个开放的，没有任何成见的分析理性思维。

这里，梁启超的思想与中国 20 世纪建筑的关系正是建立在第二种理解的基础上。约瑟夫•列文森（Joseph Levenson）将梁启超描述为"现代中国之智慧"，是因为梁启超是中国近代史中"转型"的思想家（图4）。[2]梁启超从小受到严格的儒家教育，却能通过深入吸收西方思想来展望中国的未来。梁启超对中国近代思想的发展有重大的影响，他在哲学、法律、历史等文化和政治改革上的贡献激励了新一代革命家，导致了 20 世纪中国的巨大变化。梁启超在努力思考中国在世界文化中的地位及前途之时受到欧洲启蒙思想的巨大影响。在 1902年的《论学术之势力左右世界》一文中，梁启超强调当今对世界影响最大的并不是"威力"。亚历山大及成吉思汗的威力相对来说只是短期性的，而现代学术的影响则是深远的。这里，学术的定义对梁启超来说是很重要的。"现代学术"是由西欧在中世纪东征的基础上对希腊罗马文化的复兴开始的，当时欧洲的学者开始学习亚里士多德的原著（阿奎那斯则无疑是最突出的不依赖阿

2 Joseph Levenson, *Liang Ch'i-ch'ao and the Mind of Modern China* (Cambridge, Massachusetts: Harvard University Press, 1953)。

图 4 梁启超与他的儿女们。左起：梁思成，梁思永，梁思顺

3 梁启超，《梁启超全集》（北京：北京出版社，1999 年），第二册，第 557~560 页。

拉伯评述的学者之一），并开辟了分析理性的先河。欧洲思想顿时开放，这便是现代科技与知识的开端。[3]

梁启超对培根和笛卡儿的评价很高，把他们看作是"近世文明二大家"，对欧洲从中世纪的空论、宗派争论，以及奴性的知识系统中解放出来作出了巨大贡献。培根的经验主义提倡"理必当验事物而有证者，乃始信之"，强调以观测、记录，以及试验为基础的实证。而笛卡儿的理性主义及怀疑论指出"学必当反诸吾心而自信者，乃始从之"，不断测试知识的可信性。梁启超认为经验主义和理性主义是现代知识的两大支柱，中国必须在发展这两个思想体系中寻找自己的新前途。

在《近世文明二大家之学说》一文中，梁启超提道，"近世史与上世中世特异者不一端，而学术之革新，其最著也。有新学术，然后有新道德、新政治、新技术、新器物。有是数者，然后有新国、新世界"。[4]

4 同上，第 1030~1035 页。

现代知识是现代性的具体表现，它表现了对时间与空间的全新理解。在学习欧洲文艺复兴及启蒙运动发展的同时，梁启超极力提倡时间与空间的全新概念在中国的发展。为了实现这个目的，梁启超强调学习地理和历史这两个学术领域。

作为一个年青的学者，梁启超对西方知识中的世界地理和全球历史感受最深。在他的传统儒家教育中，梁启超所理解的唯一空间概念就是"天下"，这个概念很快就被他所接触到的关于世界地理的书籍所改变。从某种意义上来说，中国与西方国家在 19 世纪末及 20 世纪初的暴力冲突使中国的思想产生了一个由"天下"到"国家"的转变。在地理和历史之间，梁启超认为历史需要投入更多的精力，并以平生精力投入研究历史的大业之中。在戊戌变法失败之后流亡日本期间（1898–1912 年），梁启超强调了在中国建立"新史学"及它与世界历史关系的重要性。这种对中国现代性的理解，将建立在"自强"及"洋务运动"之上的清朝体用思想推进了一大步。

对梁启超来说，国家和民族历史是建立国家的支柱，特别是当中国正在经历着一个建立国家的艰难过程之时。黑格尔的"现代"历史理论将历史理解为通过发展和变化而建立起新的线性时间观念，给予我们过去、现在以及未来的概念。虽然过去中国朝廷中的"史官"地位很高，但是梁启超认为中国传统的历史记录缺乏准确性，又没有分析历史事实之间的关系。这种"历史意识"的缺乏导致了过去大量的历史记录不能作为历史来看待。其原因有四个:过去的记录只讲朝廷事务而没有类似国家的"群体"概念;只重视个人而不重视社会;只写过去而不谈与现在的关系;只说事件而不谈事件之间的关系。这种记录最终不过是"流水账",其目的经常是为了巩固当时的政治及道德系统。

梁启超 1902 年所写的《新史学》为他的一生以实证及分析事实为基础的中国历史研究打下坚实的基础。虽然他一生中多次转变政治联盟,梁启超对中国现代历史的重要性的认识却始终没有变化。《新史学》发表之后 20 年,梁启超更加强调了中国历史对中国文化复兴的重要性,提倡了"文化专史"之说来加深对中国历史的研究。1922 年的《中国历史研究法》及 1926-1927年的《中国历史研究法(补篇)》,充分体现了梁启超对中国文化历史研究的投入以及令人敬佩的历史知识。

梁思成的中国建筑史

梁启超对启蒙运动传统的时间和空间概念的认同对近代中国的思想发展有着深刻的影响。其中最大的影响之一是其长子梁思成的中国建筑史的研究。[5] 1921 年,梁启超曾安排年青的儿子将维尔斯的《历史大纲》译成中文,使他们能对当时历史学有深刻的理解。1927 年,梁思成在哈佛大学申请进行中国宫殿的博士研究时,就提到这个历史研究对他来说极端重要。[6] 这里,我们必须看到梁启超的历史思想对梁思成的中国"现代"建筑史的概念、内容及写作方法产生了很大的影响。

几乎所有关于梁思成的研究都集中于他在宾夕法尼亚大学的巴黎美术学院传统教育对他的影响。的确,梁思成及其他克瑞的学生在中国首先建立起折中古典主义建筑教育起了关键性的作用,影响远远大于在上海刚出现的现代主义建筑教育。[7] 但是,梁思成对待巴黎美术学院传统教育的态度是模棱两可的。在宾夕法尼亚大学读书时,梁思成曾写信给父亲抱怨折中古典主义建筑教育充满了"匠气",[8] 在 1947-1952 年间,梁思成曾在清华大学尝试受到包豪斯影响的教学大纲。[9]

美国的巴黎美术学院传统教育为梁思成提供了扎实的实用和职业技巧,特别是他出色的绘图及渲染技巧及西方建筑史知识。总的来说,这个教育使梁思成及其他中国学生对建筑学作为一个职业及学术范围有了充分的

5 梁思成主要的中国建筑历史著作包括 Liang Ssu-ch'eng, *A Pictorial History of Chinese Architecture* (Cambridge, Massachusetts: The MIT Press, 1984), 以及梁思成,《中国建筑史》(香港:三联出版, 2000 年)。

6 Wilma Fairbank, *Liang and Lin: Partners in Exploring China's Architectural Past* (Philadelphia: University of Pennsylvania Press, 1994), 第 15~16 页, 以及第 28 页。

7 伍江,《上海百年建筑史 1840-1949》(上海:同济大学出版社, 1997 年), 第 166~167 页。

8 林洙,《建筑师梁思成》(天津:天津科学技术出版社, 1997 年), 第 64 页。

9 梁思成写给清华校长梅贻琦关于改革清华建筑教育的信,赵炳时、陈衍庆编,《清华大学建筑学院(系)成立五十周年纪念文集 1946-1996》(北京:中国建筑工业出版社, 1996 年), 第 3~4 页。

理解。巴黎美术学院传统以西方建筑成就之大成为中心的理想（而不是像现代主义建筑与此对立的立场），使梁思成对西方建筑的发展过程理解深刻。这个知识经常是梁思成用来衡量自己研究中国建筑史的标准。

但是，如果我们能在理解梁启超对中国文化历史研究的基础上看待梁思成的中国建筑史，我们将能更深刻地理解梁思成的成就。梁思成的中国建筑史在历史事实的准确性、全面性，以及对世界空间的理解上是有突破性的。特别是与当时某些所谓的"建筑史"比较起来，这个突破更加显著。

梁思成对历史事实的准确性及对世界空间的理解在他的作品中得以表现：中国营造学社的测绘图体现出图像记录的准确性（图5），这与朱启钤在1925年请画匠为他的《营造法式》新版而安排绘制的插图（图6）比起来有根本差别；梁思成1944年完成的《图像中国建筑史》使用了大量准确的、全面的测绘图，系统地描述了中国建筑发展的各个时代及其风格变化。

在写作中国建筑史的过程中，梁思成多次使用"系"这个概念来描述中国建筑在世界上其他建筑系统中的地位。也许意识到维特鲁威、阿尔伯蒂及帕拉第奥等著的古典"建筑论书"在西方建筑中的地位，梁思成尝试通过《营造法式》和《清工部工程做法则例》来建立中国建筑史的根基。他曾多次提到中国建筑是世界建筑的一部分，他尤其是对中国建筑中的柱础及台础受到印度，并通过印度受到古希腊的影响感到振奋。梁思成所表现的"中国柱式"（图7），以及用巴黎美术学院传统渲染

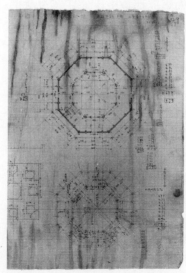

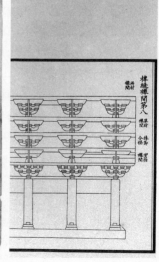

图5 中国营造学社，山西佛宫寺释迦塔测绘图，1933年

图6 朱启钤，1925年版《营造法式》插图

古希腊罗马建筑的手法来表现中国古典建筑（图8），
都体现出他对中国建筑成为世界建筑一部分的愿望。

中国传统

在梁启超和梁思成的成就中，最重要的，但也是从
某种意义上来说，产生了最令人不满的影响的一方面，
就是中国传统在20世纪中国的地位和前途。在不断推
动现代知识的同时，梁启超在后半生却对西方的资本主
义文化产生了根本的疑问，坚信中国自己的传统拥有创
造新中国的潜力。梁启超对中国文化的再思考可以追溯
到康有为（1858-1927年）对孔子著作真伪的考证，提
出真正孔子著作对全球化、民主、平等和福利等国际政
治理想提出了明确的答案。

梁启超认为中国传统的新前途在于中国文化的"文
艺复兴"。欧洲15世纪"由复古而解放"的现代化过程
使他精神大为一振。他认为，清朝学者对孔子原作的研
究与欧洲文艺复兴学者对希腊罗马的研究异曲同工。同
欧洲文艺复兴一样，这已经意味着中国现代学术的开端。
中国文化具有巨大的潜力，如对现代文化有极大推动力
的印刷术和指南针的发明。更重要的是中国儒家思想的
成就必须成为改良中国文化的中心思想。

梁思成对这一结论似乎也大为赞同。中国传统建筑
遵循了同西方建筑相似的原则，如《营造法式》和《清
工部工程做法则例》中以斗拱为标准度量单位，与西方
柱式有所类似。唐宋建筑的设计原则也与维特鲁威的坚
固、实用、美观的西方建筑根本原则相同。中国传统建

129

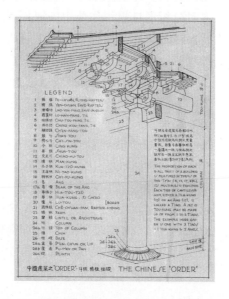

图7 梁思成，《图像中国建筑
史》插图，中国的柱式

图8 中国营造学社，山西善化寺大雄宝殿渲染图，1933年

筑同时也体现了将来建筑发展的方向。中国传统建筑的木网架结构已经预示了西方建筑由承重墙到混凝土网架结构的发展。梁思成号召中国建筑师通过学习西方文艺复兴的成就来重新创造中国的建筑传统。

梁启超和梁思成对建立中国建筑历史的高度见解却在建筑实践中没有相应的成就和影响。20世纪中国建筑实践对中国传统的理解始终没有离开形式上的探索。在这方面最突出的是中国大屋顶的运用，这种"混成作品"曾由早期在中国的传教士尝试运用，并在后来通过墨菲及吕彦直等的作品传播而大受欢迎。

结论

中国近代建筑实践在建筑形式上的探索，特别是在西方古典建筑上加中国屋顶的做法，体现了中国建筑界对分析理性思维作为中国现代性的基础缺乏足够的理解。通过再次探讨梁启超和梁思成将中国现代性基于欧洲启蒙运动传统上的理解，我们希望能重新体会中国近代建筑史中的一个关键的思想发展，这个思想将分析理性思维作为发展中国建筑工业、建筑职业和建筑学术的根本出发点。通过了解梁启超的思想和梁思成的中国建筑史，我们希望能看到现代性在20世纪中国建筑史中的体现。梁思成的中国建筑史可以说是比模仿巴黎美术学院传统和包豪斯风格更深刻的"现代"工程。从某种意义上来说，梁思成的中国建筑史给中国文化传统、中国特色，以及中国现代人的意识提供了具体的内容。梁启超和梁思成不倦的努力为中国建筑走出长期"形式美学"困境提供了新的思考。

三、建筑评论选

7

建筑学与理论

为什么建筑学领域需要理论？在过去的有些年代里，建造建筑物只需查阅建筑手册就已足够。这些手册提供了经过时间考验的规则，例如，中国传统木构架的宫殿，欧洲中世纪的石筑教堂。不过这些实践距离今天似乎已经非常遥远。正如人类创造的无形的法律及价值观一样，营建这一社会活动越来越被人们认为拥有非凡的力量和影响。一座城市可以被看作是想象力的物化；一所住宅可以被视为塑造家庭和被家庭塑造的场所。对建筑物力量和影响的关注导致了历史记录，这些记录与其他领域的学识密切相关，并且为实践提供了信息基础。今天我们对营造的期望是非常复杂的，这建立在千百年积淀的广博知识的基础之上。虽然我们不得不思考怎样建造这一问题，但我们也许会对浩瀚的历史信息望而却步。

理论，根据它的古希腊词根 theorein（看见和推测）的意义，是要力图克服历史信息的潜在混乱。从这种意义上，理论永远都是关于如何面对今天的问题。理论的古希腊词根通过从"失明"到"看见"的比喻，捕捉到克服信息混乱的瞬间。

为了理解今天理论的趋向，我们暂时可能需要紧紧把握住两个术语，即"自反性"和"差异性"。过去50年左右，理论领域所发生的变化是自我审视的作者（或创造者）的普及，他们不再是从"第三方事实"的角度来进行写作（或创作）。自我审视的作者（或创造者）的定位是要挑战现代主义传统。在这个传统中，作者（或创造者）往往被看成抽象的人类的一分子，并不断地用

133

本文发表于《新加坡建筑师》223 期［ Li Shiqiao, "Architecture and Theory", Singapore Architect 223 (2004), pp.45-47.］

才智、学识及辛勤工作来寻求真理。现代主义的传统听起来似乎不错，但它被普遍怀疑为许多世界性危机的主要原因。例如，殖民帝国运用了这些真理和进步的"大叙事"以维持他们剥削的统治地位及领土扩张，从而减少了文化和生态的多样性。质疑现代主义传统的一种方法是审视真理和进步的叙事是如何构建的，自我审视的作者（或创造者）在创造成果和创作背景之间建立了明确的联系。这也就是说他（或她）成为自反型的思考者。某种意义上，自反意味着不再复制雷同，不再重复已经建立的"真理"。自反意味着寻找差异。

自反的转变引发了理论及实践领域一系列的反应。我将谈到三个相互关联的主题，它们渗透于批判理论领域，并影响了建筑学。当然，本文的篇幅不得不使我们有选择性地讨论这个问题。第一个主题是所谓理论的"语言转向"。这个趋势在尼采的著作中就有体现，但之后随着维特根斯坦、巴特、福柯和德里达等人著作中的不断强化，逐渐获得力量。他们认为，语言绝非一种"传递意图"的媒介，而是一种"产生意义"的母体。价值是围绕着语言而建构，并且是被语言所建构，它并不是第三方真理。这一点在理论界引起轩然大波，引发了解放性的转变。在此发展中，建筑找到了一个创作能量和源泉，因为众所周知，建筑很容易被视为一种"形体的语言"。一些建筑师和学者进一步照字面意义发掘了建筑学和语言的联系：詹克斯的后现代建筑语言与希里尔的空间文法，给我们展现了直接的建筑语言框架。另一些建筑师和学者在思维上走得更远。他们探究语言学符号"不稳定性"的含义，德里达将其特征概括为语言的"不可判定性"，也就是指语意在稳固的两极间不断游动。这样，文丘里和布朗采用了"两者皆可"而非"两者择一"的包罗一切的思维取向，提出了建筑复杂性和矛盾性的观点，这在20世纪现代主义的巅峰时期，是一种不可思议的观念。埃森曼，从一定程度上还有哈迪德、列比斯金以及他们的追随者们，聚焦于思考在稳定性受到质疑之后将会发生的事情：在坐标方格、正交平面、程序和功能之后，下一个登场的会是什么？至今我们仍然生活在这种创新巨浪的余波之中。

第二种发展或许可以称为理论的"身体转向"。这是把注意力转向我们所言所行的身体。该立场假定我们被一组身体情境所包围，例如人种、性别、年龄、性取向和社会等级，等等，这每一个情境都以其特定方式构成了人的主观性。在这个意义上，知识的建构和身体在肉体心智上是如何同被构成的论题有着深刻的联系。在海德格尔的著作中，我们可以捕捉到这一观点的论述。海德格尔试图摒弃第三方真理的框架，希望用处于充满事件和现象世界里的身体来重新思考知识的内容和结构。我们还可以从尼采和福柯那里看到类似的思维取向。布赖恩·特纳在 1984 年出版了《身体和社会》，提出一些关于身体的议程，进一步引发了对"身体社会学"的广泛研究。批判理论的这场转变也导致了相当数量的建筑理论的扩张。现象学是建筑学里时常重复的一个字眼，也成为设计中强调五官感受的代码。另一个重大的建筑发展是性别与建筑方面的著作（例如克罗米娜和阿格瑞丝特的论著）。总体来说，建筑和城市可以被理解成主导的理想身体类型（例如标准化的男性）以其自身的形象及想象所炮制的压迫工具。在福柯和列斐伏尔看来，这种空间结构同时也是一种意识形态的权力结构。列斐伏尔对"日常"的另一种理解，皮埃尔·布尔迪厄（Pierre Bourdieu）所提出的教化身体及其身体知识的"惯习（Habitus）"，均是思考身体、城市和建筑的方法。从这个角度出发，以往受到现代建筑主导叙事所排斥的观点和审美观可以得到重新评估的机会。

第三种发展同前两种密切相关，但鉴于其重要性值得单独提出：我们不妨称之为理论的"后殖民转向"。在军事、经济和文化霸权的种种形式下，中心与边缘的建立是普遍和深入的，我们在日常生活中几乎不能忽视它的存在。这一理论思潮的兴起在高等教育中的体现是"文化研究"（cultural studies）课程，起步于 1968 年以来由斯图亚特·霍尔（Stuart Hall）主持的伯明翰当代文化研究中心。其他的核心人物还包括爱德华·萨义德、霍米·巴巴和盖娅特里·史碧娃等，他们大多来自西欧和北美以外的文化背景，但又与此文化背景密切相连。这些主要学者都从各方面论及中心－边缘的空间结构。帝国缔造了中心和边缘（就像古罗马和罗马时期的伦敦）；"文化帝国"是军事政治帝国的核心部分，也有类似的中心和边缘的运作模式。中心的文化发展经常是在边缘地区复制出来，这样边缘可以期望达到中心的地位。在大众文化中，风行北美的电视制作会在世界的不同地区被重新制作，学术及建筑的发展也往往类似这个模式。由于边缘致力于复制中心文化发展，它们则很难在自己的立场上思考，从而确定了自己的边缘地位。这种复制并不局限于文化，而是延伸到个人主观的形成。同时，复制并非原版的精确拷贝，而是有几分变异，这一认识成为最关键的论题之一。在欧洲成为现代经济及文化中心的几个世纪里，这种变异一直被认为是退化的表现：理性的削弱、科学严谨的弱化和民主的侵蚀。这或许给殖民和干涉作为一种文明化的进程提供了借口。后殖民主义理论将这种变异变成积极的批判力量，在这里介入一系列的概念来质问中心边缘的形成。在建筑领域，库哈斯等建筑师抓住了平淡、乏味和平庸等"垃圾产品"的力量，以此为我们所习惯的现代建筑提供了另外一个角度。

显而易见，批判理论的第三种形式在新加坡尤其具有发展空间，因为新加坡位于一个 19 世纪经济及军事帝国的"边缘"位置。许多新加坡学者，如蔡明发、Brenda Yeo 等，研究了新加坡殖民文化及民族国家文化的特征，以了解中心边缘结构的复杂的权力关系。后殖民主义理论与建筑的结合酝酿了南班托格鲁（Gülsüm Nalbantoglu）和王章大 1997 年编辑的《后殖民空间》（Postcolonial Space(s)）；瑞恩·毕夏普（Ryan Bishop）、约翰·菲利普斯（John Phillips）和杨薇薇编辑的反思东南亚城市及建筑的论文集 [2003 年《后殖民城市研究》（Postcolonial Urbanism）和 2004 年的《不可描述》（Beyond Description, Singapore Space Historicity）]。英国文化与现代思想在新加坡的独特重构，以及重构过程中的错置和变异，同其他地区（例如南亚、中东和非洲）的其他相似经历一样重要，从中能够激发新的洞察力。在新加坡，这方面的学术讨论正在开始，建筑界还需要克服输入风格和复制"异国情调"的审美欲望，同样也应该暂缓寻找新加坡建筑本体，以促进对误配、错动和变异等所谓的"消极现象"的深刻理解。例如，我们可以找寻和理解帕拉第奥式别墅、英式住宅和西方"热带建筑"的想象在新加坡的重构和转变，同时不去忽视这些西方"原型"自身可能也是其他想象的变异版本，而不是去用殖民地建筑、新加坡住宅或热带建筑等本体主义概念来进行研究。我们可以研究"强制"在本土建筑中的外来设想，同时也可以细查当地生活模式抵消这种强制力而获得的"补偿"。这类的研究将会形成新的土壤，有

136

孕育出新的建筑的潜力。

一旦我们以自反方式来思考和指导行动，建筑理论及实践中的潜力将会是巨大的。理论好比文化的"空间"，从中可以开创视野和行动，反思空间和时间等基本概念，以及变换权力关系。

从这个简短的说明中我们可以看到无论是现代主义盛期，还是过去的几十年，建筑学的新观念是同批判理论的发展密切相连的。每一次批判理论的发展都开启了众多的建筑论题，它们的拓展和补充可以为建筑实践提供新含义、潜能和结果。从这种意义上说，理论提供了框架和策略，拟定了议程，赋予了建筑的活力。今天结合理论的需要尤为迫切，因为我们的"文化霸权"不只在商品生产的工业化中体现，而且在文化的工业化中体现。这个"文化工业"在全球范围兜售着身份、生活模式及建筑的系列产品。这些文化工业的产品极具欺骗性，因为它们看起来是提供了美学理想以及达到这些理想的全部答案，但它们实际上蒙蔽了我们独立思考的权力。正如霍克海默和阿多诺（Horkheimer and Adorno）深刻地指出，文化工业的原则是"为了满足市场目的的盲目原则"。因此，理论的发展是维持创建文化空间的关键方法，从这些空间里将会迸发出新的自由，新的思维方式。

8

身体的重构与中国的现代化

中国的现代性似乎不断在引发认识上的问题，这些问题不仅关涉了现代性是否可以看作是一个有效的认识框架，而且也牵连了现代性在中国文化和政治语境中所展现出的多种方式。另一方面，这个局势很可能也导致现代中国研究成为过去 20 年间发展最迅速的学术领域之一。在不久以前的学界，中国的现代化叙述相对来说比较简单直接，它基于这样一个模式：19 世纪中期中国与现代西方的接触，导致了新的观念与传统制度之间的对抗，因而引发了一系列和平或武力的革命，体现了新旧冲突。这些冲突包括了鸦片战争（1839–1842 年）、义和团运动（1900 年）及"五四"运动（1919 年）等。这些中国现代化进程中"突变的关键时刻"不仅为革命专政提供了不同革命"阶段"的具体内容，而且体现了自由和进步这一普遍线性大思想框架在中国的表征。随着中国档案的开放，以及现代研究逐渐转离韦伯式的制度嬗变的诠释，从多方面来研究中国现代性已可成为现实，从各种广阔的角度提出新问题和重新思考旧问题。这些新的研究是对传统现代性的批判和对中国现代性的重构，也是致力在异质传统与实践不断分裂和争议，在从来就是混杂和折中的知识领域中勾画出不断变化的新知识的构成。

原文为"新百科全书"国际学术会议邀请讲稿，发表于英国《理论、文化和社会》2005 年特刊（Li Shiqiao, "The Body and Modernity in China", Theory, Culture and Society, special issue on the theme of "Problematizing Global Knowledge – The New Encyclopaedia", 2005.）

有助于理解中国现代化进程的一条途径是在中国文化和政治语境中重构身体。1793 年，英使马嘎尔尼在他著名的中国之行中，拒绝用身体叩头之举让他的中国主人大为吃惊；他的行为对围绕着以身体而建立的文化世界之间的区别形成了鲜明的对比。鸦片战争是第一次中西之间重要的武力冲突，清朝政府认为被吸食鸦片的快感所束缚的身体，损害了它作为儒家传统里宣扬德行端正的一贯角色，这里"立身"有着重要的核心位置。另一方面，中国在这场战争中的失利以及其他一系列与西方诸多势力的遭遇，让中国人开始重新思考身体，进而超越了传统观念中由享乐与道德规范这两方面对身体的理解。享乐和道德规范的重构建立在"斗士身体"（combatant body）的理解中，这是在爱琴文化模式下通过运动和竞技来维持的强壮和灵活的身体，并在西方文艺复兴及之后的艺术表现中成为典范。在传统中国，斗士身体早已被理解为应该用礼教的道德规范或精神启蒙来不断克服的状况。被克服的斗士身体的痕迹时常在中国色情文学里的战斗隐喻中表露出来。20世纪初期中国的主要改革思想家和革命者在不同的论述中都极度关注身体的重构。积极生命和思维生命相结合的文艺复兴理想，被作为新的典范灌输到只注重文学艺术的中国传统知识分子身上。正如叶文心在她的《分裂的学院》（Alienated Academy，1990年）中所述，20世纪初期的教育改革强调了身体锻炼。梁启超则强调了"新民"在中国文化与社会的现代变革中的核心地位。这一理解影响了新一代中国的改革者和革命者。如毛泽东将他的学生组织命名为"新民学社"，他对身体的严格锻炼成为1949年后的新文化的重要内容之一。中国1984年第一次参加，并于2008年第一次主持的现代奥运会，可以看作是中国20世纪各政权所提倡的重构之身体在国际场合的表现。尽管这些变化，在权力等级中不断体现的中国传统身体的说话（或沉默）姿势、记忆能力和动作规范，在与斗士身体混合时仍然充当着重要的角色。

与斗士身体相对应的"辩论头脑"（the debating mind）却要求以精确与简明的原则对知识进行重构。早期中国知识分子如严复和梁启超的改革计划就是通过将世界学术介绍到中国来更新中国学术传统。这样，"逻辑中心主义"的新知识主导力争取代儒家传统身体化的学术主导。新的头脑现在必须能敏捷地运用全球性的时间与空间的概念（黑格尔哲学意义上的历史与地理），并且在新的知识框架下更新中国传统学术。在这个发展趋势中，胡适（1891—1962年）和鲁迅（1881—1936年）等学者尝试了白话文，在形式和内容上试图摆脱与传统科举制度有紧密联系的学术语言所象征的中国文化传统。新语言与传统语言之间的距离成为一个衡量中国文化更新的重要框架。

斗士身体通过科技在肢体力量上的延伸在中国的文化环境中特别容易被接受。这也许是因为新科技概念可以很快地用中国科技传统的词汇来重新描述,尽管这里新科技扮演着一个与传统科技相反的角色。中国传统科技观念的框架建立在"道"和"器"的二元对立概念上。在这里,"道"和"器"被理解为分离的概念,而追求"道"被视为一种思想生活的更高形式。这个观念可追溯到早期经典著作,如晚周的《周易》。当中国传统思想和培根式的科技力量与使用的观念相遇时,中国试图开始重新思考自己的科学与发明传统。李约瑟在《中国科学技术史》中已经论述,科技在中国传统社会里一直是一个关键的组成部分。从 19 世纪 40 年代起,一批能干的清朝官员如曾国藩、左宗棠以及李鸿章,凭借统率军队镇压 19 世纪末各种困扰清廷的暴乱(太平天国、捻军、回教之乱等)获得显赫的地位,而后兴建船厂、军工厂和铁路。他们重新借用一个历史词汇"自强",来强调他们兴建工厂和军工厂的中国色彩。他们想克服中国文人眼中体力劳动的羞耻感,这些努力类似于刘易斯·芒福德在《历史中的城市》(The City in History, 1961 年)一书中描写的中世纪的本笃会修道院里对体力劳动的尊重。尽管清廷在 19 世纪末期的科技现代化被外国侵略以及清朝保守官员所延误,但邓小平从 20 世纪 80 年代起制定的实用的现代化大纲,已更加有效地恢复了被 20 世纪早期的政治和意识形态需求而推至一边的现代化进程。

中国文化和政治环境中的女性身体,在中国现代化进程中呈现出一个独特复杂的问题。女性的缠足是传统父权的快乐和道德规范里的中心崇拜物。它的废除成为女性身体重构过程中的第一个表现。"五四"运动通过平等与自由创造了中国现代女性的理想形象,这也成了 1949 年之后在中国开始广泛传播的理想形象。1919 年,毛泽东在有关一个拒绝指定婚约而自杀的赵小姐悲剧的激扬文字中反映出这一新女性的理想。在挪威剧作家亨利克·易卜生(Henrik Ibsen)的《玩偶之家》(A Doll's House)中,女主人公娜拉(Nora)为了反抗资产阶级家庭的虚伪和压迫而离开她的丈夫。这个故事翻译出版在 1918 年新文化运动杂志《新青年》上,在中国青年中获得了极大的关注。虽然在 20 世纪 10 年代女性身体的解放打破了文化旧习，但 20 世纪二三十年代的民族主义则带来了传统父权对女性身体的重新拥有，这点正如杜赞奇（Prasenjit Duara）在他的《从民族国家中拯救历史》（Rescuing History from The Nation, 1995 年）一书和《关于真实性和女性》（Of Authenticity and Woman, 2000 年）一文中所述。在这里，早期的反儒教、反家庭礼教的女性形象成了民族主义的负担，并已被束缚于家庭空间的传统女性美德所替代，传统家庭空间是西方影响终止的边界，这个观念在民族主义意识形态中占据了核心地位。在 20 世纪里，中国文化和政治环境中的女性身体，不论是过去还是现在，都是暴力、压迫和解放的场所，它在父权主义、反传统思想、革命专政以及民族主义等各种思想中占据了特殊的地位。

9

建筑教育的几个中心论题

建筑教育与建筑实践的发展有着密切的关系。当巴黎美术学院教学系统在19世纪末和20世纪初风靡全球时，各国的建筑师致力将巴黎美院的设计原则与当地建筑装饰风格结合起来，创造了大量的既地方化又国际化的作品。而在包豪斯教学原则的影响下，通过密斯和格罗皮乌斯在美国开拓的全新现代建筑教育，20世纪中叶的建筑实践基本上遵循了现代主义的设计原则，从根本上改变了我们今天城市的物质面貌。今天与过去一样，我们面临着同样的机遇。将来建筑实践的发展，特别是在中国的建筑行业全面发展的时候，在一定的程度上取决于我们今天在建筑教育上的策略性决定。

可能绝大部分人都会赞同建筑教育一方面要培养设计能力（动手能力），另一方面要提高理论水平（思考能力）。在教育实践中，我们都希望能取得这两者之间的平衡。这个理解无疑是正确的，但这似乎只是对建筑教育的感性认识。为了进一步理解今天建筑教育的焦点和改进建筑教育，我们也许可以提出，在有以上共识的基础上，建筑教育的关键包括以下三个关系。

理论与设计

在维特鲁威试图定义建筑教育时，他提到建筑师必须学习文学、历史及哲学。这些知识对建筑师的判断力和设计能力有着根本的影响，不亚于绘画、几何和数学等对建筑师成长的重要性。维特鲁威的论点强调了理论在建筑中的关键作用，也深刻地影响了两千年来的建筑教育。

　　当理论与实践相对分离时，建筑实践似乎会走向僵化的局面。巴黎美术学院是一个生动的例子。巴黎美术学院的系统可分成两个部分，一是以"工作室（atelier）"为中心的建筑设计；二是以教室为中心，以历史为主的建筑"理论"。在巴黎美术学院 1819 年创立时期，这个格式对建筑的职业化起了关键性作用，但它在某种程度上又抑制了建筑的发展。学生的整个设计过程以草图（esquisses）开始，以渲染（projets rendus）结束，学生被要求在一个学期内严格遵守最初的草图设计，表现出精湛的构图技巧与美丽的图画。历史理论课则相对建筑设计来说比较脱节，造成建筑设计缺乏自我反思的条件和要求。另一个例子是 20 世纪中的现代建筑，由于对其功能主义理论的过分依赖，也体现了类似于巴黎美术学院建筑的僵化局面，导致了大批形式雷同、文化内容贫乏和功能设计差的建筑作品。我们都能看到最近对这些建筑设计的深刻批评。

　　当理论与实践结合紧密时，建筑设计则变得活跃及有生命感。欧洲的文艺复兴实际上是理论的复兴，是对以柏拉图为代表的希腊和罗马人文主义理论的发现与认识。在建筑技术上，欧洲文艺复兴建筑相对古罗马，特别是哥特建筑而言是没有什么优势的，但在对艺术、文化和人性的认识上，文艺复兴则是一个大飞跃，这对我们今天的现代社会和文化起了奠基性的作用。阿尔伯蒂是第一位继维特鲁威之后着力于把建筑理论化的全才，他的《建筑十书》为建筑重新建立起理论和学术的空间。之后，建筑理论书籍相继出现，大幅度地把建筑师的活动空间扩展开来。

　　现代建筑在 20 世纪初的出现，与建筑在理论上的反思是分不开的。巴黎美术学院的程式化建筑教育和设计，是在理论上的滞后：它忽视了科技的发展及功能的变迁；最重要的是它没有看到建筑应该成为现代文化中创造性的一部分，而不是去建立永恒不变的标准。而作为对巴黎美术学院的批评，柯布西耶的《走向新建筑》等著作则充满改革的活力，给现代建筑带来了新的意义。在这方面，近期的一个比较典型的例子是伦敦 AA 建筑学院在 20 世纪七八十年代中的突起，首先以科技及波普文化创立新途径（如 Archigram）而导致了 Peter Cook、Ron Herron、Cedric Price 和 Royston Landau 等人的出现。而他们的学生又在 20 世纪 80 年代以哲学上的解构思想及社会学的新理论来开拓建筑理论与实践的新空间。当时的年轻学生与教师，如 Zaha Hadid、Bernard Tschumi、Rem Koolhaas、Daniel Libeskind、Nigel Coates 和 Will Alsop 等在今天建筑界都具有一定的影响。他们的主导设计思想部分来源于建筑之外，是知识界对现代文化的反思而形成的所谓"后现代"的理论。后现代思想与现代主义的抽象思维不同，它在以下三个方面把学术思想更具体化。一是语言在思维中的决定性作用，远远超过以前所认同的"意义的载体"之角色。语言是构成意义和价值观系统的重要组成元素。二是作者本身的民族、阶级、性别及个人教育背景对其思想的形成起了重大的作用；致力于洞察在每个人"客观"观点的背后之无声信念的支配，就成为扩展理论的重要空间。三是所谓"后殖民主义"对欧美中心论的评判。殖民传统既是一个现代生活的现实，又是人类的一种广泛的行为，其形式之一是政治、经济、文化中心与边缘的建立。广义上的"被殖民地位"普遍存在，反映在边缘文化对中心文化的模仿和在不可完美模仿中出现的变异。这种文化的中心和边缘发展形势对包括建筑之内的文化产物有着巨大的影响，也成为理论发展的重要阵地。新一代建筑师普遍对这些关键的理论问题有着极大的兴趣，也为今天的建筑理论和设计带来了空间和活力。

这些例子不是孤立的，而是广泛的。它们不断在论证理论与设计结合的重要性。正如维特鲁威所说，实践是对动手能力不断和重复的训练，而思考则是解释设计结果的唯一途径，两者缺一不可。这对我们今天探讨建筑教育有很重大的意义。

科技与建筑

在传统意义上来理解的科技研究在建筑研究中的地位是无可置疑的，而且建筑材料科技、声学、光学等知识的迅速发展不断给建筑设计带来了新机会、新起点。科技对未来建筑发展的前景的影响也是不可忽略的。今天的生态科学、生命科学、环境科学、航天科技、电脑科技和微型技术等的产生及发展已经是第一代现代建筑先驱所无法预料的。新科技对建筑的进一步冲击是对建筑学的正面影响，值得积极鼓励和大力推行。包括新加坡国立大学环境学院建造系（Department of Building）在内的建造学科的出现，在某种意义上体现了建筑科技

144

的重要性。

但科技并不是建筑设计的主要长处。多数人都会同意，建筑是一个综合性的活动，专业知识之优异在建筑设计中并不具有不可置疑的优势。随着科技学科的不断专业化，单纯的建筑科技实际上是很难生存的。但建筑如何运用其他学科的科技成果，把科技融为建筑设计中的一部分，则是一个充满了潜力的题目。

从某种意义上来说，20世纪的建筑发展是科技影响建筑发展的历程。现代建筑的先驱正是在火车、汽车和轮船中得到了新思想的灵感，这也是反对巴黎美术学院程式教育与实践的最有力的武器。从此，建筑设计不再为结构知识和制造技术犯难，而能正面对待这些科技知识在建筑设计及美感中所起的决定性所用。

但在设计教学上，掌握科技与设计表现之间的关系则颇有争议。20世纪50年代，由 Leslie Martin 和 Richard Llewelyn-Davies 在牛津主持的英国皇家建筑师协会（Royal Institute of British Architects，简称 RIBA）建筑教育会议，在一系列的问题中强调了建筑教育中的"基本能力"，提议建筑教育需要与工程、结构、机械和管理等学科有更紧密的联系，注重功能安排、建筑类型、日照、规划，及建筑的工业化等问题。今天 RIBA 对同一要求的术语是"科技综合"（technology integration），这对受到其影响的国家与地区，如英国、澳大利亚、新加坡和中国香港特别行政区等地的建筑教育仍然起着关键性的作用。这个教学重点更加注重合理的设计及对构造的把握，体现了英国经验主义的哲学传统及其对科技知识的注重，也为英国建筑师近期对建筑"高科技"探索奠定了文化基础。虽然英国建筑在合适而又有创意的建造技巧上有很大贡献，但另一方面却似乎缺乏对建筑形象的大胆探索。而美国建筑教育在建筑形象上的探索则显得更加活跃。许多学者认为，执意强调基本能力训练的负面是导致学生只会画施工图，而没有创意和胆识。哥伦比亚建筑学院院长 Tschumi 曾说道，在今天的建筑教育和实践中我们需要的不只是"建造的科技"，而更是"科技的建造"。

研究与职业实践

早期的建筑教育基本上是属于职业教育，AA 建筑学院的早期是一所职业夜校，而巴黎美术学院传统教育的中心也是为了训练职业建筑师。今天，这个建筑教育与职业的联系是通过职业建筑师参加对建筑课程的"核审"的形式表现出来。RIBA 的核审（validation）包括了 36 个英国学校课程和 58 个外国学校（20 多个国家）课程，而美国建筑教育评估委员会（National Architectural Accreding Board, 简称 NAAB）和加拿大建筑认证委员会（Canadian Architectural Certification Board, 简称 CACB）的核审（accreditation）包括了 120 多个学校课程，这对国际建筑教育影响是很重大的。

但在同时，自从美国的建筑教育设置在大学学科之内，以及世界各国相继推行类似的实践后，建筑教育从"职业教育"向"学术教育"迈进了一大步，并仍然不断朝这个方向发展。

美国大学的聘请与升职制度在某种程度上决定了建筑研究的重要性。20 年前美国的多数建筑教师仍然是"设计大师"型的人才，他的地位来自职业圈对他的尊重与认可，他的成就可以用设计作为主要评判标准。今天的建筑教师则有根本区别。今天的建筑教师首先是一个"研究员"，他的地位（包括可聘请度）是基于他在学术界的影响，他的作品可以包括设计、竞赛和写作等，并且经常牵涉跨学科的知识。很多当今年轻建筑师的出现完全基于他们在"纸上建筑"的成就。80 年代以来，建筑在理论上的扩张也许与这个教学机制上的变化有关，这对建筑教育和建筑设计带来了一定的改变。美国大学制度对全球的影响是巨大的。例如，新加坡国立大学最近不但全盘改变了学制（从"三加二"制改到"四加一"制），而且聘请与升职制度也完全采用了美国的评审程序。

同一个时期英国大学的变化形式与美国在表面上不同，但实质相似。英国的大学每 4~5 年一次的研究审评（Research Assessment Exercise, 简称 RAE），给建筑教育带来了相应的冲击。RAE 是国家对大学教师研究数量与质量的评核，每个系在这个基础上得一个分数（1~5 分，每分一星，最高为五星），并按照这个分数来分配政府的研究经费。建筑系也都纷纷做出相应措施以提高建筑研究的力度，为教师从"设计大师"转向"研究员"打下了基础。

这些大学改革在建筑教育中的影响有三个方面：第一，建筑教师在设计的同时对文学批评及哲学理论产生了更大的兴趣，更致力于将这些产生于建筑之外的理论带到设计工作室里来重新思考建筑。近年来建筑系工作室中比较熟悉，在建筑中影响较大的学者包括哲学家（如 Heidegger、Foucault、Derrida、Deleuze 和 Bhabha）、文化地理学家（如 Harvey、Soja、Sassen 和 Sennett）及社会学家（如 Bourdieu、Lefebvre、Featherstone 和 Lash），等等。第二，建筑科技研究及建筑"本身"理论的研究（如程式语言、形式语法和建构等）受到较大的促进。第三，研究生数量的普遍增加及新研究学位的出现。例如哈佛、澳大利亚 RMIT 及英国 Bartlett 建筑学院的"设计博士"的出现是最近建筑教育中的一个新的发展，他们都试图将设计与研究结合得更加紧密。

　　建筑职业界对这些建筑教育向研究的发展也有所反应，很多建筑师会认为这些发展是建筑的异化，也是建筑教育与建筑实践的脱离。在英美很多人认为，近年来毕业的建筑师表达能力差，不愿听业主的意见，而且他们的语言又难以理解（但在亚洲，特别是在中国香港特别行政区，情况则似乎是相反。建筑师觉得在业主极力谋求经济效益的大前提下，不断在失去自己独立思维的余地）。另外也有人认为，大学中以自我为中心的教育模式造成年轻建筑师普遍缺乏合作能力。英国建筑师 Colin S. Smith 认为现代建筑学院在多方面谋求标新立异，是潮流的受害者，而建筑教育的基本目的受到了损害。美国建筑学院院长之职是否应由职业建筑师担任，在今天也是一个引起激烈讨论的课题。对理论研究的偏见和对现有文化的服从也许反映了保守主义的存在，但另一方面也说明，大学制度所鼓励的建筑研究必须与设计教学联系起来。正如本文开头提到的，建筑的研究与实践、理论与设计是一个动态的平衡；一个正确的教育决定需要基于对每个学校所处的文化地理环境、发展程度以及教学目的的理解。

结语

　　与其他学科相比，建筑教育有其独特的共同点。例如工作室这一中心教学形式在建筑教育界得到了共识，保持了建筑设计学习过程中教师的个人指导这一重要环节。研究学者 Donald Schön 认为工作室教学方式有效地形成了一种对现实世界的模仿，反映了建筑中的复杂性、不可预测性、独特性及价值观的冲突，并应推广到医学、法律和商务等教学方法中。

毋庸置疑，建筑教育对未来建筑实践和我们城市的面貌有着关键性的影响，但通向有效和成功的建筑教育的道路则是多样的。各个学校的体制和教学都有其独特的操作方式，有些是因为学校的地理位置和传统的期望，有些是源于社会、文化和政治的要求。我们这里所提出的建筑教育中的三个关系相对来说是建筑教育的中心和共有的问题，把握好这些关系是建筑教育成功的基础，也是创建教学特色、提高教育竞争能力和避免成为潮流受害者的关键一步。建筑教育的策划者必须对国际建筑研究方向有足够与深刻的认识，并在这个基础上理解自己的地理、文化和政治环境。有些教育问题在一个文化中也许不很重要，但在另一个文化中却会起到关键性的作用。从历史的观点看，建筑新思潮和作品似乎都出现在经济崛起的时期，如文艺复兴和工业革命。中国在 21 世纪的发展潜力有可能是又一个经济崛起时期的开始，这给重新思考中国建筑教育的中心论题带来了重要机会。

10

劳动、制作与高密度居住

20 世纪的政治理论家汉娜·阿伦特（Hannah Arendt）在她的代表作《人的境况》（The Human Condition）中，将人类活动划分为三种，即劳动、制作和行动。尽管阿伦特关于劳动的概念建立在对马克思主义理论的评析之上，但这一概念与我们怎样理解今天的高密度发展这一论题紧密相连。阿伦特写道，在多种语言中存在着一种普遍现象，那就是我们通常没有加以分辨的同一个活动"身体的劳动与双手的制作"，从语源学角度看有两个不相关的词语。"劳动"与"制作"实质上是截然不同的活动。劳动者（animal laborans）用身体的艰辛劳动维持生命，以"与自然保持同步的新陈代谢"，而一位制作者（homo faber）则是在创造基本生命需求之上的成果。劳动是一种消极和被迫的必需，制作却源于对知识、美、真理的自主追求。劳动的产物常常是缺乏特征并易于耗尽的。而制作的成果则是永久和杰出的里程碑，如一种工具、一座建筑、一项法规、一套医疗系统、一种农作方法等。阿伦特说，当一个思考者想让世人了解其思想时，他必须停止思考，记住思路。必须像工匠一样用自己的双手来制作，留下自己思考的印迹，以供他人理解。

以这个角度来理解，古希腊的奴隶制度并不只是建立在经济剥削的基础之上，而是希望把劳动排斥在人类制作之外。奴隶为了生命的必需而辛勤劳动，这样他们就不能被视为自由公民。

阿伦特分析道，我们当今正目睹了"劳动"概念的回潮，而促成"劳动"概念回潮的社会机制是消费主

原文发表于《新加坡建筑师》220 期，住宅专辑 [Li Shiqiao, "Labour, Work and High Density Living", *Singapore Architect* 220 (2003), pp.62-63.]

义。我们的资本主义社会放弃了用制作来创造永恒作品，而将大量的精力投入在消费品的生产之中，这个过程同时又刺激了更大的生产需求。在此背景下，"劳动身体"通过货币和交换获得了"制作双手"及其永恒作品的幻觉。阿伦特把这个充满了劳动身体的社会称为"劳动者社会"。这个社会高强度地劳动，永不满足地消费，却极度缺乏创造，其文化生活十分贫瘠。在这个社会里，对创造力的认同只是停留在表面，而对孕育了文化硕果的制作过程却没有任何经历。

尽管我们不能认为所有的消费产品都不能成为永恒作品，阿伦特所呈现的劳动者社会，在资本主义后期的亚洲社会，在其"劳动大军"程式化的住宅中找到了令人信服的证据。20 世纪五六十年代，亚洲城市由于"劳动密集型"工业而促成人口的急剧增长，由此引发了住房危机。作为一种对策，高密度的亚洲城市开始迅速地兴建廉价的公共住宅。早期的公共住宅的设计基于板式，居住单元沿着直线形的走道排开（图1）。这种板式住宅看上去有些类似马赛公寓（1947–1953 年），但完全没能继承任何类似柯布西耶的创意。随后兴起的住宅设计采用点式塔楼，居住单元围绕着电梯厅来布置。这种点式住宅初为每层 4 户，现在则由 4 户增加到 8 户，以最大的限度利用垂直交通的优点和单元

图1 位于香港石硖尾的第一处政府地产，建于 20 世纪 50 年代。1953 年该地区的一场大火使 5 万多人无家可归，石硖尾屯正是为解决当时的房荒所建

图 2 香港青衣盈翠半岛，由
香港地下铁路公司开发，1999 年
竣工

朝向的最低标准。

　　在这些城市里，虽然公众住宅的压力得以缓和，但
点式塔楼的设计却继续占据着住宅发展的支配地位，只
不过现在的住宅提供了奢华的材料，如意大利大理石地
板、宜人的庭院景观和齐全的会所设施等。然而，不同
的建筑师和发展商所开发的住宅的原型大都没有改变。
特别是纵观在香港新近竣工公寓的销售册后，我们可以
充分理解一梯八户的点式设计特征：紧缩的厨房、餐厅、
起居室以及紧邻的两间或三间卧室（图 2）。公共空间被
视为"不利使用，不能销售"的空间而减至最小。在很
多情况下，因为对消防楼梯面积的缩减而选用了剪刀楼
梯，这也就决定了 2.8m 的层高下限。这种雷同的生活
空间与高层高密度住宅的先驱密斯·凡·德罗的芝加哥
湖滨公寓（1948-1951 年）相差很远。在亚洲这种雷同

住宅类型中，所有的设计都是社会认可的便利与豪华标准的结果，而没有留给个人任何想象空间。

发展商们似乎也认识到这种住宅导致居民生活的雷同和空间上的死板，他们不遗余力地用各种各样的装饰做出补偿：例如法式庄园的屋顶轮廓、地中海风情的色彩方案、装饰派风格的垂直设计、现代主义的外观等。但这里的精心装饰却难以掩盖其不足之处，相反，这些装饰更加尴尬而醒目地衬托出缺陷。今天，亚洲城市继续强调廉价生产线及服务型经济，劳动者社会的特征并没有根本改变。

创建自身栖居的场所，对一个人而言是意义深刻的制作。建筑师时常用"原始棚屋"作为一种反思实践的持久隐喻。在一定程度上，亚洲城市高密度住宅中的雷同"硬质空间"，否定了每个人自己创建"原始棚屋"的可能性。这种程式化的设计把居住者禁锢在没有个性和表达手段的环境中，进一步强化了缺乏原创性的文化。如同劳动者社会的其他文化潮流一样，高层公寓矫揉造作的装饰不过是劳工对创造者的风格模仿。

当建筑师和发展商设计和实施高密度住宅的时候，我们同时创造了我们的居所、我们的社会和我们自身的形象。我们正塑造着我们自己。我们自己的形象和本体是同我们的愿望相关的：我们可以，也能够用自己的制作来创造自己的形象与个性，而不只是设法忍受劳动的艰辛。这里，建造自己居所这一似乎平常的活动，应成为每个人通过创造作品来创造个体的重要机会。创建每个人的"原始棚屋"也许是培养一个制作者社会的第一步。2001 年在荷兰的阿尔梅（Almere），一批荷兰建筑师设计了一个 600 户居住社区（Gewild Wonen），在较低的容积率的情况下对住宅设计作出了新的实践。有一些社区仅提供"外壳"和"起动服务塔楼"，而让居民来建造自己的内部空间或居住单元。或许此举在亚洲环境中不容易实施，但是这种将住宅设计作为"基础设施"的尝试值得在亚洲进一步研究。

对于建筑师和发展商来讲，与其受制于残酷的市场逻辑和僵滞的法规而疲于应付，不妨将自己视作市场的开拓者和法规的缔造者。如果我们能建立制作者永恒作品的社会，那么我们将能更切实地实现新加坡和香港政府的社会目标，即从旧的劳动密集型制造中心转变成科技中心和文艺复兴城市。

与坂茂交谈

起源

李士桥（李）：首先我想谈的是你的想法的来源。你总是提及约翰·赫杜克（John Hejduk）和松井源吾教授对你的影响，特别是松井对你理解结构的影响。你能就这些影响谈一谈你早期的住宅设计以及你对纸管结构的尝试吗？

坂茂：事实上那些住宅设计与纸管技术的开发是相关的。很明显我深受赫杜克教授的影响，因为我在库珀联盟（Cooper Union）待了 3 年。赫杜克教授的作品给我留下深刻的印象，那也是为什么我决定去美国学习的原因。从库珀联盟毕业后，我就开始自己的实践，那时对我设计影响最深的是赫杜克教授。我最早期的作品也受到所谓"纽约五人组"的影响，包括理查德·迈耶（Richard Meier）和彼德·艾森曼（Peter Eisenman）。事实上艾森曼曾经是我的教授，可是我跟他合不来。尽管如此，当时我的设计态度还是采用纯粹的几何图形，例如方、圆和三角形，以及如何摆弄这些几何形状……

李：你把它们叫做"墙与核"（walls and cores）。

坂茂：是的，使用墙和核。

李：你是否认为即使是在早期的住宅设计时期，你已经从松散的几何形体转到比较集中的形式，例如你在九方形住宅（9 Square House）和 PC 桩住宅（PC Pile House）中，已经开始使用了一种更简单的形式？

本文发表于《建筑与设计》第 3 期 [Li Shiqiao, "In Conversation with Shigeru Ban", *Design and Architecture* 3 (2001), pp.24-31]

坂茂：我想我不仅是在设计中使用方形和圆形，而且是从更简单的形式来寻找结构的理性。那是一个很大的转折点。九方形住宅有一些不同，它受到赫杜克的强烈影响。用九宫格似乎是有装饰性，但它也是建筑的一种"通用平面"（universal floor）形式。与其将每个房间准确地划分为起居室、餐厅和卧室，我们倒不如根据不同场合改变空间的形式。这也源自于我在"密斯式"和"日本传统式"之中观察到的透明性。例如，我的幕墙住宅（Curtain Wall House）就是来自于我对密斯式和日本传统方式的观察。房主过去住在传统住宅里，习惯了日本住宅的灵活性和开敞性。于是我试图将日本生活方式的特点带到新的设计里，用非常薄的滑动玻璃门或者幕，而不是使用传统的纸隔扇。

李：我发现住宅的名字非常幽默。

坂茂：不仅仅是幽默。当你看到密斯的范斯沃斯住宅时，你会意识到在西方建筑史上，住宅第一次可以完全透明。然而它只是视觉上的透明，不是实体上的透明，因为大部分窗子都是固定的。你没法立刻从室内走出来，而且室内外间没有过渡空间。但在日本传统建筑中，如果你打开所有的隔扇，空间在视觉上是透明的，而且在实体上室内和室外被连成一体。它在实体上已经是透明的。这就是密斯式和日本传统方式的不同。在幕墙住宅中，我试图引入日本式的透明。你知道密斯用玻璃发明了所谓的幕墙，我没有用幕墙，只是用了幕。同样，在五分之二住宅（2/5 House）中也对密斯式和日本式的不同做了类似的探索。"五分之二"这个名字源自于将一个长方形空间分成五个长方形；其中两个用作室内空间，以达到室内外空间并置的效果。当我打开所有的推拉门，所有的空间全部变成室外空间或者室内空间，这也是为什么我把它叫做"通用平面"而非通用空间。为了在底层营造一个日本式的透明空间，我特意在二层放了一个密斯式的玻璃盒子让这种对比更加清晰。

材料质感

李：我想要转到第二点，关于建筑的材料。你的建筑最与众不同的特点之一就是它们的材料。你似乎认为材料的"使用"，而不是它的发明，会产生新的构造技术，新的构造技术会产生新的建筑。如果你看密斯，钢和玻

154

璃的发明能够让他在他的作品中捕捉到的新建筑语言。
你认为材料有灵性吗？

坂茂：是的。我也一直受阿尔瓦·阿尔托的影响，
他是我很喜欢的建筑师之一。虽然我喜欢密斯和柯布西
耶的所谓的国际式，但我仍然对阿尔托很感兴趣。当我
去芬兰参观时，我真的很震惊。因为当我还是学生的时
候，我对他一点儿也不感兴趣，我不能理解为什么这个
建筑师这么著名并且被称作大师。当我在书本中看到密
斯和柯布西耶，我能够理解他们伟大的发明。当我参观
他们的作品，也同样伟大，但那只是证实了我在书本中
所学到的。仅从书本中我却无法理解阿尔托建筑的特点
和惊人之处。很多东西我只能靠观看他的建筑才能学到，
他组织材料的方式，以及他与众不同地使用几何形体的
方式。那就是为什么我用纸管来设计阿尔托的展览。阿
尔托没有发明重大的材料和结构，他的建筑启发我使用
自然材料并且重新发现材料。你所提到的钢和玻璃不是
密斯发明的，但密斯使用它们的方式是他自己的。现在
对一个人来说几乎不可能创造什么新东西，但他可以用
不同的方式阅读和解释。这就是我唯一在做的事情。例
如，纸管是一种不结实的材料，而人们倾向于开发更强
的材料。但是建筑物的强度，例如地震棚，与这种材料
性毫无关系。那就是为什么使用"简陋的材料"很有意思。
因为简陋材料的特征，我相信我可以在空间和建筑上开
发出不同的特点。

李：你是否意识到从某种意思来说，例如在日本传
统思想中的佛教传统，弱势在整体中占有一个正当的位
置，与西方追求最强的思想方式相反？

坂茂：是，也不是。我在东京长大，我父母的房子
并不很日本式。我高中毕业后就去了美国，所以我在日
本没学一点儿建筑。我理解日本文化，但我并不是在设
计中使用日本文化的合适人选，因为我没有专门学过它。
我所受的日本影响更多是间接的，从我在加利福尼亚的
经历中得来。我很喜欢去参观那些受日本建筑影响的所
谓"案例住宅"。所以我受日本文化影响不是直接来自
于日本，而是来自美国西海岸。使用"弱材料"的想法
可能像你说的和传统日本思维方式有关，但是我只是后
来才意识到的。

李：也许它在你的潜意识里。

坂茂：我想是的。

纸建筑

李：你是否认为 1993 年日本建筑基本法第 38 条授权纸可以成为结构材料是你事业的里程碑？

坂茂：不是很直接，因为过去我知道纸管有结构特性，但建筑法规就像一堵墙一样阻挡我继续在这方面探索。我很幸运能够和松井教授一起工作，因为他在特殊结构方面十分著名。对于我这样年轻而且不出名的建筑师来说，雇佣这样一个著名的结构工程师似乎不合适，而且我也不能付很多钱。但他独立操作，正因为他太有名了，所以没有什么年轻人来找他。他过去常常让我大概 6 点钟左右来，然后我们讨论约半个小时我的设计，然后他问我，够了吗？接着我们就一起去喝酒。我从未付过他钱。他说等我出名后就要付他钱。当我 1991 年为一位诗人设计一个私人图书馆时，我的诗人业主知道我在和一位著名的结构工程师合作。他说如果松井先生把这个结构当成是半永久性的，那么你可以把它当作一个实验性建筑盖起来。但当我问 75 岁的松井时，他说在他一生中这个结构应该没问题。这以后，我就不想把松井介绍给我的诗人业主了。5 年以后，当松井先生去世时，那个结构还在那里。对我来说，任何合理的结构都可以实现。结构是非常有"比例"性的，我不计算结构，我会通过触摸材料，在这个基础上决定结构是否行得通。

李：更多依赖于直觉。

坂茂：是的，直觉。我不认为结构依赖于计算，很久以前没法计算结构。他们依赖于比例。

李：就像 17 世纪当克里斯托弗·雷恩（Christopher Wren）设计他的木桁架时，他没法计算出受力，因为木桁架即使对于现在来说也太复杂，但在直觉上他把它们设计得很正确。

坂茂：这就是我为什么以前在某处提到松井教授的计算尺。他在使用尺子之前已经知道了答案，他只是在核查。另外很有趣的是当计算结果不满意时，松井会重新安排外力的计算，例如把水平风压去掉，以验证他最初的设计。

李：关于你在 2000 汉诺威博览会设计的日本馆，我读了一篇你写的文章，并且为你在建造过程中遇到的困难感到吃惊（例如，德国当局坚持增加木梯框架使整个结构更结实，那和最初设计中完全使用纸管结构相背离了）。虽然日本馆是个极出色的结构，你是否仍对它感到失望？

坂茂：很明显我对德国当局很失望。而且最大的失望不是德国当局对我的待遇，而是对弗雷•奥托（Frei Otto）教授的反应。他们不尊重他。德国人认为他已经退休了。当我和日本当局合作时，他们知道所有的工作都是松井教授做的，他们就会信任我。他们给予我们这种信任是因为他们尊敬松井的知识和经验。但这不只是我和奥托教授合作的唯一原因，我当学生时就一直是奥托的崇拜者。和他一起工作真是一个梦想，但当时没人知道他是否还活着。

李：你去见他的过程真是一次奇妙的旅程。你就这么去找他。

坂茂：是的，我就这么去了。我想我必须说服他为我工作，这个欲望甚至比我开始和松井先生合作时更为强烈。一个像他那样的结构大师是不应该会接受这样一份工作的。当我第一次去他的工作室时，他已经从什么地方找来了一些纸管，而且已经准备好要工作了。我很幸运与他相处得很好。我很失望德国当局没有听他意见，非常奇怪。

李：你在纽约现代艺术馆设计了一个全纸结构，你认为是对你的全纸建筑的一种肯定吗？

坂茂：因为在汉诺威我必须做出很多让步，所以当我可以实现我最初为汉诺威做的设计时（在纽约现代艺术馆的一个全纸拱），我很高兴。

李：纽约现代艺术馆的任务书中没有要求一个纸拱，但是不管怎样你还是把它建起来了。

坂茂：我并不是要用纸做所有的东西，它必须在合适的项目里使用。材料有它们的极限，但我认为可能性也是很多的。现在，我们有能力把任何东西都设计成"高技"风格。建筑师必须对设计做出判断，如果你超越了一定的极限，对我来说，它就不美了。这只是过分。

李：有人评价说有些所谓"高技"建筑事实上很"低技"……

坂茂：这是我设计中最重要的一件事。当我和布罗·哈普达 （Buro Happold）顾问工程师一起设计日本馆时，他们是倾向于做高技的工程师。他们提出"高技"细部，而我和奥托教授则一致认为哈普达顾问工程师的设计太"高技"；我们的问题是拒绝使用高技细部。他们对于我们的整体态度没有清楚的认识。

经济性

李：这里我提到另一组关于经济方面看法的问题。让我先解释一下我是怎么用经济这个词的。如果我们比较哺乳动物和恐龙的话，恐龙也许更大，更强，而且甚至更好看，但是它们不经济。哺乳动物更具适应性，更加具有智慧，而且它们消耗更少资源。使用更少的资源而做更好的事情，这其中有一种很深刻的美感，这也是我在你使用材料的方式中看得出来。你已经用过纸管，预制混凝土桩，以及瓦楞玻璃纤维板和塑料泡沫包装纸，这些都是便宜的材料。你是在有意识地追求经济性？

坂茂：当日本经历一段所谓泡沫经济的时期时，我实在不走运。我的客户都很穷。我必须尝试让便宜的建筑看上去有趣。我不仅必须使用便宜的材料，而且要想办法使便宜材料有设计内容。所以有意识地训练自己，这是我所面对的现实。对我来说，只要材料能满足意想的用途，价格并没有什么深刻的意义。

李：你会用钛吗？

坂茂：如果我看到某种特性还没有被其他建筑师使用过，我会使用它。我不想只做其他建筑师做过的事情。有意思的是，过去日本人常常从别的国家复制东西，在这个基础上我们把它简化并且做得更好。日本人对于复制和影响之间区别的敏感性与其他国家不同，即使日本建筑师在复制外国建筑师作品时，我们也不认为那是抄袭，而且在日本不会对这种行为有任何评论。也许我是在西方受的教育，对我来说那就是抄袭。我总是以其他建筑师未使用过的方式去使用材料，一旦其他建筑师也开始使用它们，我就会不再使用。以前我曾经在预制混凝土桩（PC 桩）住宅里使用聚碳酸酯塑料，我使用它的方式很独特。我用双层聚碳酸酯板并且把泡沫聚苯乙烯颗粒放在里面来创造透明墙体；没有人这样使用材料。现在它变得十分时髦，所以我就不用了。我也是在没人使用塑合板时使用它，而且我使用的方式有结构和饰面两种。

李：这正是我认为经济原则的重要性。如果我们能使用一件东西去做两件事，那我们会问，为什么要使用两件东西做两件事。

坂茂：设计是关于如何避免随心所欲的决定。如果事物有意义，那么我能做决定，但是如果事物没有意义，那我会疑惑哪一个更好。

李：如果我们看看你设计的纸穹顶，每一个细部都有作用，而且形状产生得很自然。

坂茂：那是传统的结构设计原则。现在任何事都可能，这也是为什么材料可以成为表面的东西。历史上，在暴露结构的建筑中，每一个细部都有意义，例如拱心石。

社会责任

李：你因为你的人道主义作品而十分著名。只有一个简单的问题，你认为现在的建筑师是以自我为中心的吗？

坂茂：我也是以自我为中心的。

李：你会不会觉得建筑职业把你看作是其道德良知的代表，建筑师不只是自我为中心，出色的知名建筑师也可以对社会危机和自然灾害做出有效的反应？

坂茂：我不知道怎样回答，但是有一点我能说的是我在卢旺达和神户工作后（用纸管设计临时难民棚）我开始对自己有信心。在那之前，我经常嫉妒那些与我同一代的建筑师获奖。当我在神户开始工作后，我找到了自我表达的方式。于是这种妒忌没有了，而我再也不在乎别人在做什么。我很高兴找到自己的方式来表达我的能力。当面对灾难时，人们经常会想该做什么。通常他们只会思考，但不去做。我只是去做了。

李：你不仅做了，而且你的设计看上去很美。

坂茂：这很重要，这正是我的纸管抗灾棚和纸管住宅的突出之处。纸结构必须美观，因为它们是建筑师设计的结果，而不是工业制造的结果。美对于灾难的受害者来说是十分重要的，因为他们的心灵受到了严重的创伤。当我在土耳其工作时，我非常高兴看到土耳其人的反应。他们在地震时曾在混凝土建筑中有很可怕的经历，虽然有的房子并没有完全毁坏，他们仍然到花园里来睡在我的纸房子里。他们住在一个轻结构的房子里觉得更安全。临时住宅必须漂亮才会被当地人接受。虽然使用装啤酒瓶的塑料箱和其他廉价材料，我还是想设计好的东西给他们。

亚洲建筑

李：你怎么看待你的作品对亚洲建筑所作的贡献呢？你曾说你想为那些伪高技设计提供另一种亚洲解决方案，我可以理解你说的伪高技解决方案是什么意思，但是什么是亚洲解决方案呢？

坂茂：我知道如果我们设计高技作品，我们也许比不过英国人。例如，当我在伦敦看到塔桥时，我能看到他们的文化中十分自然的高技传统。对于我们来说，如果复制高技风格，我们是不可能比过他们的，因为我们没有那样的历史。所以作为一名亚洲建筑师，我在很严肃地思考与其他传统竞争时我该用什么策略。我现在很自然地在设计，但有时我需要停下来去思考一种策略。我们必须知道我们擅长什么。对于亚洲的特点，我们还有很多可以利用的。由于气候的原因，南亚风格是十分开敞的，这给了我们设计现代住宅带来了很多可能性。有时我看一些西方人写的关于巴厘风格或者印尼风格的书；这些是对西方眼光来说比较有趣的风格，但是这些风格还有很多改进的可能性。

接下来做什么？

李：你下一个要用的材料是什么？

坂茂：我现在在中国用竹子。我在长城边上设计了住宅。一位北京的很有趣的年轻开发商邀请了亚洲10位建筑师，让我们每人设计5栋住宅，一共50栋。我设计了中国传统的合院住宅。因为到工地监督很难，我们必须以五种不同的方式调整相同的设计。我决定使用家具住宅（Furniture House）的概念，用竹子做结构和装修。但竹子不再是最便宜的材料。我做了一种类似胶合板的竹材料，这样我们可以计算竹结构的受力。我本来对竹结构不是很感兴趣，因为我想不到如何做出比传统方式更好的东西。使用竹子十分困难，由于竹子有不同的半径和厚度，没办法计算它的受力。在太阳暴晒下它也很容易开裂。伦佐·皮亚诺（Renzo Piano）曾试图用竹结构框架，但是他从未成功。在 2000 年汉诺威博览会紧挨着日本馆的那座漂亮竹馆是哥伦比亚建筑师西蒙·贝涅特（Simon Bennet）设计的，他把混凝土灌进竹子中以增加抗压力，这是一种做法。现在，如果我能用竹子做出一种类似于胶合板的材料，那么竹子的用途会很广，因为我们可以计算受力。

李：它在技术上是如何制作的？

坂茂：一样，我采用了表面编织的竹板，而不是原来的家具住宅 2×4 的木板。对于外装修，我也使用竹板。

李：这些材料来自中国吗？

坂茂：是的。我正在和当地一家工厂合作。

李：施工技艺怎么样？

坂茂：我们不必像家具住宅那样依赖木匠的技能，这也是为什么我认为这个材料在中国建造比较合适，因为不能常去工地从而不能过分依赖工匠的技能。尽管如此，中国制造了那么多美丽的家具，而我们正从那里进口很多家具。丹麦家具公司也在中国制造家具。我知道我能在中国制造出极好的家具，因为在工厂监督家具的质量比较容易，但是到工地监督施工的质量则比较困难。这是为什么我决定使用竹板的原因。

李：非常感谢你。

12

产品目录时代的建筑设计

与蒸汽机和飞机相比，产品目录似乎是一个很平常的现代发明，但它为全球资本运作发挥了巨大的作用。无论是购买厨具还是新房，产品目录都会给我们带来方便和合理的价格，以及自由选择的表象。翻开任何一本专业建筑杂志，我们都会意识到产品目录已经完全进入了建筑设计领域。各种目录包括了种类繁多的建筑构件系列产品。建筑师完全有可能通过勾选目录中的系列产品，将一个建筑的外观拼凑起来。如同语言中的套话一样，系列产品提供了有效和经济的成套解决方案，特别是在建筑设计中时间和资金短缺时，选择这种现代便利是非常诱人的。这些"无需思考"的建筑产品系列包括屋顶、外墙饰面、天花板、隔墙、地板图案、卫生间风格和围墙等。在所有产品系列中最具影响力的玻璃幕墙，已经在今天的建筑实践中无情地塑造了我们的建筑外观。

先暂时忘掉"明星建筑师"标新立异的成名作品，欢迎来到"零度设计"的世界。在这里，"建筑师"手持着目录，业主挑选着风格，而项目管理者实施着组装。通过长期的使用，系列产品成为了建筑师想象力和技巧的局限；通过一次次的使用，一次次不假思索的重复，建筑师退化到不再有设计意识的境地。不难发现，在建筑事务所里充满着能干的"非设计师"，他们将建筑装配起来的能力和他们的设计能力毫无关系。施工图形式的细部设计则多是由专门承包商提供的，他们优先考虑的是建造的简便和经济，然后这些细部再由建筑师"认可"。如果不这样，细部设计往往落到绘图员的手中，大批制造令人乏味的最后几笔。在像香港这样城市的一

本文发表于《新加坡建筑师》215 集，建构专辑 [Li Shiqiao, "Architectural Design in the Age of Catalogues", *Singapore Architect* 215 (2002), pp.126-29.]

162

些有名建筑物中，我们可以看到，在系列产品之外的细部往往是相当粗糙，诉说着"零度设计"的窘境。这个市场和文化中孕育出的建筑物虽然有其类似于麦当劳全球一致的安慰感，但我们充满"贫庸建筑"的城市则在忍受着无休止平淡带来的文化创伤。也许这是历史的嘲弄，早期现代主义者希望通过对工业化的洞察理解来脱离 19 世纪巴黎美院的贫瘠无味，结果却招致 20 世纪末噩梦般的千人一面。很明显，这种局面是资本市场运作逻辑，但建筑则不能再走这条经济便利之路。

系列产品从设计师手中夺走的设计机会，是建筑创新的、细心的，以及富有诗意的建构表达。早在肯尼斯·弗兰普顿在《建构文化研究》（Studies in Tectonic Culture，1995 年）中列举若干佳作之前，最好的建筑师就已经领悟到"诗意的建构表达"的重要性。在目录时代来临之前，理解材料特性和细部构造是一个必要的过程，也是一个有意识培养的技巧。在不停追求利润的今天，我们时常会以怀旧的心情去欣赏传统建筑对于细部的热情投入，例如日本的传统木构工艺。好的细部设计是丰富文化体验的核心。这种传统即便在最坚定的现代主义提倡者的作品中也没有丢掉，密斯·凡·德罗在为芝加哥伊利诺伊理工学院设计的建筑系馆克朗厅（Crown Hall，1952–1956 年，图 1）中，用钢梁将克朗厅悬挂起

图 1 密斯，克朗厅，伊利诺伊理工学院，芝加哥，1952–1956 年

来，并且加上通向它的"漂浮的石头台阶"，获得了与帕提农神庙巨大体量的石柱以及承重墙的厚重截然对照的轻盈。也许帕提农是克朗厅没有提及的先例。密斯深受石头、玻璃和钢材的细部设计的启发，认为细部中有神圣的力量。在华盛顿的大屠杀纪念馆中，由贝聿铭联合建筑师事务所（Pei Cobb Freed & Partners）的詹姆士·英格·弗里德（James Ingo Freed）设计的"目证厅"（Hall of Witness，1993 年，图 2），没有任何密斯式细部的欢快，但却充满了材料的原始粗糙和令人挣扎的错置。那些故意"暴露"的承重砖墙材料，显眼的螺栓铆合的钢板和最重要的扭曲的天窗（图 3），坦白地表达我们诚实对待工业时代人类残酷的现实。

出色的建构质量是基于对材料和建造方法的深刻理解。在这个基础上，建构来源于一种"诗意跳跃"，一种想象力对建造逻辑、美学体验以及建造关系在物体上的表达。建构特征总是独一无二的，设计师的想象力和技巧的原动力来自于对于材料性质、结构力学以及建造技术的独特理解，所有这些都来源于建筑的用途、气候条件以及文化背景。系列产品的均衡逻辑是与建筑设计的根本过程相互对立的。

建构问题当然不仅仅停留在美学方面，设计文化往往源于超越外观的需求。意大利的巴洛克教堂起伏的

图 2 弗里德，目证厅，大屠杀纪念馆，华盛顿，1993 年

图 3 弗里德，目证厅，大屠
杀纪念馆，华盛顿，1993 年

表面、体量的张力以及对于光线戏剧性的处理，唤起了
与情感相连的宗教信念，给反宗教改革运动（Counter
Reformation）带来了文化实质。约翰·索恩（John Soa-
ne)设计的平滑建筑室内表面和轻盈的浅穹顶诉说了对古
典建筑遗产的深刻反思，因为当时古典建筑是正统，又
有打着理性招牌的地中海地域建筑形式的嫌疑。不久之
前，伊东丰雄在他的东京仙台媒体中心，通过消解清晰
界定的实体体量、常规的房间分割以及强烈的结构规律
性，令人信服地把握住了在数码媒体文化中我们不断被
技术化的身体。在这个意义上，伊东丰雄可能重新解释
了柯布西耶的萨伏伊别墅。柯布西耶的别墅对传统承重
墙、常规房间分割以及无休止的装饰也进行了重构，展
示了工业时代的设计自由。

　　建构质量是建筑学进入学术生活的入口。在这方面，
设计师可以依靠技术，构成法则、文脉或者理论。建筑
对于人类认知的影响只能通过"体验"，以形成构思的
基础。丰富性和多样性是现代文化政治框架的根本要求，
而建构质量的丰富性和多样性则是维持我们多元文化的
一个具体表现。过去的人类社会的经验，例如有几千年
历史的埃及和中国的文化发展，已经表明"丰富性和多

样性"如同自由一样并不是人类社会的"自然"状态。在缺乏多样性的经典的儒家思想影响下，有志向的中国年轻儒家学者为了通过科举考试而必须不惜一切背诵千篇一律的经典，产生了中国古代缺乏灵感和原创性的官僚制度。路易斯·莫南德（Louis Menand）认为，"干扰"，而不是"自由"，是一种自然的人类状态，而自由是一个社会自觉设计与制造的空间（《学术自由的限制》，1996年）。建构丰富性是一种"文化自觉设计与制造的实践"，这对于我们的现代环境至关重要。我们必须致力维持建构的丰富性以对抗更加接近人类天性中的一致性的倾向。贫庸建筑在我们的城市中不知不觉以惊人的速度不断增加，它确实比起它们看上去乏味的外表更加危险。

如果建筑师还有任何值得珍惜的本行技巧，那应该是建构表达能力。这个能力能把建筑设计师带到现代文化生活之中，从而创造更多向往多元和健康的作品。这个能力甚至可以带来更高的利润，这方面也许我们可以用盖里在后工业时代的西班牙城镇毕尔巴鄂（Bilbao）设计的古根海姆美术馆对当地的经济复兴的作用作为例子。或许好的细部不一定能带来好的建筑，但出色的建筑不可能没有好的细部，而这些细部是通过思考新技术和材料下的建造方式得来的。我们都使用词语并制造声响，可是拜伦和贝多芬的与众不同在于对词语和声响的"诗意的建构"。建筑师和业主如果能影响设计，而且渴望在巨大花费之时能在文化上作出贡献，那么就必须珍惜每一个设计机会，而不要把它看作是一个省时省事的机会。诗意般的建构表达是建筑设计师的首要的品德之一，这在产品目录中是订购不到的。

儒家传统和中国建造技艺

中国正处于建造的高度繁荣期。但如果我们寻找类似过去的建造非常繁荣时期所出现的创造力，如意大利的文艺复兴、18 世纪的英国以及 19 世纪的工业革命，结果将会很失望。在中国，城市中心的规划者们渴望城市中心看上去像曼哈顿的天际线，新富阶层希望他们的住宅别墅充满了帕拉第奥式别墅的装饰线脚和古典柱式，而追求最流行趋势的设计师们则采用 KPF 或 SOM 的"光亮公司风格"来设计商业建筑。中国传统建筑常常更意味着将传统建筑形式装扮在现代建筑之上。如果我们仔细观察一下中国今天的建筑，不难发现许多工程几乎没有时间深入思考和设计。它们经常是开发商视野下的结果，而这些开发商对建筑职业及其历史知识只有浅薄的兴趣和表面的尊重，而对早日获得利润则有着无穷的欲望。在这种情况下，建筑师并没有用心地维持思想的独立，而是甘于服从最直接的大众想象。当设计才智和对成果的自豪不再是建筑设计中心内容时，建筑师对建筑实体和细部的构成只能是一个空洞的愿望。今天，在中国大尺度的体量、鲜艳的色彩、繁琐的装饰以及闪闪发光的立面背后，似乎有一个明显的建筑真空。

今天并不是中国第一个建造高度繁荣期，尽管它也许具有最深远的影响。拥有约 140 万居民的北宋京都开封，其城市面积比古罗马城大 3 倍，无疑是当时世界上最大的城市。开封处于早期大运河与黄河交汇处的战略要地，它凭借中国有史以来空前的技术革新成为许多重大建造活动的场所。当时由李诫于 1103 年完成的官方建造手册《营造法式》，显示出当时的建造数量与复杂

本文发表于《　坡建筑师》218 集 [Li Shiqiao, "Contucian Tradition and the Art of Building in China", *Singapore Architect* 218 (2003), pp.58-59.]

程度。《营造法式》使用了木材尺寸、材料数量和人力功限作为"基本单位"和模数系统来理解房屋建造。在此基础上，这个手册至少有两个主要用途：建立起明确的建造标准，以及按建筑物的尺寸来对造价进行估算。这一点对北宋的中央管理机制非常关键：开封不但发展蓬勃而且腐败之风十分盛行。

比《营造法式》更早的现存论著只有维特鲁威的《建筑十书》，但两者非常不同。维特鲁威把建筑看成既是技术也是美和思想启蒙的手段，而李诫的写作基础是已经程式化和传统化的表达权力等级的建筑形式与色彩。李诫在完成《营造法式》的编撰后，被任命为公共工程部的主管（将作监），他当时穿的应该是朝廷三品大臣官衔的紫色官服，以显示他的社会地位。

李诫的营造手册中缺乏对美和形式的学术性的探索，突出了一个重要而古老的文化状态。中国的早期经典如《周易》和《周礼》在"道"（普遍法则的思考）和"器"（制作物体的技艺）这两种人类基本活动之间划出一个影响极大的界限。这一早期思维模式对中国文化发展有重要深远的影响，而且在营造方面尤其强烈，因为营造一直被认为是身体的劳动和制作物体的技艺。由于缺乏学术探求的内容，营造业在中国很快成为社会等级和政治权力级别划分的工艺传统，这种营造特征在中国持续了多个世纪。

当开封在继续建造其庞大城市时，建筑在中世纪欧洲却朝着另一个方向发展。欧洲中世纪在部分继承了希腊罗马的科学民主遗产时，在建筑中最重要的进展之一就是克服了劳动的耻辱感。这个发展的地点是那些看上去不大可能的早期修道院，在这里，信徒们勤奋工作，以寻求达到宗教真理更好的途径。修道院生活里最重要的特点是既从事祈祷，也从事劳动（ora et labora），将二者结合到忙碌而有序的日常生活。就像对早期修道院生活有很大影响的修道院院长圣本笃（Saint Benedict）所说的，懒惰是心灵最大的敌人。修道院作为"上帝之城"（city of god）的模式，包括了图书馆、学校、农场、作坊和医院等，它们对中世纪欧洲城市概念发展有深远的影响。欧洲中世纪手工艺行会的发展（包括石工行会）创造了商业、财富以及威力巨大的武器，这些都赋予行会手工艺者日益显著的社会和政治影响。手工艺者同时维护着工艺质量和职业自豪与荣耀，这是体力劳动的成果。在欧洲，手工艺者社会地位的提高和中国的对劳力者的传统鄙视形成了鲜明的对照，这使得中世纪欧洲能把思想上的创造性和制造技艺的创造性相结合。

15 世纪的佛罗伦萨是显示出这个中世纪发展之力量的最佳代表。这里，银行家、羊毛商，以及金匠等行会会员和手工艺者，对振兴柏拉图学术、艺术创新和机械发明起了关键性的作用。布鲁乃列斯基曾在一家金匠作坊学徒，他的才智是从一个充满着熔炉的灰尘、用于镌刻银具的硫磺的气味，以及做泥模用的牛粪的污垢的环境中形成的。他制作钟表的技能使他发明了建造佛罗伦萨主教堂的巨大穹顶时至关重要的起重机，而且他的创造精神使他能勇敢地使用无需棚架的穹顶施工技术，这对当时而言是一个极具创造力的工程成就。在布鲁乃列斯基那里，我们发现了一种来源于才智与动手能力结合的创造力。阿尔伯蒂坚信他所处时代创新的潜力，他的《建造十书》不仅是对维特鲁威的《建筑十书》的重写，而且也是新建筑的宣言。布鲁乃列斯基给他的好友阿尔伯蒂带来了对前途的展望和启发，这一展望在很多方面引导了欧洲建筑的发展。

鸦片战争让中国更近距离地接触到这个机械精湛的欧洲传统，导致中国的许多早期改革者认为中国必须增强制造枪炮的能力，这就是我们所知的"自强"运动。像郑观应在 1894 年《盛世危言》所提倡的那样，自强也是工业和商业的发展。另一方面，中国改革需要学术的改革。20 世纪初最重要的中国学者之一梁启超就在他的著作中倡导了这个概念。学术改革的重要内容之一是重新思考中国传统思想中的"道器分涂"的观念。受到传统教育的朱启钤就是对 20 世纪初期中国的建造传统进行反思的最卓越的提倡者之一。他向传统工石匠们请教并且收集营造抄本，这些都反映出他决心克服士大夫阶层对营造劳动的传统鄙视。他的重要贡献之一是在 1925 年重新校刊出版了《营造法式》，其目的是为了说明营造事业曾在中国某些历史时期被当作是一项重要工艺。在他眼中，中国建筑缺乏学术研究和历史知识，他希望能通过他的努力来复兴中国的建筑。

20 世纪 30 年代的中日战争、40 年代的内战、六七十年代的文化大革命将 20 世纪早期改革者们对"道器分涂"的思考搁置在一旁。今天建造的非常繁荣，从中国 20 世纪对传统文化反思的角度看，似乎建立在还

169

未成熟的思想框架之上。这一思想上的弱势在根本上取决了今天中国建筑中的一些特征：对中国传统样式的模仿、对曼哈顿式天际线的向往、对帕拉第奥式的别墅以及光亮立面的追求。毫无疑问，中国渴望建筑创新和成就，但真正创新来源于现代学术框架。这是一个新的反思，是对传统理论与实践分离的反思，对建立在高质量建造技艺之上的自豪和荣耀的巩固，以及对建筑学术和职业之独立空间的争取。如果没有这些，今天中国建造的繁荣对建筑而言将不会出现意大利文艺复兴或工业革命那样的盛况，而是令人遗憾地错失了的良机。

人文主义的建筑教育

从长远的角度来看，建筑教育的现代体系只是在最近 200 年才出现，而建筑的产生要久远得多。或许我们不能宣称我们建筑教育的现代体系独具优势：因为在今天所保留的古代建筑中的每一个地方都体现着创新、精炼和美，与我们今天所能做到的完全一样。如同生活的许多其他方面一样，我们的建筑教育自 20 世纪以来或许只是让建筑不那么精英化了，而让更多的人有机会接触普通而称职的设计师。像米开朗基罗和克里斯托夫·雷恩那样伟大的建筑师，却从来没有接受过我们现在习惯想象的那种系统的建筑教育。他们经过其他的方法进入到建筑领域——米开朗基罗通过绘画和雕刻，克里斯托夫·雷恩通过科学，他们受到的教育是欧洲文艺复兴时期的人文主义文化。

与他们不同，在我们今天的世界，建筑教育完全被那些传授建筑设计和城市规划专业知识的建筑院校所支配。今天的教育发展经过了两个重要的阶段。第一个阶段是巴黎美术学院和巴黎技术学院影响的阶段，也许所有的建筑院校在某种程度上都受到它们的影响，包括标榜与之持相反观念的包豪斯。在带有法国官僚体制特点的宏大结构的背后，这些早期建筑院校开创了一些相当重要的东西：这就是，它们认为一个设计师能够以特定技能的训练达到专业化，这些都可以进行系统而机械的传承。当时的杜朗（J. N. L. Durand）（图 1），如同今天的程大锦（Francis D. K. Ching）一样，将不同的建筑风格、比例和组合方式全部总结成易于理解的视觉图表，以便向下一代建筑师传授。第二个阶段，我们也许可以

原文发表于《世界建筑》2007 年第 208 期

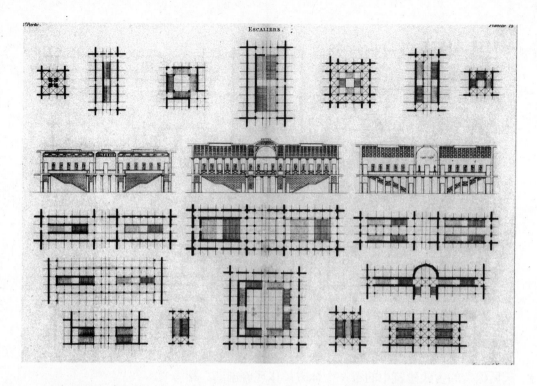

图 1 杜朗建筑知识的系统
（1802–1805 年）

称之为来自北美"全球性大学"影响的阶段，它近 50 年发展曾是 20 世纪冷战时期美国国家战略的一部分。北美大学将建筑教育改变成与其他学科相一致，即以大学中"以研究为基础"的模式来代替原来"以实践为基础"的模式。它们的影响力极大，而且是全球性的。教授升职与聘用的机制、研究评价方式（Research Assessment Excercise）已经确保这种转变的完成。只有很少一些学校例外，如伦敦的建筑学会建筑学校（AA）和纽约的库珀学会（Cooper Union），它们为建筑教育保留了一些重要的另类途径。上述两个阶段的发展从根本上改变了建筑教育，使它比从前更加成为一个"专业化的学术领域"。

香港的建筑教育处于一个不同学派的交叉点。它通过英国继承了一种建筑教育的模式，这一模式虽然抗拒了巴黎美术学院的影响，但却仍然是基于专业化的建筑学前提之上。在香港，从教育到职业之间的"阶段模式"是建立在由英国皇家建筑师协会（RIBA）所设定的框架之上。通过中国，香港接触到了根植于巴黎美术学院传统的建筑教育模式；虽然这个巴黎美术学院传统是由 20 世纪初期的费城引进而来，但由于经过了在北美的发展，它吸收了许多北美"全球性大学"中所通行的建筑教学方法。

正是香港所具有的独特位置，为我们重新思考建筑教育和建筑职业的未来提供了一个难得的机会。在亚洲的城市之中，香港具有一套发展完善的法律、制度和知识的基础结构，并通过宽松的政治传统来维持。数十年来，香港成为不同大洲、不同经济类型、不同意识形态、不同种族的交汇之所，没有在其他城市常见的那种消极的排外性。在多年的基础结构的建设之后，香港仍然处于建筑异常繁荣发展之中，这在城市发展史中是不寻常的。与此同时，香港已经发展出它的强烈个性；它的发展并不来源于人文主义的历史和传统，而是由可信的专业知识所指导（图2、图3）。正是这些条件为我们提供了许多思考的可能性。在所有香港建筑教育的重要工作之中，首要议题也许是对人文主义的重新发现。我们知

图2 香港旺角

图3 忽视人性的城市：香港的科学园和马鞍山居住区

道，建筑不单纯是要创造一个优越的人工系统；只有专业知识，而没有人文主义的建筑是无法让人类身心得到最大限度的发展。

人文主义不是很容易定义，同时人们对此经常有两种误解。第一种误解认为，人文主义是欧洲艺术家和学者如阿尔伯蒂和帕拉迪欧在许多世纪以前所做的工作，它在地理上、知识上和文化上都与我们相距遥远。实际并非如此，文艺复兴时期的人文主义也是来自于探究一个更早时期版本的人文主义，它由于与精英观点、血缘、种族和特定文化实践相关而产生了发展的困惑；就像18世纪欧洲所展示的那样，这些能够很容易地转变成一个缺乏生命力的古典主义形式。关于人文主义的第二种误解则认为，它可以在所有人类状态中被发现，尤其在乡土文化中，这是一种今天非常受欢迎的建筑设计方式。这其实并不必然，虽然乡土可能成为一个人文灵感的重要来源，但是人文主义是要创造比我们早期的、未成形的人类状态更好的和更有品位的人性。

观察意大利的建筑，人们会很容易相信，那些早期的人文主义作品仍然是伟大的成就，并且在今天仍然充满美感而令人振奋，这应该为我们今天在香港培育新人文主义的教育提供很多的动力。这样的人文主义应该是一种知识——不只是任何知识或专家知识，而是关于历史、价值、文化、哲学并经过精心培育的"批判的知识"。我们应该用这种知识来建立我们建筑职业中的教育和实践方法，它应该建立在准确和关联的设计敏感性之上。虽然古典的细节和比例关系模式已经过时，但准确和关联的设计本质依然重要，不是任何时代和文化传统所独有。人文主义的目的是对知识、道德和美学上的"独立"观念的持续培养，培养的对象包括了政治家、规划师、发展商、建筑师以及使用者。在今天我们所处的庞大的城市中，建筑师或许已不可能抵抗专业化的趋势，但是，或许我们可以"像专家一样行为，同时像人文主义者那样思考"。通过这种方式，在我们许多建筑院校（特别是以研究为基础的北美"全球性大学"）不可避免的系统化和专业化中，或许可以有机会将人文价值放在教育政策的核心。在这样的框架中，建筑的专业训练有可能同时成为对人（建筑师）的教育。在香港，建筑训练不应该滞留在掌握土地利用规划、建筑法令、建筑实践技术备忘录以及其他大量的专业知识，这些只是建筑设

174

计与教育的起点。只有人性化的建筑教育才能对建筑职
业和社会产生积极的作用。这对于我们思考被全球化运
输、生产、商业和交换所驱动的亚洲高速城市化来说非
常重要：最关键的是，我们应该将对人的关注置于对系
统优越性的追求之上。

15

数量最大化的城市

香港体现了人类定居史上的新事物：这些新的城市特征可能部分取决于香港接受数量最大化成就的方式，无论是最大利润还是最大建筑面积。数量在城市建造中一直处于至关重要的地位，但是在我们思想遗产的框架内，它总是被包含于"比例"的话语范畴之内。"比例"属于人文主义话语范畴，自欧洲文艺复兴之时即通过礼仪、规范、和谐与风格的观念，通过优雅与成熟的手法在艺术和建筑中被详尽叙述。这些艺术概念的建立都依赖更为抽象的知识、权力和美德的哲学话语来实现。在此传统中，"数量"的合法性只能被理解为相对于更大"整体"而言的"部分"；通过运用柏拉图的思想，阿尔伯蒂曾宣称，这种更大的"整体"是美感的来源，也是一种"增之一分则太少，减之一分则太多"的事物状态。这里，作为"部分"的细节在设计中有很深的重要性；我们的生活中充满了精心编制且具有明显联系的系列性"部分"，这表现了受到良好熏陶与培养的美学品位和道德品质。在数量的比例关系指导下建造的房屋与城市具有很高的艺术和学术权威，而那些完成以上任务的建筑师们，从布鲁乃列斯基和帕拉蒂奥到罗伯特·亚当斯（Robert Adams）和托尼·加尼尔（Tony Garnier），都被尊为房屋与城市建造者中的典范。人文主义比例的艺术传统的高峰之一就是巴黎美术学院的成就，因为它继承了比例的原则，并将其转化为公式化的表现形式，并在全世界传播开来。即使是在反对古典主义的运动最为轰轰烈烈的 20 世纪，也并未真正抛弃比例的概念及其人文主义背景；这在勒·柯布西耶的模数和密斯·凡·德

原文发表于《Domus China》2007 年第 12 期 [Li Shiqiao, "City of Maximum Quantities", *Domus China* 012 (Beijing, 2007), pp.47-51.]

罗的细部可以看出来。尽管 20 世纪的现代主义宣传如火如荼，机械之城总被人文比例之城所柔化。如果，在过去，比例的概念无法维护自己，那是因为其他的话语，比如宗教、宇宙天体学、等级制度、意识形态和现代性，代替"比例"成为控制数量的关键思想框架。在此条件之下的数量仍然与思想概念有着直接的关系，如中世纪教堂失调的比例、中央广场令人恐惧的庞大、纪念塔荒谬的高度、中央商务区（CBD）做作的光滑表面；数量最大化本身并没有获得自己存在的意义。

数量最大化本身在香港城市发展的语境中则有自己的意义。虽然具有地域特征与社会传统的表象，但香港对城市建造法规更为感兴趣；它的规划条例与建筑规范受到专业人士的高度尊重。在香港，条例规范是一项备受崇尚的专业知识；不可避免的是，建筑规范专家，而非心怀热望的设计师们，主导着香港的设计过程。同样，法律、时间、金钱、结构、外墙、噪声控制、交通、废物处理等方面的专家也支配着整个决策过程；他们代表着香港的城市建造方式。"设计"这个术语依然用来描述都市创造的过程，但是它只能作为乔治·瓦萨里（Giorgio Vasari）"设计"（disegno）的名存实亡的幽灵。瓦萨里的"设计"是人文化主义的，也是以比例关系为基础的，而香港的设计是量化而专业化的。城市不再是人文研究（studia humanitatis）的一部分，而是"专业知识"的有效的、漠不关心的集合。这种混合的专业知识对细节没有丝毫兴趣，而这些细节在整个数量最大化的计划中完全没有意义。混合物并不是拼贴；拼贴是一项精巧的策略，而混合物仅仅是没有任何夸饰风格的积累。香港在风格上并不"折中"（这个词经常被用来形容东西风格的邂逅）；折中主义的概念并未开始用来描述混合。手法主义（mannerist）和巴洛克的形式策略，如分离、超量、复杂微妙的无常变化，也与混合物有着很大差异。近几十年来，这种香港式的都市创造过程给香港及珠江三角洲的很多城市带来了令人吃惊的发展；其中，城市发展速度和比例细节的明显失调方面是明显的特征。在某种意义上讲，香港对一切比例关系的摒弃是非常具有解放性的。

最大化的逻辑

文化群体也许会珍惜比例，但市场却更重视数量；

在全球经济中，迄今为止数量最大化仍然是被信奉的最主要神旨，而生产中的其他方面则经常通过最低的共同标准来定义。当前的媒体充斥着表明量的数字和图表，用来作为等级划分及其所造成社会地位的基础。在市场之外，大学也经常使用出版物和研究基金的数量作为研究成果的标志。

当然，对于贸易城市来说，利益最大化是其最普遍的特征，但是香港的独特条件却将这些特征进一步放大。首先，香港产生于主权实际缺乏的状态之中，因此，人们将精力从对国家和民族的都市想象中转移开来，集中于数量之上；香港实际上成为一个附带行政管理体系的巨大的房地产市场，与萧条和繁荣的循环周期有着更为密切的关系，并非取决于创造任何形式的权利意义。第二，香港的人口中包含着大量的移民，与土地的深层感情纽带的缺乏同时具有极大的解放性。这座城市文化本体是趋于模糊的，并在英国与中国之间摇摆不定。香港的集体精神并非源于记忆，而是从遗忘中得来。第三，自由经济政策的殖民遗产刺激着香港去实施基于对"数量最大化"的迷恋而进行的都市实践。香港对"数量最大化"敏感性的培养是非常细腻而深刻的；在公众的想象中，"数量最大化"的敏感性也许可以用"抵"这个字表现出来；"抵"是最大价值的表现，在物质及精神生活取得最"抵"的结果是一种令人钦佩的成就。20世纪80年代，邓小平批准推行改革开放，并成为全国公认的开发区之前的几十年中，珠江三角洲地区一直对香港的发展能量和活力羡慕有加。无论在形式上多么相似，珠江三角洲始终是一个现代性项目，是一种功能性体系，也是一种城市想象，它的发展遵循着较早年代的城市建造方式。相对来说，香港则是一个缺乏现代主义话语的，受到较少学术思想影响的数量最大化环境；从这个意义上看，香港是一个前卫的城市。尽管存在着明显的差异，香港作为投资来源和成功的先例，依然对中国广大区域以及亚洲其他地区的城市发展施加着重要的影响。

数量最大化之城的一个超乎寻常的初期实例是九龙寨城（Kowloon Walled City，图1）。九龙寨城是一座从10层到14层不等的庞大建筑群，占地面积约为2.2hm²。根据伊安·兰伯特（Ian Lambot）的摄影实录《黑暗之城》（City of Darkness, 1999年）以及廖维武教授的研究所述（收录于MVRDV的FARMAX一书中，1998年），九龙寨城在 19 世纪中期最初是作为抵御英军侵略的城防工事，后来却成为了各种帮派与社团的藏身之地。随着时间流逝和不经意的增建，它成为一座令人惊异的迷宫，其中包含着通道、房间和院落，能容纳多达 3.5 万人。九龙寨城中有很多功能，例如麻将馆、塑料玩具厂、宗族联合会、血汗工厂、毒窟和食品厂，并将这座综合建筑的潜力扩充至极限。各种服务功能的彼此临近，以及九龙寨城堡垒式的结构也许为居民们提供了深深的安全感和生活上的便利。

但是，九龙寨城却是个失败的例子，因为它的数量没有被卫生和安全方面的专业知识所控制。接下来香港的发展则表明九龙寨城的新版本可以通过引入控制的方式来建造 (图 2)；香港的城市发展是一系列新旧管理与控制技巧的实证，而这些技巧也在其他城市广泛应用。指定基地建筑面积的数量由容积率（一定地块内，总建筑面积与建筑用地面积的比值）来控制，但是建筑在基地中的所处位置则由建筑密度（建筑用地面积与基地面积的百分比）来决定。大多数城市都对建筑的高度十分敏感，因为它们非常重视城市轮廓的比例。在香港，由于可建土地匮乏，因此对高度的限制并不那么严格。各种发展项目都有对照明、通风和防火的规范标准。公共交通被纳入整体规划的范围，这也使香港成为世界上人

图 1 九龙寨城，鸟瞰图（图片提供：廖维武）

179

图2 香港马鞍山

口流动最为便利的城市之一。公共设施，例如开放空间、学校、市场和运动设施的建造都与开发地块的大小有关。由于项目规模的不断扩大，环境控制也变得越来越重要：微环境、噪声和废弃物处理等。这些属于"法定数量"。

与"法定数量"相对的是时间与金钱的数量。在香港，开发商花高价从政府手中购买土地，这也就迫使他们急切地想要收回投资。他们苦心经营，务必要令利润空间最大化。例如，香港的高密度楼盘在"景观"上大做文章，通常为其标上高价；数量有限的无阻碍景观，如"山景"和"海景"，极大程度地影响着房产的价值。卧室（尽管很小）的数量同样标示着房产价格的定位。新公寓和二手房市场非常活跃；人们对此类产品的需求强劲，开发商能够很快收回投资，他们能够在相对较短时间内获得丰厚的利润。就像赌博一样，对于投资商或买家来说，这种快速获取利润的可能性吸引了大部分人的密切关注；去房地产市场参观和购买公寓几乎成了一种周末消遣。

房地产市场之所以能够维持其源源不断的活力，部分原因是对基于"标准楼"的设计方法的文化包容。这意味着许多建筑项目都包含着由标准单元构成的高层楼群，这些高楼都建于一个公用裙楼之上。在一些有名的住宅楼盘中，这些公用裙楼上通常配有细腻的景观设计——这在楼群密集的住宅区域内是十分珍贵的——其中包括小区住户专享的异国植物、会所、网球场、迷你高尔夫球场和游泳池。在公用裙楼的下方则通常是集商铺与停车场于一身的混合空间。这些由标准楼构成的超大楼盘利用其庞大的规模和剪贴般的布局将时间与金钱的数量推至极限，这些因素加快了设计与建造的过程（图3）。在许多案例中，大片的旧城区被拆迁，原有的区域用来建造新式的速成城市，彻底改变了城市的特征。这种典型体块与20世纪现代主义建筑（以及许多早期的建筑研究）中所使用的模数没有什么共同之处；也与前苏联时期强调意识形态驱动的工业模块没有任何联系。因此，典型体块成为了建筑和城市设计专业知识之间非细节化混合的最普遍表现形式，从中衍生出香港的独特视觉与空间质感。最近，在这些发展项目中，许多发展商为了补偿人文主义比例的缺失，而想要将这些超大楼盘的典型体块"主题化"：例如"地中海村"、"阿尔卑斯假日酒店"、"贝弗利山"以及非洲度假游，等等。这些模仿与创造"优质生活的最大数量"的方式只会更加突出其专业知识混合物的本质，以及和谐、比例、礼仪、得体性和风格的缺失。

劳力之城

香港城市发展的新特征包含着可能的未来因素，它

图3　香港九龙车站

既非源于比例性城市的传统概念，也与宗教性、宇宙哲学性、等级性以及意识形态性城市无关。但是，香港当前的城市现状却与汉娜·阿伦特（Hannah Arendt）称为"劳动者社会"的特殊类型有着莫大联系。在她的一本具有很大影响力的著作《人的条件》（The Human Condition，1958 年）中，阿伦特将人类活动分为三类，即劳动、制作和行动；这里，劳动与制作之间的区别与我们的论题有关。她写道，很多种语言中都存在两个语源无关的词汇，那就是"我们的身体的劳动与双手的制作"，而通常人们却认为是同一种行为。但是"劳动"和"制作"是完全不同的行为。动物化劳动者（animal laborans）通过艰辛的身体劳动来维持符合"人体新陈代谢本质"的生物学生命，而制作者（homo faber）创造的产品则超出了维持基本的生存。劳动是被动的，制作则是主动的。阿伦特评论说，以此为基础来讲，古希腊的奴隶制度并不仅仅基于经济剥削，它还是一种将劳动排除于人类制作之外的尝试；只要奴隶们迫于生存需要而劳动，他们就无法享有市民们的自由。

对于阿伦特来说，劳动的地位在现代社会中有了很大的提高。历史上第一次劳动解放运动并没有让所有人获得自由，却让所有人处于同一劳动条件之下。消费社会完全内化了"生物学生命的破坏性特质"；在消费社会中，劳动者身体通过生产力的发展和物质生活的丰富得到了极大的强化："动物化劳动者的空闲时间全都用来消费了，他们的剩余时间越多，占有欲就会越强、越贪婪"。消费社会成为可以描述阿伦特"劳动者社会"的另外一种途径。通过金钱和产品交换的途径，"劳动的身体"可以通过购买的片断来制造"制作的双手"的幻觉，以克服劳动本身固有的沉闷和空虚。资本主义与消费社会所要求的劳动身体与劳动的产品的分离，拥有着其特殊的美学特征。正如刘易斯·芒福德在他的巨著《城市发展史》（The City in History，1961 年）中所评论的，罗马人的依赖性生活方式（罗马人靠剥削殖民地维持生活）体现了寄生生命对不成比例补偿的极力需求；在某种程度上，这种补偿在罗马竞技场上血腥残忍的屠杀游戏中体现出来。从很多方面来说，我们的消费社会则在遵守我们当代的文化品位的基础上提供补偿，不断在减轻劳动的痛苦并进一步刺激消费欲望。正如阿伦特告诉我们的，劳动的身体要求幸福："只有动物化劳动身体对'幸福'有所要求，或是想过凡人的生活应该是幸福的，而无论是工匠还是行动的执行者都没有考虑过这一点。"消费社会创造了一个异化劳动力与高消费之间的长期联系，在更大且更全球化的市场以及更先进的贸易手段中得到高度的繁荣和发展。

如今，早期资本主义社会的等级划分在全球经济机制中被无限放大了；阿伦特在20世纪50年代所未见的是社会中的工作与劳动类型在全球范围内变得越来越分区化。在此语境中，全球制造与服务业（而非设计与发展）集散中心——香港与珠江三角洲地区——似乎是阿伦特所描述的劳动力社会最鲜活的例子。数量最大化的城市为消费者社会提供了一种相关的建筑。处于人类生活环境可接受条件边缘的标准公寓单元再现了消费者社会"生产关系"中的一个关键组成部分：这就是标准劳动力，以其严格的教育、标准的职业、由此衍生的美学的品位和购物的冲动。非细节性与混合性的建筑成为了劳动之城的背景。在此类建筑生产中，快速的反应要比对细节的关注更加重要。这与比例城市的建筑全然不同，例如希腊概念中的建筑"柱式"以及20世纪具有丰富细部的"高技派"设计学派：它们因细节文化而繁荣发展。在香港，细节的接受只是在消费社会的语境内：在其他消费产品之中，成本极高的建筑材料和细部被视为人们梦寐以求的消费品：从意大利运来的大理石、用黄金制作的马桶，还有诺曼·福斯特（Norman Foster）设计的大楼。我们的异化的标准劳动力创造了适当的建筑：快速、高效、具有功能性、视觉上彼此脱节、非细节化、以表面为导向、幻觉型、昂贵、平滑以及高度人工化，也就是数量最大化之城的建筑（图4）。这个城市最为重要的体验之一是其片段的身体异化；在本雅明的"都市漫游者"（flaneur）的影响下，我们正学着在文学、电影、互联网、艺术及建筑领域中去美化其分崩离析的人工性。消费社会最终寻找到一种城市形式，能够与其理想的劳动力和消费品流动相协调：生活的均质性被内化为亚洲价值观，意义的缺失升华为道德责任感，象征性及比例失调的高消费补偿了沉重的劳动负担。

未来之城

香港的起源并不能阻止我们将其看作一座可能的未来之城。在香港，传统的比例城市可认为已经完全屈

183

服于数量最大化的城市；这也令香港成为人类定居史上决定性的时刻。正如意外获得巨大力量的偶发性自然突变，尽管以牺牲人文主义比例为代价，香港已经成为了一种特殊的城市形式。在香港，我们正在尝试生活在抽象系统与专业知识的混合体之中。在这座城市，对人文主义内容的威胁是真切存在的，但是抽象体系与专业知识的混合体却并不一定会有系统地威胁着人们。数量最大化的状态包含着生活的固有逻辑，它体现的对资源的有效利用比具有惯性的美感更加重要。最近的现代主义者，例如乌尔里希·贝克（Ulrich Beck）、安东尼·吉登斯（Anthony Giddens）和斯科特·拉什（Scott Lash）在《自反性现代化》（Reflexive Modernization，1994年）中提到将传统生活作为一种"自反性现代化"形式"重新植入"抽象体系（或者数量世界）中。这里，我们也许不应该期望获得统一的比例和连贯性，而是在寻找一种局限的比例与连贯性，将其作为人文主义城市的新条件。如果我们成功地将人文主义话语重新嵌入城市，香港会成为未来的宜居城市吗？它是否会具有更紧密的联系、更高的效能、更安全、更方便，比无规划低密度城市发展更有生命力？我们能否在数量最大化及幻影之城中创造一座细节与比例之城？我们能否在充满消费品与劳动力的城市中建立一座智慧之城？这座城市能否满足我们的交换途径、传播速度、有益品与有害品的流动技术，并强迫我们重新调整我们的美学标准呢？

图4 旺角西洋菜街

16

净化城市

1577 年夏天，利玛窦（Matteo Ricci）在罗马圣安德里亚（Sant'Andrea）耶稣教会（巴洛克建筑师贝尼尼为此教会设计的著名教堂完工于 17 世纪）完成他的见习修道后，带着新的传教使命离开罗马，前往遥远的印度和中国。之后，他一直留在中国，在那里度过了后半生。利玛窦在中国所经历的苦难和取得的成就之中，有一件非常特殊，那就是他曾试图教中国人如何记忆。从表面上看，这个意图似乎是多余的，因为 1000 多年来中国人一直不断磨炼对科举考试至关重要的记忆方法，这种考试十分重视对儒家经典的完美背诵。然而，利玛窦所带来的记忆方法完全与此不同。我们或许可以设想利玛窦眼中的中国式记忆：他认为它们缺乏空间维度。因此，1596 年，利玛窦写了一本关于记忆艺术的论著，其中，他指出记忆的细节都以各自的位置存放于"记忆之宫"里，这个假想的记忆之宫有它的大堂、走廊、房间、庭院和花园等。于是，当一个人在回忆的时候，他可以想象自己一一穿越过这些空间，看到（想起）各个空间以及空间里面的内容。一座小的记忆之宫可以用来完成小的记忆任务，但当需要完成庞大的记忆计划时，它也可以很容易扩展为"记忆之城"。

记忆具有空间性的学说由来已久。利玛窦于 16 世纪 70 年代在耶稣教会受到的教育就包括了很多记忆的艺术，这是学生在修辞和语法方面基础教育的一部分，植根于自亚里士多德以来把记忆理解为"存储空间"的传统。这方面知名的传统著作包括《修辞学》（Ad Herennium，著于约公元前 86 —前 82 年，作者不详），

原文发表于德国《建筑世界》2007 年第 175 期 [Li Shiqiao, "The Cathartic City", *Stadt Bauwelt* 175 (2007), pp.16-25. *Bauwelt China* (Beijing, 2007), pp.10-23.]

以及昆蒂连（Quintilian）的《关于修辞的论述》(Institutio Oratoria, 公元前 95 年)。文艺复兴时期曾对这些著作进行了深入的研究，其中关于记忆的空间存放问题被普遍地联想为建筑、建筑群体或整个城市。

利玛窦把西方的记忆方法教给中国人的尝试不仅是历史上一个不同寻常的故事，更重要的是，他把这种极有影响力的想象与建造城市的方法介绍给了另一种文化，使之更加鲜明的凸显出来了。也许利玛窦自己也没有意识到，他的记忆法实际上是我们今天称之为"档案记录"的思维活动。按社会学家费泽思东（Mike Featherstone）的解释，记录存档既是收集又是组织材料，政治和知识的力量与合法性结合起来创建了档案，同时也从中得到合法性。档案记录建立和使用的方式是复杂的，材料可以记录起来以供查阅，但记录档案也可能将信息隐藏起来，就像毕夏普（Ryan Bishop）和罗宾森（Lillian Robinson）在他们研究泰国红灯区的著作《夜间市场》（Night Market, 1998 年）中所描述的那种"不可言喻"的信息资料。尽管德里达在他的《档案记录的热潮——弗洛伊德印象法》（Archive Fever, A Freudian Impression, 1996 年）中令人深思地分析及质疑了档案记录作为术语、空间、研究和权威上的准确性，但是，档案记录目前在我们文化和政治生活中的中心地位始终无法动摇。档案记录始终是一种建立起空间秩序的思维方式，可以储存记忆的内容和结构。弗洛伊德在他一本颇有影响力的著作《文明与它的不满》（Civilization and Its Discontents, 1930 年）中把人的无意识空间描述为城市："现在，让我们自由的想象一下，如果罗马不是一个人类的居所，而是一个有着同样漫长历史的精神世界，也就是说，所有曾经存在过的精神事件都不会消失，发展过程中早期阶段的精神产物与现在最新的这些都同样保存下来。"今天，当我们想象芯片的数字存储能力时，我们使用的术语便是"虚拟空间"，这更加表明了城市空间的档案记录特征。

档案记录可以被想象成一座城市，城市也可以被理解为档案馆，如同约翰·菲利普（John Phillips）在他的"城市的新档案记录"（《不可描述》，Beyond Description, 2004 年）中所阐述的一个动态的、自动归档的档案馆。当我们观赏如罗马、布拉格和北京等城市时，我们看得到并体会到那些深深刻进石头、砖块和瓦片里的个人或集体的历史。它们就好像利玛窦的记忆之宫的反向比喻——它们不是把记忆存储到记忆之宫各自的空间里面；这些城市把记忆带回给我们，可以由我们作无尽的阐释，在每一个阐释的过程中，权力和合法性都将得到更新。工业革命以前，城市的规模相对小而紧凑，然而，这种状况在 20 世纪有剧烈的改变——拥有了火车、汽车和飞机等交通工具，城市可以变得庞大到我们难以将其作为有含义的实体来把握的程度。19 世纪末 20 世纪初，约翰·拉斯金（John Ruskin）等道德家、查尔斯·波德莱尔（Charles Baudelaire）等诗人以及本雅明等理论家都深深震撼于这种变化对传统的档案记录城市所带来的扰乱——就像真实的档案馆遭到不可恢复的毁灭一样。当人们反思从 20 世纪早期开始传统档案记录城市日益碎片化的时候，常常会引用本雅明在他的拱廊项目和城市游荡者概念中所做的思考。还有一种趋势是试图恢复这种可以被解读的档案记录城市：凯文·林奇（Kevin Lynch）关于"好的城市形态"，即基于几何学和生物学比喻上的模式，反映了他对失去档案记录城市的焦虑；新城市主义则是一个较近期的向档案记录城市努力的思潮，虽然它在今天只能是一种"特技效果"。我们努力扩展市场空间的强烈欲望——以及为支持大规模人口一起工作的办公楼、住宅和城市交通——似乎一直伴随着一种深深的内疚；我们还在不断地寻找各种方式试图挽回在巨大城市中人们的生命意义。

香港是一个拒绝档案记录的城市，它的不同寻常的历史、地理位置和条件，使其演化为一个与普通的档案记录城市恰恰相反的例子。通过其精心培育的顺畅的适应和兼容能力，以及其不断地"城市更新"，使香港成为一个具有强大动力的净化城市，这种条件也许只能来源于非暴力性的深层清洗。

拒绝档案记录

在利玛窦神父想象中的记忆之宫里，有一个特征是不言而喻的，这就是记忆之宫内所有的实体都有细部和比例。我们只要看一看利玛窦所在时代的建筑学术著作就很容易理解这一点。同文艺复兴的其他方面的文化生活一样，这个时期的建筑是以古希腊和古罗马为典范的，其中的一部重要的建筑著作——维特鲁维的《建筑十书》将建筑看成是一个有比例的体系，建立在最完美的人体比例之上。他说，当一个标准的男性躯体伸展四肢的时候，其顶点刚好可以同时嵌进圆形和正方形之内。在利玛窦离开罗马的 16 世纪 70 年代，文艺复兴建筑大师如阿尔伯蒂、赛利奥、帕拉第奥等已经接受和发展了建筑和城市的人文主义理念：好的建筑和城市应具有完美的整体性，其内部的各个细节都是成比例而互相联系的。这样，建筑和城市获得了如语言般的准确性而维持其学术上的意义——希腊柱式作为统治了西方建筑实践多少世纪的古典风格的基本思想，实际上不外乎是关于建筑各细节的比例关系的体系，因为完善的比例体系可以有效地表达各种美学效果：粗壮／纤细，阳刚／阴柔，等等。从这里还产生了一种更为重要的控制能力，即被认为是所有高尚情感和行为所共有的"恰当礼仪"。因此，当一个人设计室内空间或规划公共广场时，指引其设计行为的应该也是这种美学和道德上的恰当礼仪。建筑、城市和文化间从来就存在着这种深刻联系，同时，也正因为这种关注细节和比例关系的文化使建筑维持了它的学术价值。城市通过细节及其各部分的比例关系进行档案记录。这样，城市的历史在某种意义上是以物质的方式记录和反映了各个发展时期所崇尚的道德标准：和谐、强势、英勇或帝国气派。古希腊城市显示了一种开放和竞争的城市生活；古罗马城市展现出的是不可征服的帝国力量；中国古代城市长安的建筑形制和用色蕴涵着鲜明的社会等级；中世纪城市体现了与支配世界的上帝对话的强烈愿望；而 20 世纪的现代城市则崇拜和模仿机器的机能及美学。这些城市都通过各自特殊的细节及其比例关系作了档案记录。

188

　　香港是另外一种城市，它的根本欲望是创造最多的数量，一个没有内疚感的数量最大化的城市。香港从某种意义上可以说是一个纯粹的 20 世纪的产物，因为它反映了经过数百年的变迁，理想型的人才已经从文艺复兴时期的"全能型的通才"转为 20 世纪的"严谨型的专才"。因为我们的城市、我们的市场已经变得如此之大，以至于个人的力量远远未能应付社会生活各个方面的复杂需求——正如现代科学的先锋者所预言的，专业分工和专业组织使我们获得了新形式的知识、新的控制我们生活的力量，建立了新的社会关系。正如我们每天可以看到和体验到的，20 世纪专业知识的扩张对我们城市的影响是无比巨大的。在档案记录城市里，关于发展、速度和效率的专业知识通常是受到比例和"恰当礼仪"的节制，但香港却毫无条件地相信并全盘接受了专业知识。香港兼收并蓄各种专业知识：这些知识可以使城市大规模建设达到最快速度，使利润空间达到最大化，使交通系统达到最高速，使合法空间得到最大限度利用，等等。其结果是，一个具有不可思议的效率和能量的城市产生了。

　　这样一个混合了各种专业专业知识的城市的最显著的特征是，细节的比例关系已经不再是一个中心的话题；香港似乎已经放弃了所有关于比例的问题。放弃细节和比例的主要原因是显然的：对于高效运转的系统来说，细节是多余的，细节会阻碍速度。在香港有很多这种"放弃"的例子：为了排污系统的高效可以放弃把管道组合和隐藏起来；为了车行道路的便捷可以放弃人们亲近水岸的需要；为了缓解高密度居住的压力可以放弃建筑与山廓线的美学比例关系。许多香港的新城区都是这样建起来的（图1）。从欧洲和美国来香港工作的建筑师都可能遇到一个共同的经历，那就是他们被认为太过关注细节设计了。香港对于专业知识的使用不是风格化的，不会采用像错位、断裂、无节制、故弄玄虚的拼贴式或矫揉造作的方式，它的混合方式是完全回避风格的。香港建筑在细节和比例关系上的缺失使香港有可能摆脱档案

图1　香港马鞍山

189

记录的城市功能。细节和比例关系的缺失使香港抛开了档案记录和课题讨论所必须具备的符号性的描述；这产生了一种新的情况，一种在城市史中处于假想条件而未被广泛知晓的事实：专业知识的混合，毫无负罪感的追求最大数量，以及清洗记录的城市。

清除城市中的危险

更具体地讲，香港对档案记录的摆脱源自它对卫生和安全性的专业知识的普遍采用和严格遵守。"危险地生活着！"尼采在他的《快乐的科学》（The Gay Science，1882年）里以他一贯的神秘方式宣布，"把城市建在维苏威火山的坡上！"尽管发人深省，尼采其实不过触碰了一个在文化的各层面都曾颇为普遍的观念：城市是危险的，在危险的城市中生活是基本人性的重要方面。"危险地生活着"也是一个从古希腊城市传承下来的根深蒂固的文化敏感性。那时，古希腊城市精心培养了善战的身体和善辩的思维人格。运动员以强壮的肌肉和坚强的意志竞技，不需要中介和隐蔽；学者渴望以完全开放的态度辩论，不依靠比喻和情节。这种人格特点在战争时期变得至关重要——因为当时频繁的战争需要把人的思维和体力推到极限。举个最著名的例子，斯巴达的男童会离开父母家庭，被送到军营去锻炼，直到成人，这种完全脱离家庭的方式也许是我们今天完全无法忍受的。在军营中，他们被训练成体魄坚强、头脑机敏和严守纪律的战士。这种培养人高度警惕性的做法对后世的影响是巨大的；在古希腊时代的两千年以后，颇有影响力的英国学者约翰·洛克（John Locke）写了一本关于教育的论著，他强调了艰苦环境是培养强有力的身体和意志所必不可少的因素。在时空与古希腊传统遥相呼应的是，毛泽东的"野蛮其体魄"的思想也在20世纪下半叶的中国掀起了大规模体育运动的热潮。

虽然这种充满危险的城市在以身体为中心的人文主义社会受到关注，这绝非是专业知识所得出的结论。今天，我们有各种精细的方法来维护城市的安全：不仅使城市远离了类似战争那种真正的危险和残酷，也把城市从大自然中隔离，隔离自然的水岸，隔离裸露的地面，隔离未加防护的山坡，隔离天然的植被，隔离外界的天气。我们也许可以认为，在缺乏人文主义文化的香港，各种卫生学和安全性的专业知识达到了一种前所未有的高度。我们在搭乘公共交通时，往往可以听到各种各样的警告：请小心列车与月台之间的空隙，请小心即将关闭的车门，小心地滑，紧握扶手，及时咨询医生，等等。这种对于卫生学和安全性专业知识的依赖性正在以一种强大的力量塑造着这个城市：香港的城市物质环境就是在从卫生学和安全性出发的思想下逐步改造形成的。

　　安全性深深根植于香港的创立和建设中：对于香港的安全意识的形成具有关键性影响的事件是1953年圣诞节发生在石硖尾的大火，那场灾难使5万人无家可归。正如1666年的伦敦大火使伦敦从木结构的都铎城市转变为石结构的古典城市一样，石硖尾大火也具有转折意义，部分在于它标志着大量、高效和成功的政府福利住宅建设的开始。细节和比例关系的缺失，防火规范的标准，再加上其他一系列通风采光的规定，成了塑造香港众多建筑及地区形态最有效的力量。在遵守多种严格的安全法令限制之外，最大的数量成了唯一值得追求的目标。这里，安全规范所起的塑形力量是普遍而深入的，它既合理又有强迫症的成分。这种力量无处不在，它在很大程度上决定了我们对城市体验的内容：道路必定有连续的路牙线；每个山坡都有编号登记，并采取措施防止可能出现的滑坡事故；规范要求的地方全部装上扶手；原有的自然河岸被修成笔直的硬质人工水岸以防人们因亲近水岸而发生危险；许多公园禁止一些本属正常的活动，因为它们具有潜在的危险（图2）。香港是一个港口城市，但在市区几乎没有可以接触大海海岸的公共空间，这无疑是香港对安全专业知识的严格执行的最佳实例。

图2 公园里禁止的危险活动

从专业知识的角度来看，大海对市民来说是危险的，应该用围栏隔离（图3）。

对维护清洁卫生的要求恐怕是影响香港建筑和城市发展的最明显的因素。当然，所有城市都配备排污和垃圾清除及处理的系统，香港在这方面的设施是很好的。但香港对建筑材料的使用与维持清洁卫生有突出关系。在这里，建筑材料的选择不仅是基于建筑和城市外观，更重要的是它们防污染和防气候侵蚀的能力。因此，具有光滑表面的材料如玻璃、不锈钢、磨光石材、瓷砖、漆面比其他材料要更被广泛采用。在很多城市通常被认为是经济的乡土材料，在香港则只能作为需要购买的商品化的体验，只有在昂贵的消费场所和高档餐厅才会使用。这种设计的结果对城市的影响是不可低估的：香港是一个洁净抗菌的城市，一个巨大而连续的光滑表面，似乎刻意在拒绝记忆和岁月（图4）。如同莫斯塔法维（Mohsen Mostafavi）和雷泽巴罗（David Leatherbarrow）在《气候的侵蚀——建筑生命的岁月痕迹》(On Weathering, the Life of Buildings in Time, 1993年)里所解释的，建筑的沧桑感具有许多我们体验和理解建筑的内容，它们的表面富有许多微小的细节和时间赋予的肌理；这形成了一种"具有厚度的表皮"，也同样是一种档案记录。被气候侵蚀的表皮记录了它被自然重新刻画的过程，这也是档案记录城市的重要组成部分。与这种有年龄感的材料形成强烈对比的是，香港的"没有岁月痕迹"的建筑（实际上不是没有岁月痕迹，只是有不同的岁月痕迹）也许是抵抗档案记录的最有效途径；

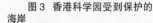

图3 香港科学园受到保护的海岸

抛光和同质的表面连同细部与比例关系的缺失一道，使城市没有记录。

遗忘馆

通过抵抗档案记录和通过坚持普及并严格遵守卫生学和安全性的专业知识，香港在某种程度上也可以说是一个类似遗忘馆的城市。当然，这并不是说香港没有记忆，而是说香港没有刻意在建筑上记录档案和表现记忆。香港的建筑从远处看很是壮观并且给人以深刻的印象，但从近处看却往往没有什么让人容易记住或易于辨认的细节。香港的不断自我重建反映了其房地产业的发展的起伏——香港过去的城市更新建设一直紧密反映了房地产市场的五个繁荣和衰退期（1945—1953 年、1954—1967 年、1968—1974 年、1975—1984 年，以及 1985—1997 年）。在这里，银行有一半的资金是借贷给本地的物业发展，而物业产值也几乎构成了香港总人均总产值的 1/4，这是远远高出其他城市的。这种经济模式反映在香港城区充满活力的"更新"，正如我们可以清楚地看到那样，新建筑常常毫不留情地取代旧建筑——无论原来的是传统民居还是殖民时期的建筑。

香港可能是城市发展史中的特例。在过去的 100 多年，香港的很大一部分（新界）是英国从中国租来的土地，这在殖民时期当属正常的行为，但却对香港产生了深刻而独特的影响。虽然香港对遥远的政权有重要的象征意义，但在它的领域范围内，由于缺乏对租界的深刻情感联系而导致了一种去政治性的局面：没有帝国、民

图 4 购物中心光亮的地面

族、国家和种族的内容，政治也许很难存在。对许多人来说，标志着香港人政治意识觉悟的最重大的事件是1989年由数以万计的、以前从未走上街头的中产阶级组成的示威游行。按阿克巴•阿巴斯（Ackbar Abbas）在他的《香港的消失文化及政治》（Hong Kong, Culture and the Politics of Disappearance，1997年）中的评论，这实际上可以看作一种非政治性的为了"自由市场"而不是为了"自由"的一次游行。而自1997年回归后，这种情形似乎没有根本改变，这个现实很有启示作用。香港的政治在很多方面都很少与主权和国际势力有关；几乎被遗忘的皇后像广场（图5），以及1997年后具有象征意义的政治空间的缺乏就反映了这种状态。相反，最强有力的建筑形式所展示的是金钱、资本和财富的能量：香港高度抛光和昂贵购物中心、金融机构大厦、高层住宅楼以极大的自信在不断扩张。最近，香港特别行政区政府为在添马舰兴建新政府总部所征集的四个建筑方案不是希望重拾香港制度上和文化上的记忆，而是希望它发展得像周边的金融机构一样。也许香港不同于新德里、吉隆坡、新加坡等"后殖民城市"，香港既没有殖民前的城市历史也没有殖民后的独立主权。在香港，恐怕不能产生像埃德温•勒琴斯（Edwin Lutyens）那样的建筑师，作为印度殖民式政府建筑创始人，勒琴斯研究了英国和印度的建筑和城市传统。在香港，没有一种迫切的力量

图5 占据香港皇后像广场的外籍女佣

去推动"民族形式"的建筑，尽管许多其他城市的建筑师和规划师对此颇为费神追求。

香港具有一种奇异的吸引力，也许因为它提供了更有效的不确定身份的状态。某种程度上，无论从东方还是西方，很多人来到香港是为了忘掉一些记忆——这里深沉的缺乏，分神的模拟，饱和的颜色、味道和声音，没有细节的同质表面，以及没有比例关系的建筑，所有这些共同形成了一种城市的净化，为创造数量最大化的城市奠定了基础。不过，这种城市的净化不同于现代主义的"抛弃传统"：现代主义是持一种反对档案记录城市的激进立场，它认为档案记录城市是对真正新生事物的一种阻碍；而香港从来就不是一个档案记录城市，从而不可能对其有激进的立场。香港的发展不是负面的清除，而是不断的更新。虽然香港是 20 世纪的产物，但在本质上却不是现代主义的作品，这一点与有着相似外貌的深圳形成强烈的对比。深圳似乎充满了过激的行为和系统及道德上的失调，而香港却没有什么根本性的机能不良或者过激行为。信奉卫生学和安全性的专业知识，香港抛开了在建筑和城市设计中的细节和比例关系：它没有提供档案记录所必需的安静和孤独。作为一个遗忘馆似的城市，香港向我们展示了一个新的城市形态：它通过遗忘改变了以往由记忆塑造的城市形态。通过抛开皇权的、国家的、理想的、种族的档案记录，香港提出了一个新的人文研究的课题，这也许应该作为 21 世纪的一项研究工作。

参考书目

1 Akami, Tomoko, *Internationalizing the Pacific: The United States, Japan and the Institute of Pacific Relations in War and Pease, 1919-45* (New York: Routledge, 2002)

2 Alderman, William, "The Style of Shaftesbury", *Modern Language Notes* 38 (1923)

3 Anderson, Benedict, *Imagined Communities* (London: Verso, 1991)

4 Arendt, Hannah, *The Human Condition* (Chicago and London: The University of Chicago Press, 1958 and 1998)

5 Bacon, Francis, *The Philosophical Works of Francis Bacon* (London: George Routledge and Sons ltd., 1905)

6 Bailey, Paul, *Reform the People: Changing Attitudes Towards Popular Education in Early Twentieth-century China* (Edinburgh: Edinburgh University Press, 1990)

7 Beck, Ulrich, Anthony Giddens, and Scott Lash, *Reflexive Modernization: Politics, Tradition and Aesthetics in the Modern Social Order* (Cambridge: Polity, 1994)

8 Bellori, Giovanni, *Descrizione delle imagini dipinti da Raffaelle d'Urbino nelle camere del Palazzo Vaticano* (Rome, 1695)

9 Bennett, J., "Christopher Wren, the Natural Causes of Beauty", *Architectural History* 15 (1972)

10 Bennett, J., "Christopher Wren: Astronomy, Architecture, and the Mathematical Sciences", *Journal for the History of Astronomy* 6 (1975)

11 Bennett, J., "Robert Hooke as Mechanic and Natural Philosopher", *Notes and Records of the Royal Society of London* 35 (1980)

12 Bennett, J., *The Mathematical Science of Christopher Wren* (Cambridge: Cambridge University Press, 1982)

13 Berman, Marshall, *All That is Solid Melts Into Air, The Experience of Modernity* (New York: Simon and Schuster, 1982)

14　Bhabha, Homi, ed., *Nation and Narration* (London and New York: Routledge, 1990)

15　Birch, Thomas, *History of the Royal Society* (London, 1756)

16　Bishop, Ryan, John Phillips and Wei-Wei Yeo, eds., *Postcolonial Urbanism, Southeast Asian Cities and Global Processes* (New York and London: Routledge, 2003)

17　Bishop, Ryan, John Phillips and Wei-Wei Yeo, eds., *Beyond Description, Singapore Space Historicity* (London and New York: Routledge, 2005)

18　Black, Anthony, *Guilds and Civil Society in European Political Thought from the Twelfth Century to the Present* (London: Methuen & Co. Ltd, 1984)

19　Boerschmann, Ernst, *Chinesische Architektur* (Berlin: E. Wasmuth, A.G, 1925)

20　Boerschmann, Ernst, *Die Baukunst Und Religiose Kultur Der Chinesen* (Berlin, G. Reimer, 1911-1914), 2 vols

21　Boorman, Howard, ed., *Biographical Dictionary of Republican China* (New York: Columbia University Press, 1967-1979), 5 vols

22　Brett, R., *The Third Earl of Shaftesbury, a Study in Eighteenth-Century Literary Theory* (London: Hutchinson's University Library, 1951)

23　Brewer, John, *The Sinews of Power, War, Money and the English State, 1688-1783* (Cambridge MA: Harvard University Press, 1990)

24　Brownell, Morris, *Alexander Pope & the Arts of Georgian England* (Oxford: Clarendon Press, 1978)

25　Burrows, Barry, "Whig versus Tory - a Genuine Difference?", *Political Theory 4* (1976)

26　Cassirer, Ernst, *The Platonic Renaissance in England*, translated by James P. Pettegrove (London: Nelson, 1953)

27　Chambray, Fréart de, *An Idea of the Perfection of Painting*, translated by J. E. Esquire (London, 1668)

28　陈独秀. 驳康有为致总统总理书. 新青年，第二卷，第二期 .1916.1

29　Chu, Ch'i-ch'ien and G. T. Yeh, "Architecture: A Brief Historical Account Based on the Evolution of the city of Peiping," in Sophia H. Chen Zen, ed., *Symposium on Chinese Culture* (New York, Paragon Book Reprint Corp., 1969)

30　Coaldrake, William, *Architecture and Authority in Japan* (London and New York: Routledge, 1996)

31　Cody, Jeffrey, *Building in China: Henry K. Murphy's "Adaptive Architecture,"1914-1935* (Hong Kong: Chinese University Press, 2001)

32　Colie, Rosalie, "Dean Wren's Marginalia and Early Science at Oxford", *The Bodleian Library Record* 6: 4 (April 1960)

33　Colvin, Howard, *A Biographical Dictionary of British Architects,*

1600-1840 (London: John Murray, 1978)

34 Colvin, Howard, J. Crook, Kerry Downes, John Newman, *The History of the King's Works* (London: Her Majesty's Stationary Office, 1976), vol. 5

35 Connor, T., "The Making of 'Vitruvius Britannicus'", *Architectural History* 20 (1977)

36 Cooper, Michael, *"A More Beautiful City", Robert Hooke and the Rebuilding of London after the Great Fire* (Gloucestershire: Sutton Publishing, 2003)

37 Cret, Paul, "The Ecole des Beaux-Arts: What Its Architectural Teaching Means", *Architectural Record* 23 (1908)

38 Crinson, Mark, *Empire Building : Orientalism and Victorian Architecture* (London and New York: Routledge, 1996)

39 Dawson, Raymond, *Confucius* (Oxford: Oxford University Press, 1986)

40 Demiéville, Paul, "Che-yin Song Li Ming-tchong *Ying tsao fa che*", *Bulletin De l'□cole Fran□aise d'Extreme-Orient* 2 (1925)

41 Derham, William, *Philosophical Experiments and Observations of the Late Eminent Dr. Robert Hooke* (London, 1726)

42 丁伟志，陈崧．中西体用之间：晚清中西文化观述论．北京：中国社会科学出版社，1995

43 Downes, Kerry, *Sir John Vanbrugh, a Biography* (London: Sidgwick & Jackson, 1987)

44 Downes, Kerry, *The Architecture of Wren*, (London: Granada, 1982)

45 Drexler, Arthur, ed., *The Architecture of the Ecole des Beaux-Arts* (New York: The Museum of Modern Art, 1977)

46 Durie, John, *A Seasonable Discourse by Mr. John Dury* (1649)

47 Durie, John, *Motion Tending to the Publick Good of This Age, and of Posteritie* (1642)

48 Durie, John, *The Reformed School* (1650)

49 Fairbank, John and Merle Goldman, *China: A New History* (Cambridge, Mass.: Belknap Press of Harvard University Press, 1998)

50 Fairbank, Wilma, *Liang and Lin: Partners in Exploring China's Architectural Past* (Philadelphia: University of Pennsylvania Press, 1994)

51 Featherstone, Mike, "In Pursuit of the Postmodern", *Theory Culture & Society* 5 (1988)

52 Feng, Yu-lan, *A Short History of Chinese Philosophy* (New York: The Free Press, 1948)

53 Fergusson, James, *History of Indian and Eastern Architecture* (London: J. Murray, 1876)

54 Featherstone, Mike, Mike Hepworth and Bryan S. Turner, eds., *The Body, Social Process and Cultural Theory* (London: Sage Publications, 1991)

55 Fingarette, Herbert, *Confucius – the Secular as Sacred* (New

York: Harper Torchbooks, 1972)

56 Finn, Dallas, *Meiji Revisited: The Sites of Victorian Japan* (New York: Weatherhill, 1995)

57 Fletcher, Henry, "Sir Christopher Wren's Carpentry", *Journal of the Royal Institute of British Architects* 30 (3rd series, 1923)

58 Forster, T., ed, *Original Letters of Locke; Algernon Sidney; and Anthony Lord Shaftesbury, Author of the "Characteristics"*, (London: J. B. Nichols and Son, 1830)

59 Friedman, Terry, "A 'Palace Worthy of the Grandeur of the King', Lord Mar's Designs for the Old Pretender, 1718-30", *Architectural History* 29 (1986)

60 Furth, Charlotte, *Ting Wen-Chiang, Science and China's New Culture* (Cambrideg, Massachusetts: Harvard University Press, 1970)

61 高新民，张树军 . 延安整风实录 . 杭州：浙江人民出版社，2000

62 Gernet, Jacques, *Daily Life in China on the Eve of the Mongol Invasion, 1270-1276* (London: Allen & Unwin, 1962)

63 Glahn, Else, "Unfolding the Chinese Building Standards: Research on the *Yingzao fashi*", in *Traditional Chinese Architecture* (New York: China Institute in America, China House Gallery, 1984)

64 Grossman, Elizabeth, *The Civic Architecture of Paul Cret* (Cambridge: Cambridge University Press, 1996)

65 Guo, Qinghua, "*Yingzai fashi*: Twelfth-Century Chinese Building Manual", *Architectural History 41* (1998)

66 Hall, S., *Pilgrimages to English Shrines* (London: Arthor Hall, Virtue & Co., 1850)

67 汉宝德 . 明清建筑二论 . 台北：境与象出版社，1988

68 Habermas, Jürgen, *The Theory of Communicative Action I: Reason and the Rationalization of Society*, tr. Thomas McCarthy (London: Heinemann, 1981)

69 Jürgen Habermas, "Citizenship and National Identity; Some Reflections on the Future of Europe", *Praxis International* 12:1 (1992), pp.1-18

70 Harris, Eileen, *British Architectural Books and Writers, 1556-1785* (Cambridge: Cambridge University Press, 1990)

71 Harris, Eileen, "'Vitruvius Britannicus' before Colen Campbell", *Burlington Magazine* 128 (1986)

72 Heng, Chye Kiang, *Cities of Aristocrats and Bureaucrats: The Development of Medieval Chinese Cities* (Singapore, 1999)

73 Herbert, Regnald, *The History and Treasures of Wilton House* (London: Pitkin Pictorials, 1954)

74 Heynen, Hilde, *Architecture and Modernity, A Critique* (Cambridge M.A.: The MIT Press, 1999)

75 Historical Manuscripts Commission, *Report on Manuscripts in Various Collections* 8 (1913)

76 Hooke, Robert, *Micrographia: or some physiological descriptions of minute bodies made by magnifying glasses* (London, 1665)

77 Houghton, Walter, "The English Virtuoso in the Seventeenth Century", *Journal of the History of Ideas* 3 (1942)

78 Hu, Shih, *The Chinese Renaissance* (New York: Paragon Book Reprint Corp., 1963)

79 Huang, Philip, *Liang Chi-chao and Modern Chinese Liberalism* (Seattle and London: University of Washington Press, 1972)

80 Hunter, Michael, *Science and Society in Restoration England* (Cambridge: Cambridge University Press, 1981)

81 Hussey, Harry, *My Pleasures and Palaces: An Informal Memoir of Forty Years in Modern China* (New York: Doubleday, 1968)

82 Jardine, Lisa, *Ingenious Pursuits, Building the Scientific Revolution* (New York: Doubleday, 1999)

83 Jardine, Lisa, *On a Grander Scale, the Outstanding Life of Sir Christopher Wren* (London and New York: HarperCollins Publishers, 2002)

84 Jeffery, Paul, *The Church of St. Vedast-Alias-Foster, City of London* (London: The Ecclesiological Society, 1989)

85 John, Harries, *The Palladian Revival, Lord Burlington, His Villa and Garden at Chiswick* (New Haven and London: Yale University Press, 1995)

86 Jones, Richard, *Ancients and Moderns, a Study of the Rise of the Scientific Movement in Seventeenth-Century England*, (St Louis: Washington University Press, 1961)

87 Jourdain, Margaret, *The Works of William Kent, Artist, Painter, Designer, and Landscape Gardener* (London: Country Life, 1948)

88 Junius, Franciscus,*The Painting of the Ancients* (London, 1638)

89 Keene, Donald, *Emperor of Japan: Meiji and His World, 1852-1912* (New York: Columbia University Press, 2002)

90 Kennedy, James, *A Description of the Antiquities and Curiosities in Wilton-House* (Salisbury, 1769)

91 Kieven, Elisabeth, "Galilei in England", *Country Life* 153 (1973)

92 Klein, Lawrence, *Shaftesbury and the Culture of Politeness, Moral Discourse and Cultural Politics in Early Eighteenth-century England* (Cambridge: Cambridge University Press, 1994)

93 Koyre, Alexandre, *Galileo Studies* (Hassocks: Harvester, 1978)

94 赖德霖 ."科学性"与"民族性"：近代中国的建筑价值观 . 建筑师，62 期 .1995

95 乐嘉藻 . 中国建筑史 .1933

96 Lash, Scott, *Another Modernity, A Different Rationality* (Oxford: Blackwell, 1999)

97 Leatherbarrow, David, "Plastic Character, or How to Twist Morality with Plastics", *Res* 21 (1992)

98 Lees-Milne, James, *The Earls of Creation* (London: Century

Hutchinson, 1962)

99 Lefebvre, Henri, *The Production of Space*, trans. Donald Nicholson-Smith (Oxford: Blackwell, 1991)

100 Levenson, Joseph, *Liang Ch'i-ch'ao and the Mind of Modern China* (Cambridge, Massachusetts: Harvard University Press, 1953)

101 李致忠 . 古书版本学概论 . 北京：北京图书馆出版社，1990

102 Li, Andrew I-kang, "A Shape Grammar for Teaching the Architectural Style of the *Yingzao Fashi*"（博士论文，MIT, 2001）

103 Li, Shiqiao, "Christopher Wren as a Baconian", *The Journal of Architecture* 5 (Autumn 2000)

104 Li, Shiqiao, "Writing a Modern Chinese Architectural History", *Journal of Architectural Education* 56 (2002)

105 梁从诫 . 林徽因文集：建筑卷 . 天津：百花文艺出版社，1999

106 梁启超 . 梁启超全集 . 北京：北京出版社，1999(共十卷)

107 梁思成 . 序言 . 营造法式注释 . 北京：中国建筑工业出版社，1983

108 梁思成 . 中国建筑史 . 香港：三联书店，2000

109 梁思成 . 梁思成全集 . 北京：中国建筑工业出版社，2001(共九卷)

110 梁思成 . 梁思成建筑画 . 天津：天津科学技术出版社，1996

111 梁思成 . 梁思成文集 . 北京：中国建筑工业出版社，1985(共四卷)

112 梁思成，刘致平 . 建筑设计参考图集 . 北京：中国营造学社，1935

113 Liang, Ssu-ch'eng, "China's Oldest Wooden Structure", *Asia Magazine* [1941(7)]

114 Liang, Ssu-ch'eng, "Five Early Chinese Pagodas", *Asia Magazine* [1941(7)]

115 Liang, Ssu-ch'eng, *A Pictorial History of Chinese Architecture* (Cambridge, Massachusetts: The MIT Press, 1984)

116 Liang, Ssu-ch'eng, "China: Arts, Language and Mass Media", *Encyclopedia Americana*

117 Liang, Ssu-ch'eng, "Open Spandrel Bridge of Ancient China – I, the An-chi Ch'iao at Chao Chou, Hopei", *Pencil Points* 19 (1938)

118 Liang, Ssu-ch'eng, "Open Spandrel Bridge of Ancient China – II, the Yung-t'ung Ch'iao at Chao Chou, Hopei"，*Pencil Points* 19 (1938)

119 林洙 . 叩开鲁班的大门——中国营造学社史略 . 北京：中国建筑工业出版社，1995

120 林洙 . 建筑师梁思成 . 第二版 . 天津：天津科学技术出版社，1997

121 刘敦桢 . "玉虫厨子"之建筑价值并补注 . 中国营造学社汇刊 . 第三卷第一册，1932

122 刘敦桢 . 佛教对于中国建筑之影响 . 科学 ,1928（13）

123 刘敦桢 . 法隆寺与汉六朝建筑式样之关系并补注 . 中国营造学社汇刊 . 第三卷第一册，1932

124 刘敦桢 . 中国古代建筑史 . 北京：中国建筑工业出版社，1980

125 刘敦桢 . 刘敦桢文集 . 北京：中国建筑工业出版社，1982(共四卷)

126 Lysons, Daniel, *The Environs of London* (London, 1792-1796)

127 Ma, Jianzhong, "A Letter to Li Hongzhang on Overseas Study (1878)", in Paul Bailey trans. and ed., *Strengthen the Country and Enrich the People: the Reform Writings of Ma Jianzhong (1845-1900)* (Surrey, England: Curzon, 1998)

128 Mainstone, Rowland, *Development in Structural Form* (London: Allen Lane, 1975)

129 毛泽东 . 在延安文艺座谈会上的讲话 . 文艺方针政策学习资料 . 长春：吉林人民出版社，1961

130 Middleton, Robin, ed., *The Beaux-Arts and Nineteenth-Century French Architecture* (Cambridge, Massachusetts: The MIT Press, 1982)

131 Mumford, Lewis, *The City in History: Its Origins, Its Transformations, and Its Prospects* (New York and London: Harcourt Inc., 1989)

132 Needham, Joseph, *Science and Civilization in China* (Cambridge: Cambridge University Press, 1954-)

133 Newman, Aubrey, *The Stanhopes of Chevening, a Family Portrait* (London: Macmillan, 1969)

134 Oldenburg, Henry, *The Correspondence of Henry Oldenburg*, edited by A. R. Hall and M. B. Hall, in 11 volumes (Madison and London: University of Wisconsin Press, 1965-1977)

135 Osborne, Harold, *The Oxford Companion to Art* (Oxford: Oxford University Press, 1970)

136 Paknadel, Felix, "Shaftesbury's Illustrations of Characteristics", *Journal of the Warburg and Courtauld Institutes* 37 (1974)

137 彭明主编 . 中国现代史资料选辑：第一册 . 北京：中国人民大学出版社，1987

138 Pevsner, Nikolaus, *An Outline of European Architecture* [London: Allen Lane, 1973 (first published in 1943)]

139 Plotinus, "The First Ennead, The Sixth Tractate", *The Enneads*, translated by Stephen MacKenna (London: Penguin Books, 1991)

140 Pong, David, *Shen Pao-chen and China's Modernization in the Nineteenth Century* (Cambridge: Cambridge University Press, 1994)

141 Porter, Stephen, *The Great Fire of London* (Gloucestershire: Sutton Publishing, 1996)

142 Powicke, Frederick, *The Cambridge Platonists, a Study* (London and Toronto: J. M. Dent and Sons ltd., 1926)

143 Public Record Office, London

144 Purver, Margery, *The Royal Society: concept and creation*

(London: Routledge, 1967)

145 Rand, Benjamin, ed., *Second Characters, or the Language of Forms* (Cambridge: Cambridge University Press, 1914)

146 Rand, Benjamin, ed., *The life, Unpublished Letters, and Philosophical Regimen of Anthony, Earl of Shaftesbury* (London and New York: Harvard University Press, 1900)

147 任继愈主编 . 中国藏书楼 . 沈阳：辽宁人民出版社，2001

148 Rogers, Malcolm, "John and John Baptist Closterman: a Catalogue of their Works", *Walpole Society* 49 (1983)

149 Rowe, Peter and Seng Kuan, *Architectural Encounters with Essence and Form in Modern China* (Cambridge, Mass., 2002)

150 Ruan, Xing, "Accidental Affinities, American Bearx-Arts in Twentieth-century Chinese Architectural Education and Practice", *Journal of Society of Architectural Historians* 61 (2002)

151 Sachse, William, *Lord Somers, A Political Portrait* (Manchester: Manchester University Press, 1975)

152 Sennett, Richard, *Flesh and Stone, the Body and the City in Western Civilization* (New York and London: W. W. Norton & Company, 1994)

153 Schwarcz, Vera, *The Chinese Enlightenment: Intellectuals and the Legacy of the May Fourth Movement of 1919* (Berkeley: University of California Press, 1986)

154 Serlio, Sebastiano, *The Five Books of Architecture* (London, 1611)

155 Shaftesbury, Anthony Ashley Cooper, third Earl of, *Characteristics of Men, Manners, Opinions, Times* (Cambridge: Cambridge University Press, 1999), ed. Klein, Lawrence

156 Shaftesbury, Anthony Ashley Cooper, third Earl of, *Letters of the Earl of Shaftesbury, Collected into one volume* (London, 1750)

157 Shaftesbury, Anthony Ashley Cooper, third Earl of,*Several Letters Written by a Noble Lord to a Young Man at the University* (London, 1716)

158 Shaftesbury, Anthony Ashley Cooper, third Earl of,"The Preface", *Select Sermons of Dr. Whichcot, in Two Parts* (London, 1698)

159 Silcock, Arnold, "Bulletin of the Society for the Research in Chinese Architecture Vol. I, No. 1. Pei-p'ing, 1930", *in Bulletin of the School of Oriental Studies* 6 (1930)

160 Sirén, Osvald, *The Walls and Gates of Peking* (London: John Lane, 1924)

161 Soo, Lydia, *Reconstructing Antiquity: Wren and His Circle and the Study of Natural History, Antiquarianism, and Architecture at the Royal Society* (博士论文 , Princeton University, 1989)

162 Soo, Lydia, *Wren's "Tracts" on Architecture and Other Writings* (Cambridge: Cambridge University Press, 1998)

163 Spence, Jonathan, *The Search for Modern China* (New York and London: W. W. Norton & Company, 1990)

164 Sprat, Thomas, *The History of the Royal Society of London, for*

the Improving of Natural Knowledge (London, 1667)

165 Steinhardt, Nancy, *Chinese Architecture, The Culture and Civilization of China* (New Haven: Yale University Press, 2002)

166 Stewart, David, *The Making of a Modern Japanese Architecture: 1868 to the Present* (Tokyo and New York: Kodansha International, 1987)

167 Summerson, John, *Architecture in Britain, 1530-1830* (London: Penguin, 1970)

168 Summerson,John, *The Sheldonian in Its Time, an Oration Delivered to Commemorate the Restoration of the Theatre, 16 November, 1963* (Oxford: Clarendon Press, 1964)

169 Summerson,John, "The Mind of Wren", in *Heavenly Mansions and Other Essays on Architecture* (New York and London: W. W. Norton & Company, 1963)

170 Sweetman, J., "Shaftesbury's Last Commission", *Journal of the Warburg and Courtauld Institutes* 19 (1956)

171 竹島卓一．営造法式の研究．東京：中央公論美術出版，1970-1972(共三卷)

172 Tang, Xiaobing, *Global Space and the Nationalist Discourse of Modernity: the Historical Thinking of Liang Qichao* (Stanford, California: Stanford University Press, 1996)

173 陶湘．识语．李明仲营造法式．第八卷

174 *The Wren Society*, in 20 volumes, (Oxford: Oxford University Press, 1924-1943)

175 Thomas, John, *The Institute of Pacific Relations: Asian Scholars and American Politics* (Seattle and London, University of Washington Press, 1974)

176 Tinniswood, Adrian, *His Invention So Fertile, a Life of Christopher Wren* (Oxford: Oxford University Press, 2001)

177 Tinniswood, Adrian, *By Permission of Heaven, The True Story of the Great Fire of London* (New York: Riverhead Books, 2003)

178 Toesca, Ilaria, "Alessandro Galilei in Inghilterra", in *English Miscellany* 3 (1952), ed., Mario Praz

179 Tulloch, John, *Rational Theology and Christian Philosophy in England in the Seventeenth Century* (Edinburgh and London: William Blackwood and Sons, 1874), 2 vols

180 Turner, Bryan, ed., *Theories of Modernity and Postmodernity* (London: Sage Publiscations, 1990)

181 Turner, Bryan S., *The Body and Society, Explorations in Social Theory* (London: Sage Publications, 1996)

182 Tuveson, Ernest, *The Imagination as a Means of Grace, Locke and the Aesthetics of Romanticism* (Berkeley and Los Angeles: University of California Press, 1960)

183 Tuveson, Ernest,"The Importance of Shaftesbury", *A Journal of English Literary History* 20 (1953)

184 Tuveson, Ernest, "The Origins of the 'Moral Sense'", *The Huntington Library Quarterly* 11 (1947-1948)

185 Van Eck, Caroline, *British Architectural Theory 1540-1750, An Anthology of Texts* (London: Ashgate, 2003)

186 Voitle, Robert, *The Third Earl of Shaftesbury, 1671-1713* (Baton Rouge and London: Louisiana State University Press, 1984)

187 Ward, Seth and John Wilkins, *Vindiciae Academiarum Containing, Some Briefe Animadversions upon Mr. Websters Book, Stiled The Examination of Academies* (Oxford, 1654)

188 Warner, Torsten, *German Architecture in China: Architectural Transfer* (Berlin: Ernst & Sohn, 1994)

189 Webster, Charles, *The Great Instauration, Science, Medicine and Reform, 1626-1660* (London: Duckworth, 1975)

190 Webster, John, *Academiarum Examen, or the Examination of Academies* (London, 1654)

191 Whinney, Margaret, *Wren* (London: Thames and Hudson, 1971)

192 White, Theo, *Paul Philippe Cret: Architect and Teacher* (Philadelphia: The Art Alliance Press, 1973)

193 Wilkins, John, *The Mathematical and Philosophical Works of the Right Reverend John Wilkins, late Lord Bishop of Chester* (London, 1708)

194 Williams, Basil, *Stanhope, a Study in Eighteenth-Century War and Diplomacy* (Oxford: Clarendon Press, 1932)

195 Wind, Edgar, "Shaftesbury as a Patron of Art", *Journal of the Warburg Institute* 2 (1938-1939)

196 Wittkower, Rudolf, "'High Baroque Classicism': Sacchi, Algardi, and Duquesnoy", *Art and Architecture in Italy, 1600-1750*, revised by Joseph Connors and Jennifer Montagu, vol. 2 (New Haven and London: Yale University Press, 1999)

197 Wittkower, Rudolf, *Palladio and English Palladianism* (London: Thames and Hudson, 1974)

198 Wren III, Christopher, *Parentalia* (London, 1750)

199 伍江. 上海百年建筑史 1840—1949. 上海：同济大学出版社，1997

200 夏铸九. 营造学社 —— 梁思成建筑史论述构造之理论分析. 台湾社会研究季刊.1990

201 许纪霖，陈达凯. 中国现代化史. 上海：三联书店，1995

202 徐苏斌. 日本对中国城市与建筑的影响. 北京：中国水利水电出版社，1999

203 徐苏斌. 中国建筑教育的原点. 中国近代建筑研究与保护：第一期. 北京：清华大学出版社，1999

204 杨扬. 商务印书馆：民间出版业的兴衰. 上海：上海教育出版社，2000

205 杨永生. 建筑百家书信集. 北京：中国建筑工业出版社，2002

206 叶祖孚等编．蠖公纪事 —— 朱启钤先生生平纪实．北京：中国文史出版社，1991

207 Yeh, Wen-Hsin, *The Alienated Academy: Culture and Politics in Republican China, 1919-1937* (Cambridge, Mass., Published by Council on East Asian Studies, Harvard University and distributed by Harvard University Press, 1990)

208 Yeh, Wen-Hsin, ed., *Becoming Chinese, Passages to Modernity and Beyond* (Berkeley, Los Angeles and London: University of California Press, 2000)

209 Yetts, Perceval, "A Chinese Treatise on Architecture", *Bulletin of the School of Oriental Studies* 4 (1926-1928)

210 伊东忠太著．中国建筑史．陈清泉译．上海：商务印书馆，1937

211 赵炳时，陈衍庆．清华大学建筑学院（系）成立五十周年纪念文集 1946—1996．北京：中国建筑工业出版社，1996

212 郑观应．盛世危言．郑观应集．上海：上海人民出版社，1982

213 朱启钤．重刊营造法式后序．李明仲营造法式．1925（共八卷）

214 朱启钤．序言．石印宋李明仲营造法式．1919

215 朱启钤．中国营造学社的缘起．中国营造学社社刊．1930（1）

索引

H